国家"十三五"期间

河北省工程勘察设计优秀成果集萃

河北省工程勘察设计咨询协会
河北北方绿野建筑设计有限公司
主编

天津大学出版社

图书在版编目(CIP)数据

国家"十三五"期间河北省工程勘察设计优秀成果集
萃 / 河北省工程勘察设计咨询协会,河北北方绿野建筑
设计有限公司主编. -- 天津:天津大学出版社,2021.6
ISBN 978-7-5618-6976-5

Ⅰ.①国… Ⅱ.①河… ②河… Ⅲ.①建筑工程-地
质勘探-设计-成果-河北 Ⅳ.①TU19

中国版本图书馆CIP数据核字(2021)第123635号

GUOJIA "SHISAN WU" QIJIAN HEBEI SHENG GONGCHENG
KANCHA SHEJI YOUXIU CHENGGUO JICUI

策划编辑　韩振平　郭　颖
责任编辑　郭　颖
装帧设计　李　华　郝　瑀

出版发行　天津大学出版社
地　　址　天津市卫津路92号天津大学内(邮编:300072)
电　　话　发行部:022-27403647
网　　址　www.tjupress.com.cn
印　　刷　北京华联印刷有限公司
经　　销　全国各地新华书店
开　　本　210mm×285mm
印　　张　23.25
字　　数　300千
版　　次　2021年6月第1版
印　　次　2021年6月第1次
定　　价　266.00元

编委会

主　　编：王增文　郝卫东

副 主 编：郭卫兵　韩立君　孙兆杰　梁　冰　岳　欣　齐建伟

　　　　　倪　明　张国龙　何勇海　马述江

编写成员：王聚宾　刘耀雄　赵　彬　尉明智　李　华　郝　瑀　张建梅

　　　　　王　军　商卫东　贾建勇　王　勇　张卫全　石晓娜　刘雪飞

　　　　　栗晴晖　武丽生　杨文润　武　洋　刘　炜　韩贵雷　任春磊

主编单位：河北省工程勘察设计咨询协会

　　　　　河北北方绿野建筑设计有限公司

前言

　　"十三五"期间，河北省勘察设计行业涌现出一批质量优、水平高、效益好的优秀项目成果和精品工程。为展示河北省相关的优秀建设成果，河北省工程勘察设计咨询协会组织编写了《国家"十三五"期间河北省工程勘察设计优秀成果集萃》，以集中展现河北建设的优秀技术成果和精品工程，努力打造河北设计品牌，推介先进设计理念和先进技术，凸显河北企业的精神风貌和技术水平，展现"十三五"期间河北省勘察设计行业为城市发展做出的贡献。本书收录了"十三五"期间250余项优秀项目成果，分设建筑、市政、园林、电力、交通、石油天然气、水利、冶金、医药、电信、化工、抗震、暖通、勘察等15个专业篇章，项目资料丰富、详细，且图文并茂。

　　本书的编辑出版旨在宣传、展示河北省工程勘察设计优秀项目成果，鼓励河北勘察设计企业以品质促发展、以技术创新打造核心竞争力，在推动行业技术进步、提高勘察设计行业水平方面起到引领及示范作用。

Contents

目　录

建筑篇

石家庄铁道大学基础教学楼

工程地点： 河北省石家庄市
项目规模： 49166 m²
设计 / 竣工： 2010 年 /2014 年
设计单位： 中铁建安工程设计院有限公司
所获奖项： 2016 年度河北工程勘察设计一等奖

设计人员： 韩志军、张清亮、曹明星 、刘中平、霍月辉、高荣丽、刘思、梁亮、谷玉荣、章博、刘哲、高力、高明磊、邢海文、黄丽红

基础教学楼是石家庄铁道大学集教学、实验、科研、办公等为一体的公共建筑。本项目本着造型独特、功能齐全、使用方便、人性化的设计理念，在空间运用、交通设计以及综合节能方面均达到了较高的设计水平，建筑平面与灵活的结构体系相结合，满足教学、实验及科研等大空间的功能需求，充分地体现了现代教育建筑的设计特点。

本项目从节地、节能、节水、节材、室内环境质量、运营管理等方面考虑绿色建筑技术的实施，运用大量的绿色生态技术，强调建筑技术的本土化，实现了全生命周期全循环、低排放目标，全智能绿色运营，获得河北省二星级绿色建筑设计标识。

江泉大厦（锦霖大厦）

工程地点： 河北省邯郸市

项目规模： 62149.40 m²

设计/竣工： 2010 年 /2014 年

设计单位： 邯郸市亚太建筑设计研究有限公司

所获奖项： 2016 年度河北工程勘察设计一等奖

设计人员： 谢明远、步全增、张晓明、徐健、赵雅慧、郭振雷、杨波、焦坤、邓康、郝向东、李明珠、韩晓波、张保、赵青燕、赵潇

本项目坐落于河北省邯郸市中心东部区域，位于丛台路与东环路交叉口西南角。本项目地上 30 层，地下 3 层，其中 1 ～ 5 层为商业空间，6 ～ 30 层为公寓式办公空间，负 1 层为自行车库，负 2 层和负 3 层为汽车库。总项目规模为 62149.40 m²，其中地上项目规模为 51374.40 m²，地下项目规模为 10775.00 m²，建筑高度 99.55 m。

本项目在立面设计上采用简欧的形式，整体建筑以竖向线条为主，通过竖向条窗和窗间墙形成竖向的分隔，屋顶向上收进的塔式顶部使得建筑更加高耸。裙楼石材的外装给建筑增加了几分敦实的感觉。裙楼顶部的横向大沿线，以及大楼每三层一道的沿线，丰富了立面形象，使得建筑的形态超凡、脱俗，彰显了建筑的气势恢宏、壮观，使得建筑的视觉效果更强烈且更具冲击力，给人一种全新的建筑艺术感染力。

本项目沿丛台路和东环路交叉口设有大面积城市公共绿地，将主体建筑设置在地块的西南角，仅在基地的西北角、东南角各留了一条道路分别通向丛台路和东环路。考虑到本项目对城市交通形成的压力，设计把基地主出入口设在东南角，即通向东环路，在楼座东侧形成较大的集散广场，提供散步、休憩的室外场所。该布置方案使本项目从城市角度来看，显得谦逊、含蓄，增大了城市主干道交叉口的视角和舒适度，形成了较大的城市绿化节点；同时，也使得主体建筑远离城市道路的喧嚣，自成一片净土，形成安静的办公环境和惬意的休闲场所。

本项目为邯郸市首个在 5 层的高位进行结构转换的建筑，充分满足了建筑对空间的要求，也符合业主的建设要求。

本项目建成后成为邯郸东部的又一标志性建筑，也促进了该区域的经济发展，填写了城市空白，美化了城市空间节点。

中国人民抗日军政大学陈列馆

工程地点： 河北省邢台市信都区前南峪村

项目规模： 3744.37 m²

设计 / 竣工： 2009 年 /2012 年

设计单位： 邢台市建筑设计研究院有限公司

所获奖项： 2016 年度河北工程勘察设计一等奖

设计人员： 冯瑞华、郝安瑞、杨海丽、宋光育、杨彩霞、李建军、程一淼、孙计斌、王晶、贾佳、许善鹏、张郁、张建峰、马树杰、贾树峰

中国人民抗日军政大学陈列馆（简称"抗大陈列馆"）是第一所反映中国人民抗日军事政治大学校史的陈列馆，位于邢台市信都区前南峪村，由陈列馆、纪念碑、旧居群、碑林、接待处五大部分组成，四周群山环绕。原陈展面积 1086 m²，扩建工程要求将陈展面积增加至 3000 m²，使陈展内容更加丰富，并增加多种展示手段，提高对游客的吸引力。

抗大陈列馆不仅是一座重要的陈列建筑，更是红色文化产业领域里一面高高飘扬的鲜红旗帜。其设计的指导原则是既能与现有展馆完美融合，又能体现对历史文化的一脉相承，同时又具有浓厚的文化氛围和鲜明的时代特征，即将建筑的地域性、文化性与时代感完美结合。

设计方案选择依山势起伏布置建筑，从而形成错落、舒展、庄重的风格样式。扩建建筑外立面与原馆及山形地貌结合呼应，平面功能分区合理明确，实现了单跨 18 m、层高 14 m 的大空间场馆结构，整体建筑浑然天成，在太行山区形成了一道独特的风景线。陈列馆投入使用以来，吸引了社会各界人士到馆参观，得到了一致称赞，达到了预期的设计要求。

本项目的落成促进了当地产业结构调整，带动了当地经济发展，对发展红色旅游，继承革命传统，增强爱国情感，弘扬和培育民族精神，具有重要的现实意义和深远的历史价值。

石家庄裕华万达广场 E1 区酒店、5A 写字楼

工程地点：河北省石家庄市

项目规模：115000 m²

设计 / 竣工：2009 年 /2011 年

设计单位：河北建筑设计研究院有限责任公司

所获奖项：2016 年度河北工程勘察设计一等奖

设计人员：郭卫兵、张雪梅、习朝位、柴为民、马越普、徐军丽、唐丹婵、方国昌 、莘亮、张林、吕琛、赵佳杰、周雪娟、杨明明、张亭

石家庄裕华万达广场 E1 区酒店、5 A 写字楼是由石家庄万达广场投资有限公司投资建设的集客房、餐饮、商务、办公、会议、健身等多种功能于一体的高端综合性公共建筑。写字楼地上共 26 层，酒店地上共 20 层，地下 2 层，建筑高度 99.55 m。

本项目设计力求建筑和城市发展相结合，充分挖掘地域环境和人文底蕴。在总体布局上，人流、车流、物流等各种流线清晰有序。在空间环境处理上，利用水平与垂直交通将多功能空间有序地组织在一起，并通过通透的玻璃幕墙，使内外环境互相渗透，让使用者不仅能享受到优美的内部空间，还能尽情欣赏城市公园美景。设计力求与城市环境相融合，使建筑、自然融为一体。建筑立面处理运用石材与玻璃幕墙的虚实对比、流畅的竖向线条彰显建筑的挺拔与气势。同时，设计坚持"以人为本，科技为先"的理念，通过先进的技术手段将该项目打造成节能、环保、可持续发展的现代化建筑。本项目建成后，受到了社会各界一致好评。

华商时代商业广场南块酒店（大华虹桥假日酒店）

工程地点： 上海市闵行区

项目规模： 49994 m²

设计 / 竣工： 2010 年 /2013 年

设计单位： 河北建筑设计研究院有限责任公司

所获奖项： 2016 年度河北工程勘察设计一等奖

设计人员：谭静、王俊礼、尹建波、徐宁、孙彦妙、方振宇、包仕瑾

本项目总平面布局综合考虑了项目基地及四周相关因素，沿路加大了建筑退距，为临街商业、餐厅营造了宜人的绿化环境，也为酒店构筑了一道绿色屏障。通过客房部分、公共部分、辅助部分的不同建筑组合，形成围合式中心庭院、半围合式入口庭院、开敞式宴会绿化前庭及封闭式后勤院落等特色空间，营造出闹中取静、空间丰富、特色鲜明、环境宜人的酒店建筑氛围。客房设计采用南北向平行布置方式，主要建筑与城市道路之间以商店和绿化过渡，客房主楼分布在下沉式主庭院的南北两侧，大部分客房面向良好的绿化景观，房间阳光明媚、视野开阔、私密静谧。

酒店大堂、餐厅、健身房、地下游泳池等公共区域位于两栋客房楼中部下层，交通路线短捷，配套服务功能紧密衔接，使用方便。酒店公共用房与客房楼的不同组合，形成了多个景观绿化空间，大堂、宴会厅、餐厅等重点服务区域均有良好的庭院绿化景观。建筑造型及立面设计采用现代建筑手法，三段式经典处理，突出了现代简约风格和经典美感。

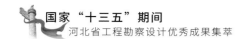
石家庄市第五十四中学礼堂、文体馆工程

工程地点： 河北省石家庄市

项目规模： 13615 m²

设计 / 竣工： 2010 年 /2014 年

设计单位： 河北建筑设计研究院有限责任公司

所获奖项： 2017 年度河北工程勘察设计一等奖

设计人员： 刘健、胡悦民、杨荣洁、岳翠霞、赵银清、王晓青、丁帅帅、周康、卢志刚、张清丽、刘学斌、温晓、孙国富、王娜、张凯

本项目位于石家庄市湘江道与秦岭大街交会处，东临太行大街。规划设计以优化利用教育资源的理念，将校园的建筑尽量集中，强调空间组织的整体性，以理性的几何构成来强化校园的总体形象和空间特征。

本项目设计采用现代的设计手法，以虚实有序的对比、空间的开合收放来塑造严肃、活泼的校园文化，重视新型技术、材料与传统技术、材料的结合运用，赋予校园建筑严谨的文化特征。礼堂具有承办大型报告会、文艺演出以及电影放映的综合能力。文体馆与礼堂贴建，首层为文化馆，二层为篮球馆以及羽毛球、乒乓球标准比赛馆，且馆内设有活动看台，平时折叠收入储藏间，赛时放出作为观赛看台，能同时兼顾平、赛状态，实现了面向社会开放、资源共享的设计理念。

河北航空大厦

工程地点： 河北省石家庄市

项目规模： 132897.45 m²

设计 / 竣工： 2010 年 /2016 年

设计单位： 河北建筑设计研究院有限责任公司

所获奖项： 2016 年度河北工程勘察设计一等奖

设计人员： 郭卫兵、焦婧、张震、张静、石雁冲、杨敬海、何斌、王强、贾慧军、霍明珠、王小娜、田光、李振宇、李洪星、高志

河北航空大厦是城市区域标志性公共建筑，规划建筑中轴对称，整体设计风格追求端正内敛、庄严雄伟。建筑高度 139.2 m，地下 2 层，地上 31 层。建筑布局采用回字形，楼梯、电梯等交通核居中，四周布置办公室、会议室。1～2 层南北侧入口为挑空大堂，平面布置紧凑，人员流线通畅；其他数层布置挑空绿化大厅，使得功能空间变化更加灵活多变，共享空间亲切自然。建筑立面采用石材、玻璃幕墙，以细腻的外墙、檐口线条等基本元素，勾勒出建筑庄重、严谨的形象。玻璃幕墙的适当运用，满足了建筑内部空间的使用功能，也赋予了建筑现代气息。整体建筑形象庄严大气、舒展开敞，展露出与时俱进、朝气蓬勃的精神。

国际城四期

工程地点： 河北省石家庄市

项目规模： 250000 m²

设计 / 竣工： 2009 年 /2015 年

设计单位： 河北建筑设计研究院有限责任公司

所获奖项： 2016 年度河北工程勘察设计一等奖

设计人员： 耿书臣、刘韵娜、秦培亮、蔡凌燕、赵志军、张朝辉、郭晓梅、李小玲、宋涛、高忠印、王海宾、刘振华、刘金旭、崔向军、陈雅微

国际城四期（住宅小区）位于河北省石家庄市裕华路与槐北路之间，谈固南大街以东，处于城市核心位置。本项目规划设计住宅功能完善，配套设施健全。设计充分利用核心地段的区位优势和交通便捷、市政设施齐全的有利条件，旨在创造可持续发展的居住环境。

规划布局充分考虑日照和景观要求，将高层置于用地北侧，南侧全部为别墅、洋房，在保证建筑密度的前提下，形成丰富开敞的空间和造型形态。平面以板式高层住宅和洋房为主，采用错列式围合的形式，结合周边商业，组成空间层次丰富、景观开合有致的总体布局。小区南侧主入口正对一条景观带，通过景观主道路连接东西两侧次轴线的私享院落，使小区气韵流动而又丰富多彩。道路交通组织有序、人车分离。步行系统结合景观休闲空间设置，从中心景观带向两侧宅间组团辐射。立面设计采用了新古典建筑风格。建筑造型体量适度，顶部盔顶高低错落，建筑轮廓线丰富。立面虚实对比有度，比例、尺度良好，下部和上部几层多采用白色罗马柱式组合，且层数较低，与高层主体建筑形成对比，丰富了住区的建筑形象。

石家庄长安生物科技研发中心（科技企业孵化器）

工程地点： 河北省石家庄市

项目规模： 78292.2 m²

设计 / 竣工： 2011 年 / 2014 年

设计单位： 九易庄宸科技（集团）股份有限公司

所获奖项： 2016 年度河北工程勘察设计一等奖

设计人员： 孔令涛、花旭东、孙树军、孙彤、褚雪峰、高明霞、张晓灿、赵华琪、陈少凯、白素平、潘书通、刘银梅、尚有海、于景博、路谦

本项目位于石家庄高新技术产业开发区长江大道 50 号，是以企业孵化为主，辅以产品研发与办公的综合产业基地。

因本项目创新型"科技企业孵化器"的项目定位，设计将交流、休憩、互动的创新型办公共享空间设计作为建筑内部空间营造的"重中之重"！开放明亮的南侧主入口大堂、极富导向性的左右对称单跑楼梯、静谧宜人的 7 层挑高共享中庭及尺度适宜的北侧次入口门厅，在建筑"中轴线"上有序展开，空间在这里流动，构成整个建筑中最华彩的篇章。

通过对建筑形体的推敲，建筑造型采用了"化整为零"的立面构成形式。主塔楼外轮廓通过南北两个方向的凹进，将塔楼切割成东西两个体块，建筑敦实的体量随之被打破。设计将这两个主要体块进行不规则的切削，形成充满活力的建筑体块。这种体量减小了高层建筑对城市空间的压迫感，并加强了建筑的高耸感觉。

建筑外表皮采用了石材幕墙与玻璃幕墙相结合的方式，产生了强烈的虚实对比，与建筑本身科技研发的性质相契合。横向金属装饰密肋从塔楼自然过渡至裙房，使建筑在统一的立面语言下，形成有机融合的整体！

奥北公元（回迁区）A、D区住宅

工程地点： 河北省石家庄市
项目规模： 351300 m²
设计 / 竣工： 2011 年 /2015 年
设计单位： 河北大成建筑设计咨询有限公司
所获奖项： 2016 年度河北工程勘察设计一等奖

设计人员： 岳欣、庞海军、信亮、陈建明、魏志谦、曲韶辉、闫立杰、徐立辉、赵帅、耿素军、姜立辉、齐美娟、张鹏、张宇擎、李超

本项目位于石家庄市建华北大街与丰收路交叉口东南角，包括 18 栋高层住宅及部分配套公建，容积率 3.50，建筑密度 25%，绿地率 33%。住宅地上 34 层，地下 2 层。建筑高度 99 m。

A、D 区住宅为北翟营村民回迁住宅，面对村民回迁户数多、户型设计要求高等实际情况，设计采用了塔式住宅，在有限的面积内尽可能扩大客厅、餐厅和卧室面积，适当增大厨房和卫生间开间尺寸，有效组织空间，设计出经济合理，功能完善，采光、通风和朝向良好的户型结构，避免了一般回迁住宅户型设计质量不高的问题。立面设计同样精雕细琢，在兼顾城市沿街界面要求的基础上，挖掘项目自身特点，采用新古典主义风格，摒弃"欧陆风"的生硬复制和现代简约的粗糙，通过三段式立面处理创造出高大、挺拔的建筑形象。屋顶点缀蓝色钢构装饰，强调垂直和横向的对比手法，体现小区的都市气息，使立面层次更加丰富、大气。

河北师范大学博物馆

工程地点: 河北省石家庄市

项目规模: 12200 m²

设计 / 竣工: 2008 年 /2012 年

设计单位: 河北北方绿野建筑设计有限公司

所获奖项: 2016 年度河北工程勘察设计一等奖

设计人员: 郝卫东、郭会彬、王雯、王志宏、李玉爽、李果娟、张英敏、刘晓杰、胡玉强、李爽、秦桂敏、张利新、郑俊华、武东强、王婷婷

该博物馆位于河北师范大学公共教学区图书馆北侧。

博物馆是征集、典藏、陈列和研究代表自然和人类文化遗产的实物的公共机构,公益性成为其首要职责,因此为在此学习、参观的人们提供自由流动的交流场所,成为设计的思考点。本项目通过高度不同的空间围合出的内向院落,暗示了中国传统的空间组织形式在现代建筑中的延续。与此同时,不同的空间形成了自由自在的交流场所,使博物馆承载的不仅是珍贵的文物或艺术品,还有人们的交流、体验活动,而后者可能才是博物馆的真实意义。建筑完成了它的功能使命,如同石头般自在散落于校园,提示着人类活动对历史的影响。由传统坡顶建筑演化来的简洁的形体,形成了博物馆本身的内敛气质,暗示了校园经历百年沧桑后形成的文化延续性,使建筑本身也成为博物馆珍藏的一部分。

上城·汤廷

工程地点： 河北省秦皇岛市
项目规模： 127400 m²
设计 / 竣工： 2010 年 /2013 年
设计单位： 河北北方绿野建筑设计有限公司
所获奖项： 2016 年度河北工程勘察设计一等奖

设计人员： 郝卫东、尉明智、刘珊、王雯、张利新、李果娟、段俊朝、闫旭光、郭金刚、宋玉静、李勇、吴美茹、李利玲、杜苗、姜天

在规划上，小区内部并没有绝对意义上的规划轴线和景观中心，而是在小区内部很自然地布置多个中心节点，从而达到移步异景的规划效果，使住宅和景观更加自然地结合到一起，并相互渗透。同时，通过建筑与景观的结合，形成围而不合的多重庭院空间，特别强调不同空间的流动性，使社区与城市、庭院与庭院、建筑与建筑既融会贯通，又各成一体，使空间得以流动，从而实现社区的整体性与均好性。

建筑立面为新中式古典风格，主色调为宁静、淡雅的黑白灰色调。顶部吸收传统马头墙的做法，将其化为错落的屋顶和小小的凸出的竖墙片。单元的入口处以江南私家园林中的月亮门做造型，有

虚有实，营造出充满趣味的悠长意境。

两层配套商业空间，因为受用地所限而立面横长。为了化解立面过长所造成的视觉倦怠，以左右实墙面、中部大面积玻璃窗和坡屋面的手法，达到有虚有实、有平有坡的效果，使其不再单调。左侧主入口的大墙面也是虚实结合，一个圆形的花窗嵌入其中，在透与未透中，引人入胜。

建筑设计以小高层（含跃层）为主，同时有 2 栋多层（6 层跃7 层）和 3 栋 18 层的高层，并且全部设有电梯。户型面积在90 ～ 230 m²。

世茂国际

工程地点： 河北省保定市

项目规模： 82193.92 m²

设计 / 竣工： 2011 年 / 2015 年

设计单位： 保定市建筑设计院有限公司

所获奖项： 2017 年度河北工程勘察设计一等奖

设计人员：吴笛、崔秀强、张绍坤、彭增彬、杨磊、韩秀英、尹亮、秦玉宝、王悦、曹华、于涛、南硕、张冬、魏晓云、刘亚明

本项目地上 1～4 层裙房为商业空间，5～26 层为写字楼，地下 1～3 层为设备用房和地下车库，地下 3 层平时为汽车库，战时为核六级常六级甲类人防物资库，防化等级为丁级。

本项目通过"礼冠"概念，结合保定市 2010 年城市发展目标——文化名城、山水保定、低碳城市，形成方案。办公楼主体为南高北低，呈"品"字形布局，四周裙房环绕办公楼主体，形成高低错落的城市天际线。

设计中摒弃了传统的两侧核心筒、中间走廊的哑铃式布局，而是在中间部位设置东、西两组核心筒，中间偏北设置共享大厅。核心筒向周边辐射短袋形走廊，成为"品"字三个区块各自的中间走廊。

在外装材料上，塔楼部分采用了保定市首例饰面层为仿石材效果氟碳辊涂铝板的保温装饰一体板，保温层为岩棉。该材料墙体装修荷载小，绿色节能，节约工序，进而缩减工期，且上墙后，表面平整，纹理细腻，并有亚光效果。

中共秦皇岛市委党校迁建工程教学办公楼

工程地点：河北省秦皇岛市

项目规模：12800 m²

设计 / 竣工：2010 年 / 2011 年

设计单位：河北建筑设计研究院有限责任公司

所获奖项：2017 年度河北工程勘察设计一等奖

设计人员：李文江、李国光、习朝位、胡建彬、李静、马越普、徐军丽、侯建军、王恒文、韩志峰、崔向宇、赵素玉、柳贝贝、赵雪、张鹏飞

中共秦皇岛市委党校迁建工程教学办公楼位于秦皇岛市北戴河区赤松路北侧。本项目设计从自然环境、地域人文、现代科技、历史沿革及时代前沿入手，形成党校庄重的主体形象及科学的总体布局，充分利用现有的环境资源，并在整体设计上注重与自然场地景观的关系，总体规划呈"一带两轴三区"的结构。在功能协调、空间变化上的对比，使各个区域的室内外空间具有很强的文化性与艺术效果。

立面运用虚实对比和不同体块的穿插、叠加、转折、悬挑组合，使其富有现代气息且不失稳重得体，符合党校应有的气质。玻璃幕墙、石材幕墙突出了竖向线条与面的对比、实与虚的结合；第五立面（屋顶平面）的钢结构网架效果赋予建筑以时代感，凸显建筑的精致性。

中国环境管理干部学院新校区

工程地点： 河北省秦皇岛市

项目规模： 250000 m²

设计 / 竣工： 2013 年 / 2015 年

设计单位： 北方工程设计研究院有限公司

所获奖项： 2017 年度河北工程勘察设计一等奖

设计人员： 高明磊、王瑶、张长涛、高青、白小龙、洪敬宇、刘勤、程蔚媛、薛荣刚、赵曼、杨睿、田荣珍、薛蕊、金铸、乔菲菲

中国环境管理干部学院新校区是全国唯一一所以环境命名的高等院校。本项目位于秦皇岛市北戴河区，205 国道北侧，北临秦津高铁，校园总用地 48.38 ha，建设用地 34.5 ha，总建筑面积 250000 m²，其中一期建成 149800 m²，学生规模 1 万人。

本项目用地颇具特色，用地中间蜿蜒穿过的河流将用地分为南北两区。设计利用这一特点，将环保精神与学科特色相结合，引入"清洁地球"这一充满环保使命感的设计理念，并用建筑师的语言加以诠释：将河流两岸的核心建筑通过一座步行桥连成一体，并呈圆形，隐喻地球，静静的河水从中流过，提醒人们地球需要呵护，表达出深刻的环保内涵。

本校区 2015 年建成后投入使用，被师生评为秦皇岛市最美丽校园，因功能使用合理、布局简洁清晰并富有环保特色而受到好评。

河北数字印刷产业园（石家庄基地）

工程地点： 河北省石家庄市

项目规模： 51081.23 m²

设计 / 竣工： 2012 年 / 2013 年

设计单位： 河北大成建筑设计咨询有限公司

所获奖项： 2017 年度河北工程勘察设计一等奖

设计人员： 岳欣、庞海军、王小文、陈建明、魏志谦、曲韶辉、张宇擘、牛国安、耿素军、赵帅、贾鸿飞、姜立辉、马旺壮、康云龙、刘健

本项目包括综合楼、数字印刷中心、1 号车间、仓库。综合楼和数字印刷中心为地上 4 层，地下 1 层；1 号车间和仓库为地上 1 层。综合楼地下 1 层为餐厅、厨房、消防水池及设备用房，地上 1～4 层为办公居住用房及辅助用房。数字印刷中心地下 1 层为汽车库，地上 1～4 层为数字印刷车间。1 号车间和仓库包括轮印车间、纸库、装订车间、综合库、成品库、平印车间、装订库等。综合楼为多层公共建筑，数字印刷中心为多层工业厂房，1 号车间

和仓库为单层工业厂房仓库。

本项目将民用建筑与工业建筑有机融合，综合楼与数字印刷中心在功能上完全分开，满足了防火规范的要求，二者通过交通空间联系，形成了一个完整的建筑沿街立面，实现了建筑的外在统一，同时也树立了雄伟的企业形象。职工洗浴生活热水采用集中式太阳能热水系统，充分利用了可再生能源。

津湾广场 7、8 号楼工程（汤臣津湾一品）

工程地点： 天津市和平区
项目规模： 294900 m²
设计 / 竣工： 2011 年 /2015 年
设计单位： 河北建筑设计研究院有限责任公司
协作单位： 李玮珉建筑师事务所
所获奖项： 2017 年度河北工程勘察设计一等奖

设计人员： 尹建波、费利菊、张莹、左丽君、王凌云、张玉辉、孙彦妙、朱利强、方振宇、冯翔、包仕瑾

本项目总体规划力图塑造层次分明的开放空间，规划建筑空间依次向海河方向跌落，与隔河相望的天津站站前广场形成虚实对比，与天津站形成相互依托、相互环抱的有机整体。外部环境充分利用海河公园环境空间，内部开放空间结合商业区和公寓布置步行城市绿化广场。结合用地情况采用集中布局模式，将商业用房设置在沿海河一侧，商业楼位于综合体 1～4 层，公寓楼为超高层和高层建筑。

本项目主要功能包括综合商业区、居住型公寓。本项目是集旅游观光、购物、餐饮、公寓、休闲于一体的超高层建筑综合体。设计重视竖向功能划分及垂直序列空间处理。交通及流线组织充分考虑各种交通方式，确定了以公共交通为主的立体交通体系，构建了多层次立体开放街区。在建筑造型与立面处理方面，外立面划分及虚实处理与内部功能相呼应，建筑顶部造型与机电及附属用房相结合，整个区域建筑风貌协调统一。

河北地理信息基地

工程地点： 河北省石家庄市
项目规模： 27000 m²
设计 / 竣工： 2011 年 /2014 年
设计单位： 中土大地国际建筑设计有限公司
所获奖项： 2017 年度河北工程勘察设计一等奖

设计人员： 罗宝阁、郝贵强、张学玲、韩力永、李岱峰、王玉龙、刘成军、孙斌、刘艳军、张伟宾、张剑、倪爱然、卢晴、李宗伟、孟岩勇

本项目位于石家庄市中山东路河北省测绘局，是集省级基础地理信息数据采集、编辑、保管、测绘应急指挥、测绘科普等功能为一体的综合楼。

建筑在南、北两侧退让出公共空间，以契合城市肌理与功能要求，避免对北侧市场及院内空间产生压迫感；东南角的地球仪意为文化的一个窗口、一个平台、一个发射器，彰显地理文化。建筑以不同的立面姿态与周围的城市环境进行对话。

在周围以小尺度建筑为主的城市环境下，通过体块的穿插组合，化解建筑大尺度的建筑体量，进而实现从主要角度均可呈现挺拔的建筑面貌。塔楼采用铝板幕墙结合石材的形式，对应不同的朝向，立面丰富而统一，满足了不同朝向和视线下建筑形象最优化的需求。

本项目建筑节能效果显著，已获得国家二星级绿色建筑设计标识认证。

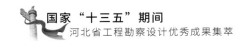
河北化工医药职业技术学院综合实训中心

工程地点： 河北省石家庄市

项目规模： 22400 m²

设计/竣工： 2011 年 /2013 年

设计单位： 河北北方绿野建筑设计有限公司

所获奖项： 2017 年度河北工程勘察设计一等奖

设计人员： 郝卫东、马玉光、王聚宾、李爽、王婷婷、史云飞、王运涛、石会贤、王德庆、蓝琳、刘博韬、秦桂敏、侯燕、谢金星、龚倩红

河北化工医药职业技术学院综合实训中心位于石家庄市裕华区校区本部东侧。

建筑功能以化工医药专业实训教室为主，建筑东西长 102 m。在设计过程中，通过内、外廊相结合，庭院景观与校园环境相互渗透等手法，营造了相对丰富的建筑空间，为学校师生提供了更为舒适的教学环境，同时有效解决了实验室的通风、采光要求。

河北师范大学新校区体育楼

工程地点：河北省石家庄市

项目规模：15200 m²

设计 / 竣工：2008 年 /2014 年

设计单位：河北北方绿野建筑设计有限公司

所获奖项：2017 年度河北工程勘察设计一等奖

设计人员：郝卫东、胡玉强、张利新、李勇、张海英、段俊朝、郑昊、王运涛、张猛、易克峰、闫旭光、蓝琳、杜苗、石会贤、谢金星

体育楼又名"逸夫教学楼"，位于河北师范大学新校区东西主轴线的北侧，南侧为音乐学院，东侧为真知讲堂，西临规划中的富强大街。

本项目由教学训练场馆和教学实验用房两部分组成。根据空间属性，设计采用模块化构成手法，大空间的教学训练场馆设于地块北侧，教学实验用房设于南侧，有利于采光，东西两端通过交通空间的联系，围合形成建筑内庭院。

设计充分展示各种训练场馆的大空间的外立面，衍生出大的体块

对比、虚实对比，有效彰显了建筑性格。在材质及色彩上，采用黑灰两色作为统构建筑的主要元素，使其与校园整体风格相统一。

北侧场馆的两层 40 m 跨楼盖结构设计，开创性地应用了弦支梁—混凝土组合楼盖结构，是该结构形式在大跨度楼盖结构中的首次应用。此科技成果由北方绿野、天津大学、河北师范大学共同完成，被鉴定为该领域国内领先水平。

弦支梁（张弦梁）结构具有造型美观、经济、受力合理等特点，在大跨度屋盖中的应用也较广泛，技术相对成熟，相关研究较为深入。

河北建投（固安）
农业科技产业园项目国际会议会展中心

工程地点： 河北省石家庄市

项目规模： 83000 m²

设计 / 竣工： 2012 年 /2013 年

设计单位： 九易庄宸科技（集团）股份有限公司

所获奖项： 2017 年度河北工程勘察设计一等奖

设计人员： 范进金、孔令涛、孙彤、褚雪峰、骆兵、程浩、张晓鹰、李铁钢、刘晓光、潘书通、祝长英、李勇利、马烨、刘利红、吴婷

本项目设计的立意可以提炼为"西式肌理，中国风骨"的概念。整体的比例、构成、样式均吸取了美国"草原式"建筑的经典建筑语汇——平缓的屋顶，深远的出檐，水平的线条感。在材料的选择上充分尊重当地的地域文化特征，并将中式传统建筑语言加以提炼，选择具有明显中国气息的手工仿古面砖做主要的外装材料。在基座部位用干挂石材勾勒出精致耐看的建筑细部，屋顶檐口部位采用灰色的金属封檐板，屋面瓦则采用具有中国传统建筑韵味的暗红色机制瓦。整体呈现出温暖、惬意又不失庄重的建筑基调。

邯郸文化艺术中心项目智能化专项设计

工程地点： 河北省邯郸市

项目规模： 119371 m²

设计 / 竣工： 2011 年 /2011 年

设计单位： 北方工程设计研究院有限公司

所获奖项： 2017 年度河北工程勘察设计一等奖

设计人员： 吴琰、马永战、朱宁、王世丹、魏巍、王亚翠、穆庆龙、林白尉、侯彦哲、姚明君、杨志贤、杜寰肇、王春芳、田傲、王清

邯郸文化艺术中心整体建筑采用曲线造型，一气呵成、雄浑有力，能与周边环境很好地协调，使建筑具备视觉连续性，可以从城市内多角度欣赏。将西侧的博物馆、东侧的图书馆和进入文化艺术中心的大台阶，通过现代的建筑处理手法连接起来，形成如城台般的青铜墙面。文化艺术中心居中，犹如一块无瑕的美玉浮于城台之上，充分体现了邯郸文化的精髓，青铜文化、磁州窑瓷器文化及邯郸建筑传统中高台建筑的特征。它成为邯郸新的标志性建筑，是一个集文化、旅游、休闲于一体的大型文化公建设施群。

为了实现智能化系统项目总体设计目标，该项目设计了三大平台29 个子系统，即数据通信交换平台、综合安防管理系统平台和综合设备管理监控系统平台。

五方中心

工程地点： 河北省石家庄市

项目规模： 用地面积约 8952.304 m²

设计 / 竣工： 2013 年 /2016 年

设计单位： 河北大成建筑设计咨询有限公司

所获奖项： 2018 年度河北工程勘察设计一等奖

设计人员： 岳欣、尹玉莲、张卫全、魏志谦、李立婵、闫立杰、齐晓、蒙贺娟、齐美娟、耿素军、贾鸿飞、赵安辉、魏士捷、张宇擘、尹华

五方集团的"五方中心"位于石家庄市范西路和西大街交叉口，地处中心城区，用地东临河北省图书馆，西侧紧临范西路小学，东北角为河北省博物馆。用地周围自然、人文景观丰富，交通便利。本项目包括商务办公用途的办公楼，地研所回迁住宅、办公楼，五方集团总部办公楼等，同时也包括设备用房、安保控制、物业管理、地下停车场等空间。建筑功能动静分区明确，功能布局简洁、合理，按使用功能分配交通，避免人流交叉，交通流线顺畅。

本项目在布局上形成了外部空间和内部庭院的组合方式，商务办公楼大堂分别设置了共享空间，同时形成了外部空间—共享空间—内部庭院的空间过渡。本项目整体造型温和儒雅，隐约透射着文化气质，对外展示着简约、谦和、包容、高贵、典雅的整体形象。

河北省群众工作中心项目

工程地点： 河北省石家庄市

项目规模： 15737.47 m²

设计 / 竣工： 2015 年 /2016 年

设计单位： 北方工程设计研究院有限公司

所获奖项： 2018 年度河北工程勘察设计一等奖

设计人员： 曹明振、王振宗、郁达飞、朱忠帅、顾振华、张博闻、赵赫、康佳、赵雄飞、苏军礼、赵小龙、韩文帅、卢艳伟、李晶、周鹏

河北省群众工作中心项目选址在石家庄市桥西区友谊南大街185 号，为河北省交通厅原址，规划用地面积 19.488 亩（约合13000 m²）。本项目为修缮加新建相结合的项目，总建筑面积15737.47 m²，主要包括候谈大厅及其服务用房、省直部门接访室、省信访局接谈室、省部级领导接访室和调解室、网电受理接访用房等功能房间和信访局内部综合业务办公、职工食堂、设备用房等。

河北省群众工作中心属于一种新型的技术业务用房，是省委、省政府为广大人民群众提供的一座一站式化解内部矛盾的群众之家。本项目在全国范围内属第二例，属于在既有建筑基础上进行改建

和扩建的工程，设计中保留了场地南区和北区的两栋主要建筑，在场地东侧新建群众工作接访用房。新旧结合的设计方案，充分发掘了原建筑的利用价值，既节约了建设成本，又最大化地满足了建筑功能。在总体布局上，分为接访用房、内部办公用房、后勤配套用房三部分用房，内外分区明确，流线独立而不交叉。信访功能以群众工作接访大厅为基础，采用"省级、厅级、处级三级接访用房"为主干，电话、多媒体、网络接访用房为配套的创新布局模式，提高了信访工作的效率，拉近了政府和群众的距离。

河北建筑工程学院新校区教学实验楼

工程地点： 河北省张家口市

项目规模： 31400 m²

设计 / 竣工： 2013 年 /2016 年

设计单位： 北方工程设计研究院有限公司

所获奖项： 2018 年度河北工程勘察设计一等奖

设计人员：高明磊、邢海文、张长涛、乔菲菲、耿哲、王伟栋、刘骊、高媛、郑艳芳、李曼、马建刚、齐芳、王梦然、张晓萌、王晶玥

河北建筑工程学院是省属建筑类高等本科院校，位于塞外名城张家口市，新校区位于高新区朝阳西大街以南、中兴北路以北。规划用地面积约 60 ha，校区总建筑面积 300000 m²。2006 年 6 月 18 日举办了开工仪式，2013 年 6 月 27 日核心建筑物（13#）教学实验楼正式破土动工。教学实验楼占地面积 4420 m²，总建筑面积 31400 m²，地上 8 层，地下 1 层，建筑总高度 33.75 m，包括专业教室、合班教室和实验室。

石家庄大剧院

工程地点： 河北省石家庄市

项目规模： 52740 m²

设计 / 竣工： 2012 年 /2016 年

设计单位： 河北建筑设计研究院有限责任公司

所获奖项： 2018 年度河北工程勘察设计一等奖

设计人员：郭卫兵、李文江、周波、李洪泉、习朝位、徐庆海、柴为民、李云燕、刘龙、莘亮、侯建军、韩志峰、卢玉敬、王新焱、唐丹婵

石家庄大剧院（原名霞光大剧院）是集演出、排练、培训、展览、办公、招待等多功能于一体的综合性文化建筑。设计注重建筑的功能特点、文化内涵、生态价值和场景模式，将演出、排练、培训、展览、办公、招待等多个功能有机整合到一个形体中，形成集约化、节能型的多元复合建筑。以剧场舞台和观众厅为中心展开设计，将建声设计、扩声设计、噪声控制、隔声处理融为一体，工艺设计具有原创性和中国特色，追求建声与数字化音响系统的完美结合，

创建了具有高技术含量的演艺场所。

建筑设计通过虚与实、曲与直、远势与近质、庄重与灵动的结合，打破了建筑与景观的界限，将城市景观渗透进建筑空间，模糊边界以实现空间的持续变化和形态交集，形成有意境的地域城市空间形态，产生强烈的情感对话场所。

河北医科大学图书综合实验楼

工程地点： 河北省石家庄市

项目规模： 69600 m²

设计 / 竣工： 2015 年 / 2017 年

设计单位： 河北北方绿野建筑设计有限公司

所获奖项： 2018 年度河北工程勘察设计一等奖

设计人员： 郝卫东、张利新、刘耀雄、李勇、王雯、李果娟、段俊朝、闫旭光、赵丹凤、苏兰、马玉光、薛喆、王运涛、董浩、武彦芳

本项目是一个典型的全过程一体化设计的公建项目，在项目立项、总体规划设计、建筑方案及施工图设计、场地景观设计、室内装饰装修方案及施工图设计、家具设计与选型、灯光设计和各阶段施工配合等方面对客户进行了全程化的服务。为高质量地完成建筑项目一体化，设计人员进行了全方位的努力与实践。建筑采用现代简洁的艺术手法，从室外到室内，从总体到细部，始终贯彻统一的表现手法，给学校师生创造了一个高档次的学习教学空间。

河北师范大学真知讲堂

工程地点： 河北省石家庄市

项目规模： 6865 m²

设计 / 竣工： 2008 年 / 2015 年

设计单位： 河北北方绿野建筑设计有限公司

所获奖项： 2018 年度河北工程勘察设计一等奖

设计人员：郝卫东、李爽、王聚宾、康丽娟、张利新、王雯、李果娟、段俊朝、刘晓杰、马玉光、郑俊华、王婷婷、韩敬轩、张猛、王峰印

河北师范大学真知讲堂位于新校区东侧，紧临学校东主要入口，西侧为体育馆，南侧为学术交流中心，独特的地理位置使其每个立面都成为人们关注的焦点。同时，将真知讲堂打造成特点鲜明、具有强烈的艺术氛围而又与整个校园浑然一体的建筑，是本项目追求的目标。

本项目属于多功能剧场建筑，根据使用要求将其分为观演区、表演区、排练及后勤服务区三大部分。将这三大功能区集中布置，结合实际使用情况，运用体块穿插的手法将其打造成一座圆形建筑，与南侧方形的学术交流中心形成强烈对比，共同组成新校区的"东

大门"。建筑的主要出入口面向学校入口广场，因此对真知讲堂来说，出入口处的设计十分重要。同时，考虑到观演建筑的使用特点，在主出入口处预留了一个广场空间，为人群的聚散、车辆的放置提供了足够的场地。

在建筑的立面设计上，以校园中大量使用的白芝岩石材为主，顶部的曲线部分以红色装饰板做点缀，与建筑西侧的体育学院、音乐学院形成呼应。立面开窗不再追求丰富的变化，而是根据使用功能将一组一组的竖条窗有序排列，依托丰富的形体变化，让有形的建筑形成无形的音乐，演绎出一段和谐的乐章。

河北汇金金融机具产业园

工程地点： 河北省石家庄市

项目规模： 41790.9 m²

设计 / 竣工： 2011 年 /2014 年

设计单位： 九易庄宸科技（集团）股份有限公司

所获奖项： 2018 年度河北工程勘察设计一等奖

设计人员：陈友红、袁园、张永浩、杨国庆、王智萌、孙树军、焦纯嗣、张晓灿、赵晓峰、刘晓光、李厚旺、祝长英、刘盼来、贾腾飞、张凯亮

本项目在舒适、实用的前提下，充分考虑平面的多样性、创新性、超值性。平面简洁明了，柱距适宜，流线清晰，布置划分灵活，满足多种使用需求，交通组织合理。同时，设计部分采光顶及退台绿化，使得大体量的厂房建筑内部既有良好的采光、通风，又有雅致的休息绿化空间。新厂房立面设计借鉴了商业建筑的部分特征，建筑立面使用穿孔板及条形窗，错落有致，交相呼应。同时，设计也重视多元化的造型处理，统一之中富有变化，大气之中不乏细部雕琢，将满足该建筑使用功能所必需的建筑要素通过细致的细部处理来统一，创造了优雅的建筑艺术形象。

湖畔郦舍—丹瑰苑 A、B 区（荣盛·未来城）

工程地点： 河北省唐山市

项目规模： 409712 m²

设计 / 竣工： 2014 年 /2016 年

设计单位： 九易庄宸科技（集团）股份有限公司

所获奖项： 2018 年度河北工程勘察设计一等奖

设计人员： 范进金、孙彤、花旭东、陈友红、李宁、孟繁钰、王春光、刘晓光、张艳、潘书通、王任戌、王平建、马悦、秦翠娟、马烨

本项目于城市主干道南北两端设置入口广场，在基地内部组织张弛有度的室外商业步行街贯穿南北，自然导入城市人流，形成地块内部的商业"主动线"。负一层设置水主题商街，融合酒吧、音乐吧、文化餐厅等业态，形成"水岸风情酒吧街"，在提升商业价值的同时，使原本割裂的南北两地块得以有机相连。

本项目开创式地将科技主题乐园"星幻港"引入室内，打破以零售为核心，以电影院、餐饮为配套的传统商业综合体模式，使娱乐、休闲、文化、亲子体验、购物完美融合，塑造以室内主题乐园、儿童职业体验中心、奥特莱斯、竞技互动乐园为引擎，以娱乐休闲、家庭消费为支撑的多连廊互通式大型体验商业综合体。

河北省中医院综合病房楼

工程地点： 河北省石家庄市
项目规模： 70000 m²
设计 / 竣工： 2012 年 /2016 年
设计单位： 中土大地国际建筑设计有限公司
所获奖项： 2018 年度河北工程勘察设计一等奖

设计人员： 罗宝阁、高腾野、郝贵强、李岱峰、王坦、杨宏振、张岩、谷立军、汪伟、孙建伟、李文成、杨燕、陈文燕、闫万军、何志辉

本项目位于石家庄市中山东路河北省中医院内，新建综合病房楼主楼为有 1000 张床位的住院部，4 层裙房主要为医技科室，地下为药库、病案库及机动车库等。

本项目为原址新建，又与原楼衔接，这对设计提出了多方面限制。经过多轮方案比选，设计采用了集中式布局，整合建筑流线，运用功能一体化的理念再造医院新医疗流程，形成了由新建病房楼门厅向西延伸至原门诊大厅的一条 6.6 m 宽医疗主街，使其贯通梳理了复杂的门诊、医技等功能科室单元，并将两个主楼的竖向交通核心有效地联系在一起，形成了明晰、短捷的医患流线。

住院楼层双护理单元呈"回"字形布置，形成清晰的医患分流与便捷的交通组织；通高中庭的设计使建筑实现了良好的通风采光。

内装修设计提取中医元素，设计了浮雕、吊顶花格、中医药品展示等。另外，裙房屋顶绿化选用中草药植物打造"中医百草园"，共同形成浓郁的中医药文化氛围。

本项目的建成，有效改善了医生工作、患者休养的环境，提升了医院空间品质。

保定未来像素

工程地点： 河北省保定市

项目规模： 96400 m²

设计 / 竣工： 2013 年 /2016 年

设计单位： 中土大地国际建筑设计有限公司

所获奖项： 2018 年度河北工程勘察设计一等奖

设计人员： 和国富、高腾野、张学玲、李进舒、秦丽平、甄贺朋、李梦、陈国浩、刘成军、毛承岳、黄亮、杨宏振、李志强、李卫波、乔晓扬

本项目位于保定市东北片区，地理位置优越，交通便利，由 1 栋 25 层的办公楼、1 栋 29 层的公寓式办公楼以及 2 层商业裙房构成。

基地内沿街布置了南北两栋板式高层，因西北角是主要人流的导入口，建筑的西北面是主要的形象展示面，加之两栋板楼形成了过于硬朗的对峙局面，所以设计对建筑顶部做了退台处理，不仅柔化了建筑边界，也赋予了建筑崭新优雅的姿态，犹如璀璨的钻石熠熠生辉，丰富了城市景观。

裙房设计力求使屋顶景观化，形成办公楼与公寓楼之间的室外共享大厅。由室外台阶步入二层休憩区，一系列流动向上的立体空间形成丰富的景观，其尺度怡人、视野开阔，同时为市民的活动提供了更为有趣的开放空间。

设计中，板式公寓办公楼采用小户型分割，办公空间环中央核心筒布置，采光、通风良好，并且操作灵活、利于运营。本项目立体复合地延续了生态空间，更新了城市形象与活力；更重要的是创造性地发挥了业态组合的经济效力，将城市生态、文化、经济等功能片段重新组织；打造工作、生活与游乐的舞台，提供多样的业态组合，聚集商务中心所必需的人气，成为重新塑造该区域生活场景的城市地标。

定州文博园商业街

工程地点： 河北省定州市

项目规模： 42568 m²

设计 / 竣工： 2014 年 /2016 年

设计单位： 河北建筑设计研究院有限责任公司

所获奖项： 2018 年度河北工程勘察设计一等奖

设计人员：邱军棉、周波、贾东升、刘涛、高志、王静肖、王浩、赵德俊、魏云超、张云青、温硕、李文吉、高胜林、王强、梁昆

本项目位于定州市中山路南北两侧，紧临开元寺塔、贡院等国家级文物保护单位，是省重点文化工程。本项目规划设计旨在重现中山古国风貌，复原历史街区。本项目分为开元寺大街、贡院广场两大区域，将唐、明、清各个时代的建筑形式有机联系在一起，塑造了定州市个性鲜明的城市特色，使市民和游客在购物、休闲的同时，充分感受到定州浓郁的历史文化气息，形成多元化、多层次的文化园区。本项目规划采用"两横两纵两片区"的规划结构，并与定州开元寺塔保持协调关系。两条横轴是平行于交通要道的空间轴，在考虑开元寺塔空间关系的同时，注重横向的景观退让。两条纵轴分别是项目与贡院、开元寺塔形成对景关系的竖向轴线。规划结构在以居民街坊为骨架的框架系统基础上，采用传统街坊常见的十字和井字相结合的街道布局方式，通过对街道和建筑布局的重新合理规划，以及对晏阳初故居及千年古槐等重点保护对象的合理避让及利用，将众多业态组合穿插，共同构成了古城恢复项目最精华的内容。本项目既突破了定州传统单一的街道商业模式，也为市民和游客提供了一个集中体现定州传统街坊文化，集吃、喝、娱、游于一体的综合性商业体。

曲阳三馆两中心

工程地点： 河北省保定市曲阳县

项目规模： 17769.9 m²

设计 / 竣工： 2014 年 /2015 年

设计单位： 保定市城乡建筑设计研究院

所获奖项： 2018 年度河北工程勘察设计一等奖

设计人员： 张强、张玮娜、张程、赵迪、王玉莲、闫凤兰、王冰媛、杨广东、蔡春梅、王兴勃、闫朴、齐红伟、高源、袁建宇、王维

本项目坐落在距今 2000 多年的被誉为"雕刻之乡""陶瓷之乡"的曲阳县县城内。

本项目占地面积 4300.59 m²，总建筑面积 17769.9 m²，建筑高度 21.35 m，地上 4 层，地下 1 层，框架剪力墙结构，混凝土筏板基础，抗震设防烈度 6 度。

建筑功能空间主要包含博物馆、文化馆、规划展览馆，各部分之间既有相对独立性，又有一定空间连续性。参观者可以首先了解曲阳县的历史文化、地方特色，对曲阳概况有一个初步印象；进而对曲阳县城的发展过程、建设现状、远景规划等依次有一个全面的了解。依托这些主要功能，本项目另设配套的休闲商务、接待、会议用房，成为一个交流、指导和招商引资的平台。

建筑以纯粹的正方形平面升起，形成方形建筑体量，与方整的基地相契合，简洁有力地嵌入基地之中，恰如一枚城市之印。

建筑内部挖空形成半开放庭院，将自然光、空气引入室内，实现了建筑内部公共活动空间与自然环境的融合。室外楼梯环绕外墙面盘旋而上，直至屋顶活动平台。这一设计并非简单地串联竖向空间，而是为参观者及本地市民提供了一个半开放的城市漫游空间，增强了公共建筑的开放性，形成了一个动态连续的立面效果，向访客呈现一个动态完整、富有活力的空间界面。

本项目建成后成为曲阳县的地标性建筑。

邯郸市科技中心

工程地点： 河北省邯郸市

项目规模： 163893 m²

设计 / 竣工： 2015 年 /2017 年

设计单位： 河北建筑设计研究院有限责任公司

　　　　　　清华大学建筑设计研究院有限公司

所获奖项： 2018 年度河北工程勘察设计一等奖

设计人员： 吴耀东、梅子如、梁耀峰、陈耀斌、冯立新、郑怿、赵颀、王志、莘亮、赵晓斌、付玉世、许鹏、余钰、唐晓涛、刘伟

邯郸市科技中心是邯郸市东部新城"三大中心"之一，是最先启动建设的重点工程。建设用地以南为城市东湖，充分利用了南侧良好的视野，为城市增添了标志性建筑景观，建筑整体造型营造出"灯笼"的意象。主楼建筑西、北部"实"体造型与东、南侧"虚"的通透轻盈体形成对比，凸显出晶莹剔透的效果。设计将办公及相关辅助功能整合形成通用型高层办公建筑，减少了建筑基底占地，增加了环境绿化面积和公共活动空间。为使用方便，科技产业馆被设计成独立的多层展览建筑。建筑立面设计全部采用了金属和玻璃等现代材料，凸显项目的时代感和科技感。六边形网格概念体现在金属和玻璃幕墙上，凸显现代中国韵味。科技产业馆平面呈椭圆形，建筑四周直接接地，整体造型简洁。腾空的屋架为建筑顶部增添了层次，屋架被镂刻出变化的六边形图案，为建筑营造了整洁且造型独特的第五立面，改善了主楼南向景观。本项目设计达到二星级绿色建筑标准。

天山海世界改扩建工程

工程地点： 河北省石家庄市

项目规模： 74000 m²

设计 / 竣工： 2008 年 /2013 年

设计单位： 河北建筑设计研究院有限责任公司

所获奖项： 2018 年度河北工程勘察设计一等奖

设计人员： 郭卫兵、习朝位、庄玉良、李君奇、耿书臣、刘韵娜、袁春晓、郭晓梅、肖佳栋、宋涛、陈晓鹏、付会欣、崔向军、刘金旭、陈雅微

天山海世界改扩建工程位于石家庄市东开发区长江大道以北，天山大街以西，原海世界戏水大厅南侧。本项目是集冰场、KTV、电玩、网吧、洗浴、多功能厅、餐饮等为一体的综合性建筑。建筑形态整体突出"水"的主题理念，通过空间的消减、变化及材质虚实对比，塑造了多变而统一的内外部空间环境。建筑立面造型活泼、挺拔、有动感，具有强烈的时代感及商业气息。设计运用高技术的建筑语言来表现项目的时代感。立面材料虚实对比，玻璃幕墙曲折变化、层次丰富，达到了水波粼粼的效果，成为"海世界"主体形象的极佳诠释。

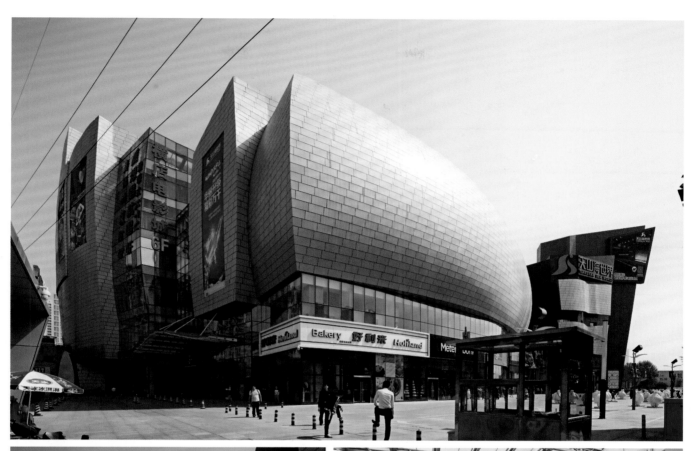

辛集国际皮革城二期

工程地点： 河北省辛集市

项目规模： 187026 m²

设计 / 竣工： 2011 年 /2013 年

设计单位： 河北拓朴建筑设计有限公司

所获奖项： 2018 年度河北工程勘察设计一等奖

设计人员： 姜杰、付宇杰、张卫成、杨跃民、李金亮、李胜发、闫斌、李欣、边克术、逯海军、黄国喜、王爱民、焦亚洲、曹立栋、李玉军

辛集国际皮革城地处辛集市市区东部，位于城市主干道教育路东侧，宴西路以西，古城大街以南，包括东、西两部分，分一、二期陆续完成。二期建筑控制线南北长 333 m，东西宽 116 m，距一期东侧 78 m，并且一、二期以此空间为景观连廊轴线，呈东西对称格局。基地市政资源良好，交通便利，地理位置优越。通过中庭的优化设计，形成多个商业中心，增强了商铺的均好性。南北设四条通道，东西设八条通道，与中庭连接形成四通八达的商业动线。商业动线南北宽 5.4 m，东西向宽 6 m。设计结合了商业动线和共享中庭，在偌大的空间内尽量减少经营死角；通过连廊使一、二期形成一个连续整体，使南北立面形成三段五列的经典构图，在建筑造型细节上，采用弧形钢构丰富幕墙设计，使建筑在主旋律基础上富有变化，如同凝固的音乐一般，平静中孕育诗意。

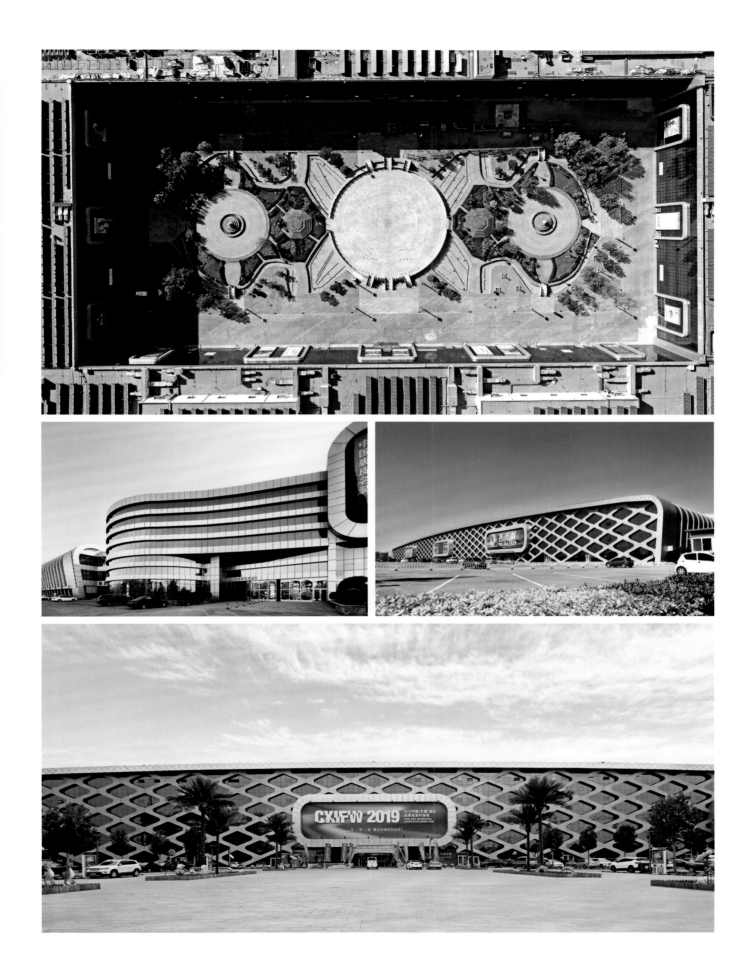

东创商务广场

工程地点： 河北省石家庄市

项目规模： 27180.19 m²

设计 / 竣工： 2015 年 /2017 年

设计单位： 河北拓朴建筑设计有限公司

所获奖项： 2019 年度河北工程勘察设计一等奖

设计人员： 姜杰、李玉军、杨跃民、杜现如、张占江、沈子刚、梅素娟、张卫成、易克澜、范正标、边克术、毛国伟、高攀、董晓乐、李良江

东创商务广场位于石家庄市高新区，闽江道以北，祁连街以西。本项目总用地面积 8717 m²，总建筑面积 27180.19 m²。建筑为地上 13 层，地下 2 层，钢筋混凝土框架剪力墙结构。

根据基地形状，本着最大化利用土地的原则，将建筑设计为 L 形，分别平行于闽江道和祁连街。街角处为了增大视角，采用圆弧化处理，给人以亲切的建筑感观。建筑主体以白色为主，简单的几何形体，流动的立面线条，轻盈淡雅、刚柔并济，宛如一座极具未来感的城市雕塑，表达着城市的性格和气质。

建筑平面由不同的曲线构成，且每层的曲线各不相同。曲线的柔美结合让建筑多了几分灵动，少了些棱角。设计如行云流水般自然、巧妙，曲线层层叠叠，看着相似但又各有风韵。曲线的凹凸变化犹如跳动的音符，在建筑的立面上演奏着优美的旋律，建筑形体与闽江道和祁连街两条城市干道自然地融合在一起，交接处也处理得自然而富有美感，宛若溪流流淌在城市街道中。

建筑外立面主要由白色金属铝板和双层中空无色透明玻璃构成，轻盈中透着淡雅，纯洁中透着妩媚，流动中透着静谧。沿街面窗台高度时而高起，时而低落，简洁明快，错落有致，如流动的旋律，绵绵流长。

河北北国奥特莱斯商城（北国水世界）

工程地点： 河北省石家庄市
项目规模： 47800 m²
设计 / 竣工： 2017 年 /2018 年
设计单位： 中土大地国际建筑设计有限公司
所获奖项： 2019 年度河北工程勘察设计一等奖

设计人员： 谷立军、和国富、王丽粉、韩力永、张立春、刘艳军、秦丽平、曹朋方、倪爱然、胡斌、乔铮、林松、王丁一、鲍小娟、刘绍青

本项目位于石家庄市鹿泉区铜冶镇南甘子村，北临青龙山大道，西接碧水街，东临装院路，南临虎踞路，毗邻北国奥特莱斯购物主题公园，二者形成"北国奥莱小镇"微度假格局，开启城市全新体验风潮与生活方式。

本项目园区内均为多层建筑，主要包括室内水上乐园、旺季更衣及电影院、室外餐饮、室外租赁、室外造浪池、室外舞台设施、顾客中心、竖琴售票亭、售货亭及八角零食亭等多个建筑子项，并含有

漂流河、儿童戏水池、水寨、深渊滑道、急速滑道、飞天梭及大碗等多个游乐设施。

本项目设计理念着眼于发掘地块的整体综合价值，从多个角度对项目进行研究，重新审视隐在次序，为当地环境输入新的活力元素；用项目带动人群聚集，同时力求放大机遇，促进区域经济发展。

石家庄华强广场

工程地点： 河北省石家庄市
项目规模： 295308 m²
设计 / 竣工： 2011 年 /2014 年
设计单位： 河北建筑设计研究院有限责任公司
所获奖项： 2019 年度河北工程勘察设计一等奖

设计人员： 庄玉良、张雪梅、张震、胡建彬、刘龙、吕琛、张亭、徐巍、李云燕、葛凯华、杜小雷、高超、李晨、王朋、李洪星

石家庄华强广场是集城市电子科技中心、中央商务区核心、批发贸易中心及金融中心于一体的综合性建筑。

设计充分利用现有建筑科技成果和数字网络技术，创作出具有时代特点、体现科技进步、富有文化底蕴与地域特色的新时代电子商业综合体建筑。本项目是城市区域标志性建筑群，建筑轮廓构成城市天际线中的新亮点。超高层办公楼——A 栋办公楼标准层采用"回"字形平面，中间为核心筒，周围布置环形走道及办公空间。

B、C、D、E、F 栋办公楼为单元式办公楼，采用中间走道、两侧办公的布置方式。每个单元户内功能分区合理，主从分明，通过宽景凸窗的设计，扩大户内使用面积，开阔视野。立面设计采用现代风格，通过清晰的体块和严谨的比例关系，着力打造高端形象。主体办公楼的立面材料采用浅黄色石材与玻璃幕墙相结合，并采用竖向线条来强化建筑的垂直高度感。整体建筑造型挺拔、严谨、庄重，体现了高级商务写字楼的优雅气质。

河北省安全生产应急救援指挥中心

工程地点： 河北省石家庄市

项目规模： 65411.61 m²

设计 / 竣工： 2013 年 /2017 年

设计单位： 唐山开滦勘察设计有限公司

所获奖项： 2019 年度河北工程勘察设计一等奖

设计人员： 张晓峰、李然、刘扬、王静玉、安冰凯、张建成、沈江涛、张琪、蒋铁柱、程亚楠、边泽元、刘亚静、侯印慧、冯姣、边琳

河北省安全生产应急救援指挥中心位于石家庄市鹿泉区，由唐山开滦勘察设计有限公司设计，于 2017 年 1 月 22 日竣工验收，是目前国内规模最大、功能最全的省级安全生产应急救援指挥中心和训练基地。本基地投入使用后成为河北省安全生产应急救援的主干力量，也是服务京津冀、辐射华北五省的重要应急救援力量。

本项目包括指挥中心大楼、教学培训楼、综合训练馆及其他各种配套设施。本项目总占地面积 200000.23 m²，总建筑面积 65411.61 m²，均为公共建筑。其中，指挥中心大楼建筑总面积 19887.30 m²，地下 1 层，地上 11 层，建筑高度 49.1 m；教学培训楼建筑面积 16454.794 m²，地上 7 层，建筑高度 31.05 m；综合训练馆建筑面积 17090.346 m²，地下 1 层，地上 2 层，建筑高度 20.04 m。指挥中心大楼地下一层设人防工程，地上部分设置了省市二级信息化应急指挥平台，重大危险源监控信息调度中心，产品检测中心，气、液等物理化学实验室等功能用房；教学培训楼可承接 345 人的培训、演练，同时提供省政府常年备勤的 150 人应急救援队伍和 45 名石家庄炼油厂救援队人员的教学训练住宿用房；综合训练馆包括体能训练馆、仿真模拟馆及各类体能训练场地等功能用房，各类场馆的建设规模均参照国内相同级别、规模的场馆面积设置。

乐宸商务展览中心

工程地点： 河北省石家庄市

项目规模： 66800 m²

设计 / 竣工： 2011 年 /2015 年

设计单位： 河北北方绿野建筑设计有限公司

所获奖项： 2019 年度河北工程勘察设计一等奖

设计人员： 郝卫东、赵晓丽、李威、王运涛、闫旭光、刘晓杰、贾静过、季科、李爽、
马玉光、刘威、康丽娟、郑俊华、张英敏、王峰印

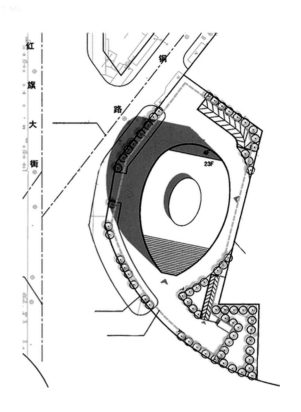

本项目位于石家庄市五条道路的交叉口，用地形状怪异。

设计通过逻辑推演的方式，在合理满足城市规划要求以及不影响周边住区日照的前提下，界定主体建筑的位置；为实现建筑的完整性及区域标志性，设计拒绝了裙房加主体的方式，整个建筑自下而上一气呵成；为使建筑与城市建立良好的关系，建筑采用水滴形状，并采取了向上切割后退的方式。建筑立面由玻璃及灰白色的金属遮阳片构成，纯净唯美。

河北奥林匹克体育中心工程体育馆综合体

工程地点： 河北省石家庄市正定新区

项目规模： 124954 m²

设计 / 竣工： 2014 年 /2017 年

设计单位： 北京市建筑设计研究院有限公司

所获奖项： 2019 年度河北工程勘察设计一等奖

设计人员： 杨洲、周润、马跃、成龙、张皓、马敬友、秦凯、张建朋、王慷、王书香、郑帅、姜青海、温燕波、马岩、窦文苹

本场馆外形的设计理念来自司南这一中国古老的器具，设计完美地将现代建筑风格与中国传统元素合为一体，同时抛弃传统的四方体设计观念，整体采用流线型，直观感受更加活泼；而河北也正是司南发源地，因此更平添了一份历史底蕴，显得更为庄重。司南作为引导方向的工具，有着更深层次的寓意，意在指引参赛选手奋勇拼搏，走向胜利。现代风格与传统外观相辅相成的新型场馆，定能成为石家庄新的地标建筑。

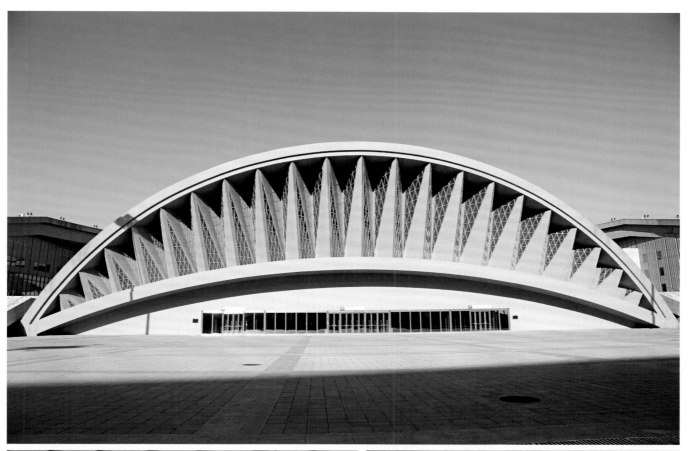

国际旅游港和自由贸易港起步区一期工程

工程地点： 河北省秦皇岛市

项目规模： 2149 m²

设计 / 竣工： 2018 年 /2018 年

设计单位： 秦皇岛市建筑设计院

所获奖项： 2019 年度河北工程勘察设计一等奖

设计人员： 倪明、李腾飞、魏宇男、付大伟、王赢权、张宗杰、赵瑞涵、毕贺彬、刘爽、陈扬、郑天、刘海生、孙军杰、郭宇、杨雨迪

秦皇岛港原为以能源运输为主的综合性国际贸易港口，场地内历史印记明显，随处可见具有鲜明工业特色的铁路、机械，部分建筑年久失修，设计改造旨在通过对工业遗产的保护、改造，使其能够参与新时代建设，增强厂区百年记忆，打造独特的滨海遗址公园。

在特有环境下，建造适应现代风貌的建筑是本项目的难点，改造项目实现了与周围环境和谐共处，既传承历史文化，又开拓新氛围。

整个园区建筑保留原有建筑红砖，采用大面积玻璃窗，窗框外的黑色碳钢架与园区内火车轨道相呼应，建筑外貌简洁素雅，延续工业风格。改造时打开了原有封闭的院落围墙，构筑连通多个院落的商业区域，增加场地空间的参与性，为游人提供游览、休憩场所。

在伫立百年的秦皇岛港内，通过改造设计，使原本已失去使用功能的建筑焕发新颜，唤醒旧记忆，再造新活力。项目建成后成为了集旅游、贸易、游艇、娱乐为一体的西港环渤海中央休闲区。

邯郸市新世纪商业广场北扩工程

工程地点： 河北省邯郸市
项目规模： 137303.29 m²
设计 / 竣工： 2012 年 /2016 年
设计单位： 邯郸市亚太建筑设计研究有限公司
所获奖项： 2019 年度河北工程勘察设计一等奖

设计人员： 蔡文章、邓康、焦坤、谢明远、王震、步全增、韩杰、韩晓波、赵莎莎、徐健、张晓明、李明珠、杨波、李民、赵潇

邯郸市新世纪商业广场北扩（阳光大厦）工程位于邯郸市中央商务圈，中华大街与人民路交叉口东北角，已建新世纪商业广场一、二期的北侧。基地西侧紧临丛台广场、北侧紧临邯郸市博物馆，地理位置优越。本项目是邯郸市已建成使用的第一个超高层建筑。

本项目总用地 12182 m²，东西长 174.67 m，南北宽 66.87 m，总建筑面积 137303.29 m²，其中地下建筑面积 26553.00 m²，地上建筑面积 110750.29 m²。北扩建筑整体上由一栋超高层塔楼、高层裙楼和地下室三部分组成。本项目建成后与南侧已有的一、二期连通使用，整体形成一座集商业零售、休闲娱乐、超市餐饮、办公酒店等功能于一体的大型城市综合体。

在整体布局上，结合地块形状与已有建筑位置，在其北侧布置东西长约 137 m、南北宽约 54 m 的建筑，南侧紧贴原有新世纪商业广场。塔楼部分地上 39 层，建筑高度 188.00 m；裙楼部分地上 11 层，建筑高度约为 51.90 m；地下室部分 3 层，建筑埋深约为 18 m。扩建建筑除南侧外，均临城市道路，便于消防救援，在建筑

北侧设有较大的集散广场兼消防救援场地。

平面功能上，地上 1～8 层为裙房商业（内含商业、餐饮、娱乐游艺、健身等功能），9～11 层为商业办公用房，12～39 层为塔楼式写字楼，其中第 12、28、36 层为避难层，地下 3 层均为机械停车库，其中负 2、负 3 层为 3 层机械停车，负 1 层为 2 层机械停车。

建筑立面采用现代简约的风格，以玻璃幕墙和石材幕墙为语言，表达出了一栋形态超凡脱俗、气势恢宏壮观、视觉强烈冲击的建筑篇章，给人一种全新的建筑艺术感染力。

本项目采用消能减震技术来有效提高结构的抗震性能，并且满足了性能化设计的要求。本项目设置了 88 组软钢阻尼器，极大地节省了工程造价，带来了良好的经济效益，提高了建筑空间的使用合理性，收到了良好的效果。

扩建工程完成后，新世纪商业广场功能更加完善，内容更加丰富，形式更加多样，将市民生活和社会文化向前推进了一步。

未来时间

工程地点： 河北省石家庄市

项目规模： 63000 m²

设计 / 竣工： 2014 年 /2018 年

设计单位： 中土大地国际建筑设计有限公司

所获奖项： 2019 年度河北工程勘察设计一等奖

设计人员： 郝贵强、罗宝阁、张学玲、黄亮、闫万军、李志强、石晓娜、汪伟、张剑、孟岩勇、甄贺鹏、马旺壮、许雅琴、刘志学、李府宪

本项目位于石家庄市中山西路与华安街交叉口，工程总用地1.0 ha，地上29层，地下4层。本项目地处市中心，用地相对紧张，总图设计了带四层裙房的一栋塔楼，充分考虑沿街面及日照等要求布置平立面。设计秉承山水城市的设计理念，外立面使用幕墙窗与暖色石材组合，强调竖向线条虚实穿插，简约而现代；同时采用层层退台的形式，设置开放式的公共景观空间，结合优越的地段位置及完善的商业氛围，凸显建筑的高品质。

主体结构采用钢筋混凝土框架—剪力墙的结构形式，存在平面和竖向不规则的情况，结构设计难度较大。通过合理地比选结构方案，使得本项目不属于特别不规则建筑，增强了其抗震性能，达到了预期目标。同时，在地基基础设计中采用了天然地基和整体筏板相结合的方式，节约了成本，缩短了工期。

天洲国际商务中心

工程地点： 河北省石家庄市

项目规模： 32600 m²

设计 / 竣工： 2013 年 /2017 年

设计单位： 河北惠宁建筑标准设计有限公司

所获奖项： 2019 年度河北工程勘察设计一等奖

设计人员： 杨今、尹革、迟晓夫、赵红波、李树波、刘旭辉、陈志光、张海昭、王东兴、李威、曹芳倩、姚永峰、阳李英

本项目位于石家庄市长安区，北临北二环东路，西临金石街，民心河畔。

设计坚持"城市中的建筑，场所中的建筑"的原则，从城市设计的高度设计建筑；充分满足使用需要和管理需求，并为未来商业和办公模式的发展预留灵活调整的可能，实现了"功能超前，管理先进，灵活可变"。

基地形状极不规则，周边现状条件复杂，因此建筑整体布局近似椭圆形，以充分利用现有场地，最大化地实现现有土地资源的价值。

建筑以民心河涟漪的水面和粼粼的波光作为设计灵感，强调现代建筑简洁、流畅、理性的立面形象。为突出现代化、信息化、智能化、人性化的要求，从建筑的实际功能出发，以还原建筑的本源为出发点，采用虚实对比的整体构图手法，通过体块的穿插和切割，打破方体建筑呆板的特点，并运用金属铝单板和玻璃幕墙材质的细部构造来表达简洁、跃动的建筑形象。

本项目的建成不但满足了建筑的功能和形象需求，更成为东北二环及民心河畔璀璨夺目的"水岸宝石"。

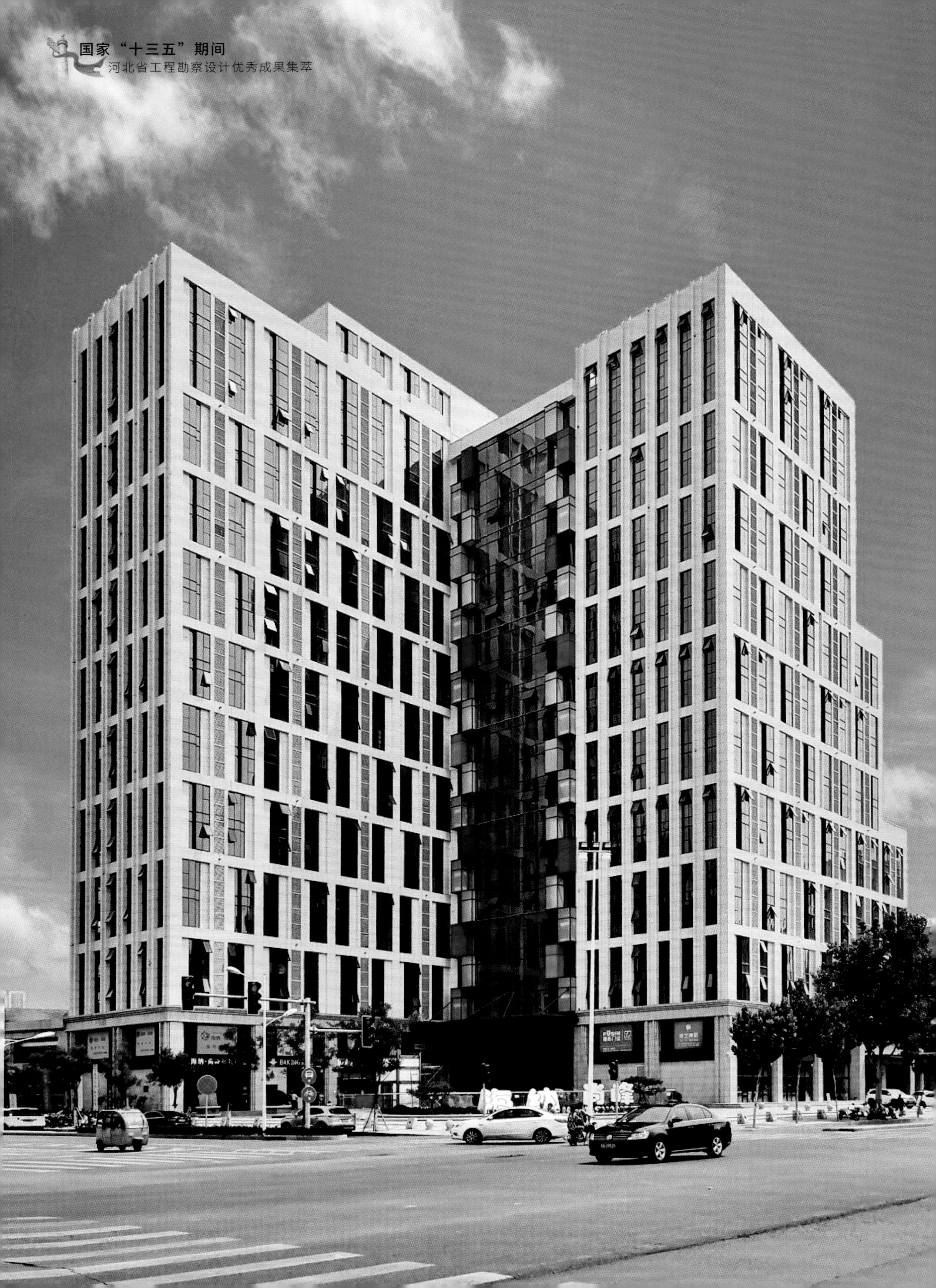

海纳尚峯

工程地点： 河北省石家庄市
项目规模： 32600 m²
设计 / 竣工： 2015 年 /2018 年
设计单位： 河北大成建筑设计咨询有限公司
所获奖项： 2019 年度河北工程勘察设计一等奖

设计人员： 岳欣、齐晓、吕德芳、齐美娟、魏志谦、康云龙、闫立杰、司晓光、张卫全、尹玉莲、夏世文、盛威、闻中华、田久兴、杜英丽

本项目用地南侧为学苑路，西侧为祁连街，东侧的太行大街和北侧的槐安路均为城市主干道，石家庄学院、石家庄市第四医院、北国商城位于项目用地西侧，地铁 3 号线从项目南侧穿过。本项目包括办公、商业等功能建筑，同时也包括设备用房、地下停车场等。

本项目为大型工程，合理使用年限为 50 年，耐火等级为一级。在方案设计中，合理设置各功能分区以及交通流线。西侧入口大堂通高两层，成为办公的主出入口。沿街布置二层商业。一层东北角布置集中商业，入口位于东南角。地下 1 层主要为设备用房、机械车库；地下 2 层主要设计为普通车库及人防；结合礼仪广场设置的下沉式广场解决了地下车库的消防疏散问题。

南楼地上 20 层，主要布置重要办公区和会议区，在东侧结合办公以退台形式设计室外露台。北楼 21 层，布置办公区，通过内部连廊与南楼紧密联系。两楼中间的连接体采用丰富的共享中庭设计，每三层设置一个共享中庭。

唐山工人医院集团丰南医院

工程地点：河北省唐山市
项目规模：85027.52 m²
设计 / 竣工：2012 年 /2017 年
设计单位：中国中元国际工程有限公司
所获奖项：2019 年度河北工程勘察设计一等奖

设计人员：陈兴、牛住元、梁辉、陈艳辉、郑妍、李昕、狄玉辉、陈婷婷、赵桐、孙苗、李家驹、李佳、赵元昊、张海龙、王诗惠

唐山工人医院集团丰南医院位于河北省唐山市丰南新区，建设标准为三级综合性医院。

本项目建筑总面积 85027.52 m²，设计床位数 807 床。工程子项包含门诊医技楼、病房楼、感染病楼、后勤楼（锅炉房、垃圾站、污水站、太平间、洗衣房）、高压氧舱、液氧站等。

门诊医技楼及病房楼地下 1 层为机械停车库、人防区域、厨房、设备机房；首层为急诊、放射科、儿科、配液；2 层为检验室、病理室、急救室、功能科室和手术部、ICU（重症加强护理病房）；3 层为血透室、信息科、妇产科、功能科室；4 层为体检用房、行政用房、口腔室、功能科室；5 ～ 12 层为病房。门诊医技楼及病房楼地下 1 层与首层之间设置隔震层。

本项目具有以下突出的技术特色。

①国内最早在大型综合医院中全面采用隔震技术。本项目地处地震高烈度区，通过多次论证经济性与技术性，大胆创新，采用了隔震设计，保证了医院的安全性。医院建筑隔震设计在当时缺乏成熟的技术体系支撑，项目组在设计过程中研发了一系列的隔震技术及措施，并在后续项目中推广应用。

②先进合理的医疗功能设计。本项目布局紧凑，以较低的床均面积指标实现了具有前瞻性的完善医疗功能，医疗流线设计先进便捷。

③对医疗二级流程大胆创新，如 ICU 采用以单人间为主的模式，形成 U 形布置方式，便于医护人员的照顾和护理；三通道的设计便于家属探视，避免交叉感染。

④注重医院建设的经济性。唐山市区级医院普遍存在"医疗地位高，经济水平低"的困境，本项目通过采用适宜的材料和技术，在有限的经济条件下，建设出高水准的医院，单方造价属于较低水平。

⑤注重自然通风和太阳能的利用。营造良好的室内外空间效果，降低运营费用。

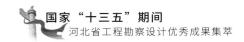

保定电力职业技术学院南校区教学综合体

工程地点： 河北省保定市
项目规模： 87000 m²
设计 / 竣工： 2014 年 /2016 年
设计单位： 北方工程设计研究院有限公司
所获奖项： 2019 年度河北工程勘察设计一等奖

设计人员：高明磊、高青、付瑛琪、乔菲菲、薛蕊、郑艳芳、马建刚、薛荣刚、王丹、魏巍、高媛、张晓萌、信栋才、王伟栋、王晶玥

保定电力职业技术学院南校区位于保定市区西南郊，乐凯南大街与三丰路交叉口西南侧，距北校区 600 m，西临保定电力修造厂，东南为保定市列车编组站。学校占地面积 116000 m²，南北长逾 500 m，东西宽逾 180 m，东侧须留出 50 m 宽的城市绿化带，西侧和南侧均为突出的尖角，用地狭长且不规整。总建筑面积 87000 m²，其中实训教学 30000 m²，培训 18000 m²。

通过进行多方案比较，设计采用集约化的布局，"化零为整"，综合

考虑周边环境影响和建筑内外的日照、通风，最大限度地利用不规则用地。建筑尽量靠外围设计，大开大合的布局使校园以一个完整的形象呈现。按教学和生活的功能不同，形成两组综合体，中间由连廊相连。教学综合体靠北侧面向学校大门布置，高层的培训楼、多层的实习实训楼、公共教学楼、图书信息楼等形成一组"L"形的建筑群。培训楼为用地内唯一的高层建筑，临近校区入口，体形简洁，为学校的标志性建筑。

保利·西山林语

工程地点：河北省石家庄市
项目规模：65390 m²
设计 / 竣工：2015 年 / 2018 年
设计单位：河北北方绿野建筑设计有限公司
所获奖项：2019 年度河北工程勘察设计一等奖

设计人员：李爽、张海英、苏兰、谢金星、段俊朝、龚倩红、刘彬、郑月兰、靳小伟、刘培、秦桂敏、谷凤涛、李果娟、张英敏、祝建华

本项目基地地处河北省石家庄市鹿泉区翠屏山迎宾馆以北，西临青银高速，北接御园路，东为迎宾馆路，南侧紧临翠屏山迎宾馆园区。本项目总占地面积 77.57 ha，低密度住宅占地面积 29.44 ha，采用法式风格加少量英式风格混搭，地上 2 ～ 4 层，地下 1 层。产品类型包括叠拼、联排、独栋等多种类型。

石家庄中冶德贤公馆 A 区

工程地点： 河北省石家庄市

项目规模： 253500 m²

设计 / 竣工： 2016 年 / 2018 年

设计单位： 河北建筑设计研究院有限责任公司

所获奖项： 2019 年度河北工程勘察设计一等奖

设计人员： 张雪梅、李洪泉、高喜洋、江胜、马玉、陈磊、胡建彬、杜小雷、李庭、吕琛、董洁、侯建玲、魏明兴、孙世超、王朋

本项目位于石家庄市建华大街与塔南路西南角，西侧紧临体育公园和霞光大剧院，主要包含 11 栋高层住宅楼、2 栋多层商业楼及地下车库。总体规划采用对称楼座及轴线多进空间的总图布局，功能配套设施齐全，内外空间错落有致。住宅建筑使用现代建筑设计风格及装饰材料，外立面材质以石材幕墙及仿石涂料为主，建筑外观及空间流畅生动，与周围环境相协调。本项目按照二星级绿色建筑标准设计，积极采用"四新""四节"及环保新技术。本项目应用了清水混凝土模板即铝膜技术，是石家庄市第一个采用铝膜技术的住宅项目。尤其小区住宅应用了中央除尘除霾新风系统、多联机空调系统，大幅提高了用户的使用舒适感，成为生态节能的高水平绿色住宅小区。

祥云·凤凰福邸

工程地点： 河北省石家庄市

项目规模： 371700 m²

设计 / 竣工： 2015 年 / 2017 年

设计单位： 河北大成建筑设计咨询有限公司

所获奖项： 2019 年度河北工程勘察设计一等奖

设计人员： 庞海军、齐晓、武帅、牛亚飞、詹大威、蒙贺娟、杨淑丽、魏丽、张卫全、赵建信、陈创新、穆广奎、魏士捷、盛威、杜双永

本项目位于石家庄市高邑县城区北部，北侧为刘秀路，与高邑县政府大楼隔路相望，南侧为文化路，西侧为万通商业街，东侧为顺城大街，对面为高邑县第四中学和北关学校，交通十分便利。本项目总用地面积 25.33 ha，其中实际建设用地面积 16.00 ha，容积率 2.3，绿地率 35%。

本设计方案充分考虑当地的气候和甲方对户型的要求，房型工整大气，建筑均南北布局，主要房间朝南，功能布局合理。住宅内部

布局流畅，动静分区明确，客厅、餐厅南北通透，卧室采光充足，居住条件舒适宜人。设计整体考虑了小区内配套公共服务设施的布置。

建筑采用艺术装饰风格，摒弃古典主义过于复杂的肌理，简化线条，与现代材质相结合，呈现出古典而简约的新风貌，将怀古的浪漫情怀与现代人对生活的需求相结合，兼容华贵典雅与时尚现代。

荣盛·华府（棉三）一期（高层区）

工程地点： 河北省石家庄市
项目规模： 369400 m²
设计 / 竣工： 2016 年 / 2018 年
设计单位： 河北建筑设计研究院有限责任公司
所获奖项： 2019 年度河北工程勘察设计一等奖

设计人员： 李文江、王鹏、张亭、李杨、柴为民、李云燕、席媛媛、唐丹婵、侯建军、韩志峰、孟巍、王蕊、米峰、杜小雷、侯海鹏

荣盛·华府（棉三）一期项目位于石家庄市传统高价值核心地段，建设规划总用地面积 13.91 ha，其中居住用地面积 7.77 ha，住宅地块总建筑面积 369400 m²，地上建筑面积 244300 m²。高层区由 10 栋住宅楼及底商、幼儿园、中学等公建配套设施组成，设施完备。设计遵从"大隐于市，修身齐家"的整体规划理念，借鉴"圆明园四十景之别有洞天"的规划意境，结合商业办公的高低变化，与棉三洋房区及棉四地块共同形成"三山五园"的整体规划格局。"山""园"之间和谐共生，体现中国传统思想中"雅居"的哲学理念，与"大隐于市"的整体规划理念相契合。"山""园"之间利用过渡的高度建筑相衔接，避免出现"断崖式"落差，使"山"与"园"融为一体，保证自身空间结构的完整，打造最美城市天际线，丰富城市整体空间。在城市空间形态上追求"祥瑞"的中国传统最佳格局，同时采用中国古典式园林设计手法，形式自然，强调整体和谐，"源于自然，高于自然"，把人工美和自然美巧妙结合；推广绿色节能和生态发展理念，节约资源，保护环境。

绿园住宅小区（红石原著）

工程地点：河北省石家庄市

项目规模：336900 m²

设计 / 竣工：2013 年 / 2017 年

设计单位：河北北方绿野建筑设计有限公司

所获奖项：2019 年度河北工程勘察设计一等奖

设计人员：胡玉强、马玉光、常伟、张楠、郑俊华、段俊朝、郑昊、张海英、刘威、张英敏、史云飞、靳小伟、张金霞、孙倩、范锦地

本项目小区内交通便利，中心景观带设计休闲步行景观小径，人车互不干扰，保证了小区交通畅通和住户安全。

在规划上，小区内部通过生态景观带设计串联各个组团，形成一个生态自然的步行景观系统，使住宅和景观更加自然地结合到一起，并相互渗透；强调不同空间的流动性，使社区与城市、庭院与庭院、建筑与建筑互相融通，又各成一体，使空间得以流动，从而实现社区的整体性与均好性。

河北中医学院新建综合教学楼

工程地点： 河北省石家庄市

项目规模： 12440 m²

设计 / 竣工： 2014 年 / 2016 年

设计单位： 河北北方绿野建筑设计有限公司

所获奖项： 2019 年度河北工程勘察设计一等奖

设计人员： 郝卫东、胡玉强、刘彬、苏兰、王运涛、张英敏、闫旭光、马玉光、张永生、郑鹏飞、康丽娟、谷凤涛、李果娟、刘博韬、郑昊

河北中医学院始建于 1958 年，是全国建校较早的高等中医药院校之一。1995 年，该学校与河北医学院等合并组建为河北医科大学，2013 年 4 月经教育部批准恢复独立建制。学校为省属公办普通高等学校，融教学、科研、医疗于一体，是河北省唯一一所独立设置的中医药本科院校，已为国家培养 1.8 万余名高级中医药专门人才。

本项目位于杏苑校区东南部，总建筑面积 12440 m²。新建综合教学楼由报告厅、教学楼及综合实训教室三大部分组成，其中教学楼包括 220 人阶梯教室 6 个，120 人教室 24 个；地下 1 层为综合实训教室，报告厅布置在建筑北侧，包括 400 人大报告厅、150 人中报告厅和 100 人小报告厅各一个，以及会议接待室、会议准备室等附属用房。

保定市儿童医院整体迁建项目

工程地点: 河北省保定市

项目规模: 83090 m²

设计 / 竣工: 2011 年 / 2017 年

设计单位: 保定市建筑设计院有限公司

所获奖项: 2019 年度河北工程勘察设计一等奖

设计人员: 李轶凡、张国龙、左海敏、田建武、王雪松、任凤彦、田纪坤、张丽琴、齐心、马兴龙、曹亚杰、张丽娜、霍华菊、乔愉、李培

本项目是集门诊、急诊、病房、医技、手术、康复理疗科研于一体的综合性儿童医疗建筑。医院规划用地 40000 m²,可建设用地 32750 m²,总床位规模 600 床,建设项目为门诊医技综合楼、综合病房楼及附属工程。其中,综合病房楼建筑主体地上 19 层,地下 1 层,建筑面积约 39900 m²;门诊医技综合楼地上 11 层,裙房 5 层,约 40800 m²,设远近期地下一层立体停车库及门卫氧气站等辅助用房。本项目建成后总容积率 2.20,建筑密度 25.84%,总停车位 1000 辆,形成了 83090 m² 的建筑群体。医疗主街连接医院各功能区,实现了动静分区、污物分流、人车分流、流线简洁、建造设施先进。本项目是一座功能完备的综合医院建筑。

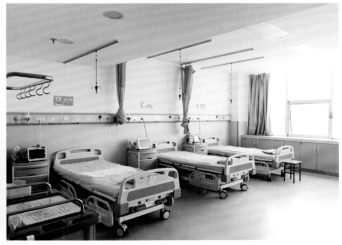

河北省质量技术监督检验检测研究中心
国家管道元件产品质量监督检测中心综合实验楼

工程地点： 河北省石家庄市

项目规模： 16336 m²

设计 / 竣工： 2012 年 / 2015 年

设计单位： 河北建筑设计研究院有限责任公司

所获奖项： 2019 年度河北工程勘察设计一等奖

设计人员： 吴磊、胡悦民、吴超军、寇薇、刘亚楠、赵晓强、温晓、李栋、任卫敏、周晓洲、陈新、陈相伟、王娜、张兰、张欣苗

本项目位于石家庄市获铜路与南二环西延路交叉口东北侧，园区西入口轴线北侧。综合实验楼建筑体块的长轴为东西向，与基地内建筑北侧已建的一期锅炉压力容器检验国家管道元件产品质量监督检测中心楼有室外通廊联系，与南面计量恒温实验楼沿西入口主轴对称，一起成为整个园区的标志性建筑。综合实验室按照使用功能要求分别进行了合理的房间布置，满足各种用房使用要求。

本项目重视新型技术、材料与传统技术、材料的结合运用，外立面的竖向线条强调建筑的挺拔感，外墙用浅色的干挂石材与玻璃幕墙相结合（并与一期各实验楼主体仿石涂料颜色相协调），建筑立面虚实结合，角部稍作变化，局部施以点缀，美观而耐用。入口门厅处采用二层通高落地玻璃，拓宽建筑内部的观景视野，形成与外部环境的更好对话。

中国北方中药材交易中心一期工程
（安国数字中药都一期工程）

工程地点：河北省保定市安国市

项目规模：77000 m²

设计 / 竣工：2014 年 / 2018 年

设计单位：河北建筑设计研究院有限责任公司

所获奖项：2019 年度河北工程勘察设计一等奖

设计人员：张震、艾晓贝、杨敬海、张云青、马进霞、霍明珠、石雁冲、耿向丽、王静肖、王强、张海燕、高胜林、李幸玲、王浩、赵德俊

安国市素有"药都"和"天下第一药市"之称。药都文化始于北宋，盛于明清，安国赢得了"草到安国方成药，药到祁州始生香"的美誉。本项目平面布局以天圆地方为理念设计，外方城布置沿街商铺、餐饮、办公、住宿、会议等功能，用房内圆部分分为外环和中心圆部分，分别为可灵活划分的中药商业区和展示大厅。环形商业建筑，采用竖向线条整齐有序地展开，与玻璃之间形成有序的光影变化，造型简洁明快。中央电子商务大厅顶部呈圆拱形态。立面细部采用竖向划分的肌理，与 200 m 长的商业立面形成空间对比，突出了韵律感和建筑美。在外城四个入口处的屋顶形象设计灵感来源于古代中医药鼎的形象，高大的屋顶彰显了医药的形象特征，更加鲜明地突出建筑主题。总体建筑群外部形象现代优雅，构成了该区域重要的城市建筑景观。

本项目设计采用了新技术、新思想，实现了建筑自然采光、通风、遮阳，从营造绿色、节能环保建筑的理念出发，通过隔热遮阳、高效材料保温等节能设备和技术，实现了建筑低能耗运转。

中银金融广场 2# 楼

工程地点： 河北省石家庄市

项目规模： 67707 m²

设计 / 竣工： 2010 年 / 2014 年

设计单位： 河北拓朴建筑设计有限公司

所获奖项： 2019 年度河北工程勘察设计一等奖

设计人员： 姜杰、李欣、李玉军、张智铭、侯林涛、沈子刚、李夺、张卫成、杨跃民、刘立勋、张赛松、闫斌、尹利科、白金彪、赵海朋

中银金融广场 2# 楼是中银金融广场二期工程。本项目位于石家庄市自强路以南，规划路以东。规划总用地面积 2.14 ha，建筑高度99.60 m，地下 4 层，地上 24 层，框架-核心筒结构，总建筑面积67707 m²，其中地下 19711 m²，地上 47996 m²，占地面积 1990 m²。

本项目遵循因地制宜、以人为本的设计理念。同时从城市设计的高度出发，将主体建筑设计为长方形，平行于规划路，短边临自强路，弱化了主体建筑对城市主干路的压迫感。与此同时，本项目良好的建筑造型对提升城市品质，延续城市肌理，进一步提升城市形象起到了一定的积极作用。

本项目 1～3 层为银行营业办公，4～7 层为机房、物业、办公及餐厅、厨房等，8～24 层为办公区。为减少对北侧住宅的日照影响，本项目设计为竖长方形；为减少建筑物对城市街角的压迫感，北侧从自强路退让 20 m。

建筑立面采用古典三段式的设计手法，用艺术装饰风格符号和立面元素将高端的建筑品质呈现出来。建筑色彩为棕黄色石材，与周边总体规划保持一致。本项目建筑风格及色彩搭配与周边建筑环境相协调、相融合，却又不失特色，成为区域性标志建筑。

石家庄宝能中心6#、7#特色办公楼项目

工程地点: 河北省石家庄市正定新区

项目规模: 68000 m²

设计 / 竣工: 2014 年 / 2017 年

设计单位: 中土大地国际建筑设计有限公司

所获奖项: 2020 年度河北省优秀勘察设计一等成果

设计人员: 闫万军、米行、董晓、张紫妍、张学玲、胡斌、秦丽平、陈文燕、王波、王康、骆媛、刘杰、郭显豪、陈亚宁、王江

本项目位于石家庄市正定新区北京南大街与湖南西大街交叉口东北角,毗邻新城大道及石家庄国际会展中心,地铁 1 号线也接入此项目,地理位置优越,交通便利。

设计理念着眼于发掘地块的整体综合价值,从多角度对该项目进行研究,为当地环境输入新的活力元素;用项目带动人群聚集的同时,力求放大机遇,促进区域经济的腾飞。本项目采取板式公寓式办公楼的小户型分割和环中央核心筒办公空间设计,采光、通风良好,并且操作灵活,利于运营。外立面融合石材(黄锈石)、灰色真石漆、玻璃幕墙等元素,用色简洁明快,虚实对比强烈,充满现代感。

石家庄宝能中心项目是正定新区开发以来的首批项目,其中 6#、7# 特色办公楼的建成成为进入正定新区看到的第一道城市景观,同时也为正定新区后续建设项目中的人员提供了工作、生活与游乐的场所。更重要的是,设计创造性地发挥了业态组合的经济效力,将城市生态、文化、经济等功能片段重新组织;打造工作、生活与游乐的舞台,从城市场景上,通过提供多样化的业态组合,聚集商务中心成立所必需的人气,成为重新塑造该区域生活场景的城市地标。

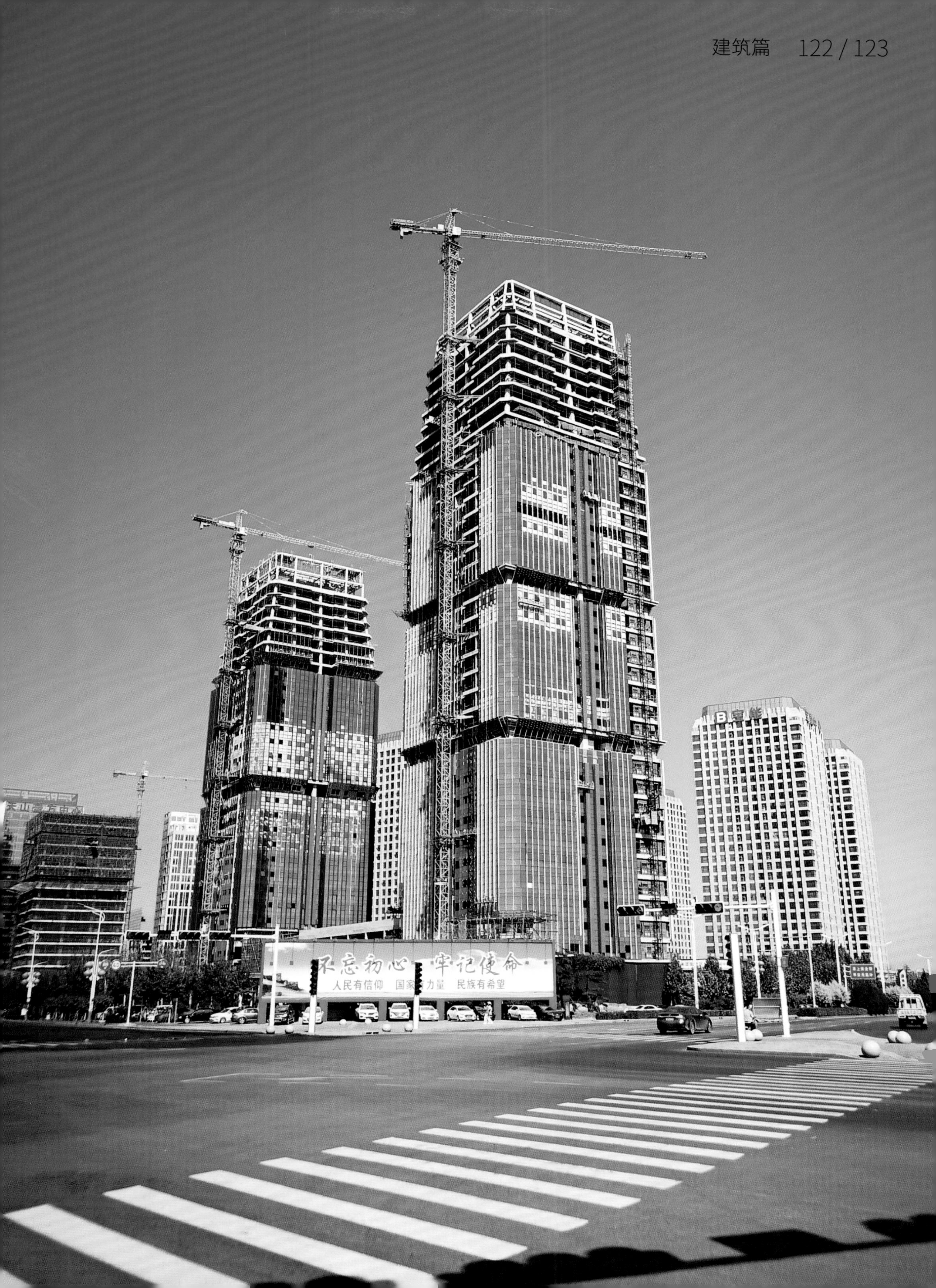
不忘初心 牢记使命
人民有信仰
民族有希望

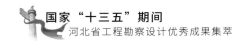
保定市妇幼保健院迁址新建项目——医疗综合楼

工程地点： 河北省保定市

项目规模： 127280.80 m²

设计 / 竣工： 2014 年 / 2019 年

设计单位： 保定市建筑设计院有限公司

　　　　　　中国中元国际工程有限公司

所获奖项： 2020 年度河北省优秀勘察设计一等成果

设计人员： 李轶凡、李玮、滕云、张莹、陈兴、李栩、张国龙、石铁军、顾明辉、马志成、王海鹰、杨雷、周瑞昆、齐威娜、熊志高

本项目根据用地情况和妇幼医院建筑特点，通过对整个医院医疗特色和技术流程的分析，将各医疗功能合理组合在一起。医疗综合楼从整个院区功能布局整体考虑，以医疗主街为中心，将门诊、医技、病房三大功能紧密联系起来，高层病房楼分为两个相对独立的建筑前后布置，实现了高效、便捷的交通流线和合理的功能布局。医疗综合楼内部设置多处内庭院，保证各主要房间拥有良好的通风和采光。在每层分别设置挂号和收费处，方便病人就医。

门急诊主要出入口设置在南侧，住院部出入口设置在东侧，发热门诊及肠道门诊设置在东南角，保健出入口设置在西南角，办公出入口设置在北侧，可以实现各功能区出入口相对独立，有效地防止交叉感染。

鸿昇商务广场（A 座商务楼）

工程地点：河北省石家庄市

项目规模：66375 m²

设计 / 竣工：2014 年 / 2018 年

设计单位：九易庄宸科技（集团）股份有限公司

所获奖项：2020 年度河北省优秀勘察设计一等成果

设计人员：孔令涛、花旭东、任学春、孙彤、焦纯嗣、王智萌、赵华琪、米永超、张建、刘丹、刘迎雪、赵毅刚、马悦、陈友红、李涛

本项目位于石家庄市槐安东路以南，翟营大街以西，分为两期进行建设，其中一期为 A 座商业写字楼，建筑面积 66375 m²；二期为 B 座、C 座商业写字楼及住宅部分。

建筑师以城市设计的视角，通过一种温和的方式融入城市肌理，着力处理庞大的建筑体量和翟营大街现有的较小街道尺度之间的矛盾。建筑尽量后退翟营大街，形成开阔的城市开放空间，通过体块切削的方法将大的建筑体量进行分割，从视觉上削弱建筑对于城市空间的压迫感。设计采取了将建筑形体化整为零的策略，通过建筑造型的局部凹进，将建筑形体切分为若干较小的体量，并形成韵律，从而打造充满活力的建筑形体。在建筑表面肌理的处理上，设计一改大部分写字楼常用的竖向线条处理手法，大胆采用横向线条，同时保留建筑形体凌厉的体积感，使建筑在有机融入城市的同时，又拥有了独特的简约现代的建筑性格，韵律感十足。

中共石家庄市委党校迁建暨高等级公共人防工程项目

工程地点：河北省石家庄市鹿泉区北寨村
项目规模：81272.19 m²
设计 / 竣工：2017 年 / 2019 年
设计单位：北方工程设计研究院有限公司
所获奖项：2020 年度河北省优秀勘察设计一等成果

设计人员：孙兆杰、曹明振、冯进辉、王天凤、李东哲、王沛园、管昌青、张亚卓、王治国、李江都、张景梅、马成爱、范敏杰、刘亮、王硕

本项目主要功能包含教学楼、教研楼、报告厅、初心楼（图书馆、党史馆）、体育馆、食堂、宿舍、西柏坡主题教育区、门卫、地下车库等。方案设计以中共石家庄市委党校的功能为依托，结合地域特色，打造创新、协调、绿色、开放、共享的新时代党校。

本项目整体地势西高东低、北高南低，平均坡度 7% 左右，属缓坡地形，建筑布局充分利用原始场地高差处理成多级景观台地，形成错落有致的六个台地，产生丰富的空间形态，减少土方开挖，降低造价。建筑体量顺势退台，形成层叠的体量关系与多层次的空间结构。建筑依山就势掩映在园林中，浑然一体。建筑布局遵循理

山循水、筑院竖楼的设计理念，整体布局舒展端庄，主要建筑中轴对称，坐北朝南，形象端正。本项目采用现代的建筑设计手法及建筑材料，结合建筑的造型及色彩，形成具有历史韵味的现代化城市风貌。

本项目充分挖掘鹿泉区山水环境与人工聚落相互融合的地域文化特征，充分利用场址陡坎-缓坡-平地-冲沟的自然地形特点，建筑布置随山依水，或聚落成组、有机生长，或分散舒展、错落有致，在营造自然、开放、充满活力的景观共享空间的同时，着力塑造地域特色与现代科技相结合的校区建筑风貌。

中国环境管理干部学院新校区教学综合楼

工程地点： 河北省秦皇岛市
项目规模： 250000 m²
设计 / 竣工： 2013 年 / 2015 年
设计单位： 北方工程设计研究院有限公司
所获奖项： 2020 年度河北省优秀勘察设计一等成果

设计人员： 高明磊、薛蕊、金铸、白小龙、孙冬芳、谭建国、薛雪、乔菲菲、王伟栋、赵曼、高媛、杨睿、贺常涛、杨志贤、田荣珍

河北环境工程学院原名中国环境管理干部学院，是全国唯一一所以环保命名的高等院校。本项目位于秦皇岛市北戴河区，205 国道北侧，北临秦津高铁，校区总建筑面积 250000 m²，其中综合楼建筑面积 51000 m²。

综合楼设计强调"天人合一"的设计理念，将面积不大的零散建筑——图书馆、信息中心、行政办公、文化活动中心、公共教室打造成校区核心建筑物——综合楼；图书馆 4 层、行政办公及公共教室 5 层、文化活动中心局部 3 层。图书馆入口大台阶与透空的大平台拉远了校区的景深；图书馆内部实行"三统一"的原则——统一柱网、统一荷载、统一层高，布局轻松；图书及座位实行电子预

约系统，无线网络覆盖全校，随时、随地发布校园信息。行政办公临近东入口，有单独门厅出入口，内设 5 层高中庭，各房间均有良好的采光、通风。建筑均采用框架结构，局部设剪力墙；框架柱布置尽量保证平面刚度均匀，提高建筑物的扭转刚度和整体抗扭转能力，使之既安全又经济。综合楼建筑物超长，采取设置抗震及伸缩后浇带的方式将建筑物划分为几个单体，且适当加强配筋，屋面板设置温度筋等措施，有效地控制了混凝土收缩裂缝和温度裂缝。

本校区于 2015 年初竣工，年底投入使用，因功能使用合理，造型有特色，有较好的环保措施而受到好评。

河北农业大学工程实验实训

工程地点： 河北省保定市
项目规模： 17928.29 m²
设计 / 竣工： 2014 年 / 2017 年
设计单位： 北方工程设计研究院有限公司
所获奖项： 2020 年度河北省优秀勘察设计一等成果

设计人员： 卓景龙、韩毅、周会科、张丁、靳晓召、李雪、闫晓丽、安冬月、徐焱、许沸然、牟超钰、郭雨晨、王尚麒、肖丹、薛佳森

本项目位于河北省保定市河北农业大学东校区西南部，占地面积 3811.73 m²，总建筑面积 17928.29 m²，由 A 区工科实验实训大楼（含地下室）和 B 区工程结构实验室组成。A 区工科实验实训大楼（含地下室）建筑高度 31.15 m，地上 7 层，地下 1 层，主体结构形式为框架结构，功能包括各类实验室、实训中心、附属用房、地下车库及变配电所。B 区工程结构实验室建筑高度 23.25 m，地上 1 层，局部 3 层。1 层主体结构形式为网架结构，3 层主体结构形式为框架结构，主要为结构实验室和各类仪器室。

工程结构实验室设有箱式实验台座及沟槽式实验台座作为大型土建实验设施，这是在日常工作项目中很少见的，对设计来讲是个挑战。箱式实验台座长 18.8 m、宽 18.8 m、地上高 12.15 m、地下深 3.8 m。沟槽式实验台座长 18.0 m、宽 18.0 m、地下深 1.5 m，一个 3 m×3 m 的振动台。本项目建成后，成为当时河北省最大的箱式实验台座及沟槽式实验台座之一，承担大型结构构件和结构模型的检测和可研实验设施。

石家庄华润中心

工程地点： 河北省石家庄市

项目规模： 537000 m²

设计 / 竣工： 2015 年 / 2018 年

设计单位： 河北建筑设计研究院有限责任公司

所获奖项： 2020 年度河北省优秀勘察设计一等成果

设计人员： 张雪梅、庄玉良、孙雪鹏、张泽锋、柴为民、习朝位、李云燕、徐军丽、宋志辉、韩志峰、董洁、张亭、吕琛、李庭、唐丹婵

本项目由购物中心及4栋超高层塔楼组成，是集商业、餐饮、健身、娱乐、院线、办公等多功能为一体的大型城市综合体。本项目设计强调新都市主义与中国城市发展的完美融合，用先进设计理念打造出功能齐全、设施先进、可持续发展的现代化建筑。

在总体规划上，购物中心以连贯的曲线形式沿主干道展开，自然地融入城市之中，形成多维度城市共享空间；4栋超高层塔楼围合成内敛的庭院空间，丰富了城市天际线。在功能组织上，通过7层通高的共享中庭、变化的连桥、独特的空中花园将各业态有序连接起来。精致的室内环境、变换的空间形态、独具匠心的细节处理，为人们带来全新的建筑感受。立面设计注重建筑的地域文化与特点，沿街展开 300 m 长的"万象之屏"，犹如一幅立体画卷；高耸的塔楼现代简约，彰显办公建筑的特点。整体立面层次分明、抑扬顿挫、丰富交叠，诠释出现代建筑的独特魅力。设计强调建筑形式与功能的统一，建筑与技术的有机结合，用科技展现建筑之美。本项目是精品艺术的荟萃之地，是省会城市的新地标。

高新区 45 号地项目（天山·银河广场）C、D 区商办楼

工程地点： 河北省石家庄市
项目规模： 315000 m²
设计 / 竣工： 2015 年 / 2018 年
设计单位： 河北建筑设计研究院有限责任公司
所获奖项： 2020 年度河北省优秀勘察设计一等成果

设计人员：刘健、李大伟、顾文俐、王将、梁冉、卢志刚、钱志岭、周晓洲、刘健、刘博、赵新英、张玲、陈贺、温晓、苏霍然

本项目位于河北省石家庄市高新区，为一个集办公、商业、娱乐、美食于一体的建筑综合体。场地内布置了 4 幢高层建筑，沿长江大道一字排开，自西向东为 A、B、C、D 区，各主楼均有独立商业裙房，通过连廊连接。裙房南侧结合郝家营回迁住宅底商，形成主题商业步行街，丰富了区域消费形式。街角广场、中心商业广场、临河景观广场结合特色商业街景观节点，将整个商业组团串联成有机整体。本项目整体形象设计准确完整地体现了综合建筑的特点，体现了智能化、现代化和个性化。在建筑立面处理上，通过竖向线条与水平向线条的相互交织，体现了建筑物的高耸、挺拔，使人感受到傲然屹立的非凡气势。在色彩上，以浅黄色为主，追求一种轻松、清新、典雅的高品质城市综合体形象。简洁而富有创意的立面设计展现了具有时代特色的简洁、高效的综合体建筑。

鹿泉智慧城市中心

工程地点：河北省石家庄市

项目规模：40000 m²

设计 / 竣工：2017 年 / 2018 年

设计单位：河北北方绿野建筑设计有限公司

所获奖项：2020 年度河北省优秀勘察设计一等成果

设计人员：郝卫东、张海英、常伟、宋玉净、张超、陈聪、史云飞、刘鹏亮、郑俊华、刘建帅、段俊朝、梁雪军、郑昊、苏伟强

本项目基地处于太行山麓与华北平原交界处，紧临抱犊寨风景区，西侧卧佛山形象惟妙惟肖，北侧断崖山气势峥嵘，东侧沃野平坦开阔，风光秀丽得天独厚。

设计中提取太行山脉雄伟蜿蜒的山脊轮廓作为设计母题，结合场地自身高差，对山脊轮廓进一步抽象概括，打造"在地建筑"的建筑模式，与周边自然环境完美地融为一体。建筑主体在人流汇聚的位置局部降低并与地面平接，把人流引导到建筑屋顶，将起伏转折的建筑屋顶塑造成一个 360° 的景观平台，为公众提供一个全新

的聚会及休闲场所。结合鹿泉区智慧城市的发展目标，在靠近主要城市展示面的方向设置城市智慧中心。以"大脑"的抽象形式呼应智慧城市的发展理念。通透的玻璃体量与建筑主体厚重的石材立面形成强烈的对比关系，凸显出建筑的地域性和时代感，形成鹿泉区智慧城市建设的标志性工程。

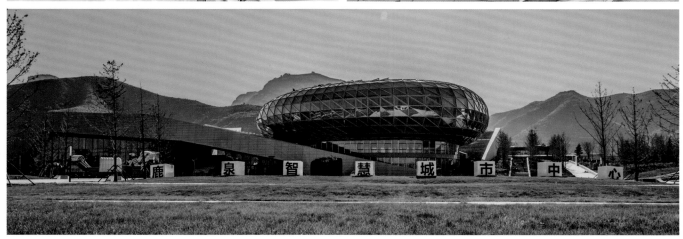

石家庄科技创业中试基地研发中心

工程地点： 河北省石家庄市

项目规模： 60520 m²

设计 / 竣工： 2010 年 / 2017 年

设计单位： 河北建筑设计研究院有限责任公司

所获奖项： 2020 年度河北省优秀勘察设计一等成果

设计人员： 王鹏、郜文晖、封丁、李杨、柴为民、杜小雷、杨慧英、韩志峰、刘立锋、贾占香、葛凯华、袁建霞、吕琛、高超、李晨

石家庄科技创业中试基地研发中心拥有现代化的生产、办公、通信技术及人才培训设施。规划设计从城市空间形态出发，合理选择塔楼这一形象，强调主体建筑的垂直方向感，丰富城市空间形态布局，实现科技研发中心的城市地标作用。功能空间组织针对孵化企业的多元化，采取将交通核等服务单元集中布置的现代办公模式，形成规整集中的平面，便于灵活划分。同时，商务办公单间以及套间的设计，可以提供更舒适并具有一定私密性的办公环境。建筑的外立面造型与表皮肌理强调流线型的效果，追求与强调建筑本质的技术风格，简约大气。外立面突出时代气息与高科技特征，寓意着建筑功能的高效率和追求技术科技的品位，环境优美，形象特色鲜明。

电谷·中央时区

工程地点： 河北省保定市

项目规模： 211760.70 m²

设计 / 竣工： 2014 年 / 2018 年

设计单位： 保定市建筑设计院有限公司

所获奖项： 2020 年度河北省优秀勘察设计一等成果

设计人员： 韩军、于彦霄、冯超、范文昌、郭喜云、顾耐瑄、曾澎超、吴涛、张国龙、田丹、侯祎、周浩、孟宪革、王文惠、邓翔

电谷·中央时区位于保定市高新技术开发区核心地段，北侧为徐庄路，东临朝阳北大街，南侧为电谷国际酒店，西侧为园区内部道路。本项目用地总面积 25274.75 m²，总建筑面积 211760.70 m²，其中地上部分 163308.80 m²，地下部分 48451.90 m²。地上部分由商业及 3 幢高层办公楼组成，其中 A 座办公楼总高 26 层，B 座办公楼及 C 座办公楼总高 28 层。地下 3 层平时为设备用房和汽车库，战时为人防物资库和二等人员掩蔽所，地下 1、2 层为设备用房和汽车库，首层为商业、办公入口大堂，2～5 层为综合商业，6 层及以上为办公。项目于 2014 年 3 月完成设计，2018 年 12 月竣工并交付使用。

本项目地处保定朝阳主轴、财富中心的优势地段，是保定商务办公领域稀奇资源，被广大客户普遍看好。本项目集办公、商业两大业态于一体，满足了城市不同阶层的需求。5A 级高档商务写字楼成为电谷 CBD 的总部基地，精装修豪华大堂，匹配精英人士的气度人生。独立的休闲服务区域，集会务、娱乐、餐饮、健身于一体，为社会各界人士提供高端配套服务。电谷·中央时区立足城市中心，升级城市价值，成为保定的城市办公名片。

石济客专石家庄东站广场及地下空间工程项目

工程地点： 河北省石家庄市

项目规模： 30090 m²

设计 / 竣工： 2016 年 / 2017 年

设计单位： 北方工程设计研究院有限公司

所获奖项： 2020 年度河北省优秀勘察设计一等成果

设计人员： 曹胜昔、淮飞、朱英斌、姬晓旭、王博、栗树凯、赵雄飞、崔亚薇、李晶、周鹏、谭建国、高伟杰、徐立鹏、韩大为、赵向瑞

根据石家庄市城市总体规划发展需要，本项目设有 8000 m² 综合服务用房，因为考虑到不适宜超过主站房的高度，所以将其分别放在两个楼中，包括西配楼 4300 m²，东配楼 3700 m²。西配楼为地上 3 层，东配楼为地上 2 层。东西配楼由以下内容组成：邮政营业、邮件处理、派出所、广场管理用房、场站管理、车辆停放、调度管理、车辆清洗、车辆检修和后勤保障用房。

石家庄东站广场地下空间，建筑面积共 22130 m²，其中地下设备用房面积 2273 m²，地下商业面积 1417 m²，层高 5.9 m；社会停车场 7350 m²，层高 4.9 m；出租车蓄车场 1959 m²，层高 4.9 m；其他部分为火车出站接驳、地铁接驳、公交车换乘、出租换乘等接驳空间，层高均为 4.9 m，净高大于 2.8 m，共计 9131 m²。

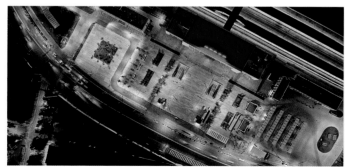

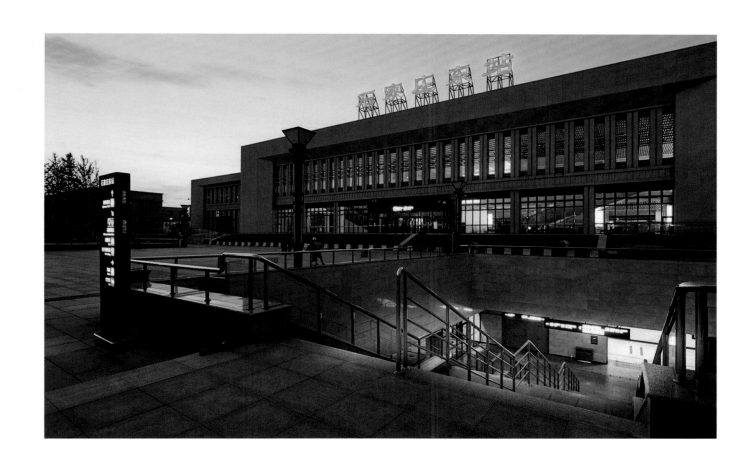

电谷科技中心 2 号研发生产楼

工程地点： 河北省保定市

项目规模： 223772 m²

设计 / 竣工： 2015 年 / 2019 年

设计单位： 保定广成建筑设计有限公司

所获奖项： 2020 年度河北省优秀勘察设计一等成果

设计人员： 李亚珍、梁静、石苗、闫浩、范超、卢少严、张荣、孔红卫、姚倩倩、吕春光、刘晓敏、邓刚、闫听听、刘灵表、胥迎武

本项目建筑选址位于保定市高开区内，设计充分考虑周边项目情况，其中用地北侧为红星美凯龙家居商业项目，西侧科研用地分别为昕秀高新技术产业园和五星传感测温中心项目，总项目规模 223772 m²。建筑为 25 层双塔形象设计，双塔建筑立面为逐步升高之势，象征了科学技术的日益发展，也暗示了入驻企业蒸蒸日上。

正定新区青少年宫工程

工程地点：河北省石家庄市正定新区

项目规模：64588.22 ㎡

设计 / 竣工：2016 年 / 2019 年

设计单位：天津大学建筑设计研究院

所获奖项：2020 年度河北省优秀勘察设计一等成果

设计人员：张顺、谌谦、王特立、仝英林、袁琪钰、张键、迟向正、张阳、李明、何文涛、安海玉、张凤鑫、刘晓龙、李晓清、周凤仪、杨肖、杜一鸣

正定新区青少年宫工程设计因地制宜地营造出集艺术、文化、体育、科技等多类教育、活动功能为一体的综合体建筑，建筑凭借浪漫诗意的构思，呼应滹沱河的天然美景，以"银帆掠影"的灵感营造出活跃的城市面貌，实现了自然、城市、建筑、人群的和谐统一。本项目以高效的场地和建筑利用率为目标，凭借绿色生态的设计理念和应用技术，营造出适合青少年活动的室内空间和室外环境。

建筑主要功能房间具有良好的户外视野，设计改善了建筑室内天然采光效果。通过合理的建筑和场地布局，营造出有利于室外行走和建筑自然通风的场地风环境，并有效降低热岛强度。在场地内结合自然景观设置水系、运动场以及室外小剧场，使青少年室外活动空间与绿色生态环境融为一体。

贾村城中村改造（一期）9# 地块

工程地点： 河北省石家庄市

项目规模： 380000 m²

设计 / 竣工： 2017 年 / 2018 年

设计单位： 九易庄宸科技（集团）股份有限公司

所获奖项： 2020 年度河北省优秀勘察设计一等成果

设计人员： 孔令涛、花旭东、褚雪峰、张宏艳、贾雲甫、胡慧峰、程浩、李厚旺、祝长英、刘利红、李勇利、宋英杰、李良、王晶、王昭

本项目西临南焦街，北临仓裕路，东临南茵西街，南面为裕泰路，总建筑面积约 380000 m²，为融创集团 B 档项目，其中 9# 地块，6# 和 7# 住宅楼为装配式建筑。

本项目结合第三级城市公共服务体系与社区服务配套紧密相连，构建全面高效的生活配套体验，编织出一张便利的休闲服务生活网，塑造了"两横两纵"生活街道网络：一条精品街道和三条生活街道形成连接全区的生活街道体系。设计延续上位规划的设计理念，将生活街道体系沿用至本设计中，在本项目中置入一个社区级的步行体系来串联各个地块与生活服务设施及城市绿地。

河北北国奥特莱斯商城（北国水世界）

工程地点： 河北省石家庄市

项目规模： 47800 m²

设计/竣工： 2017 年 / 2018 年

设计单位： 中土大地国际建筑设计有限公司

所获奖项： 2020 年度河北省优秀工程勘察设计一等成果（专项类）

设计人员： 杨燕、刘艳军、董晓璇、王丁一、刘娇娇、骆媛、董赛赛、李红伟

本项目位于石家庄市鹿泉区铜冶镇南甘子村，北临青龙山大道，西接碧水街，东临装院路，南临虎踞路。北国水世界包含室内、室外以水上项目为主要活动内容的多种类型水乐设施设备，以及相关的服务设施、园林绿化、餐饮服务等。本项目性质为休闲娱乐项目。

铺着金色碎石的广场及有水叮当造型的竖琴售票亭引导着人们进入设计主题的第一篇章。船身造型的建筑物内设更衣室、电影院及 SPA 等。以意大利海岸村庄为主题元素的室内水上乐园、漂流

河、儿童戏水池及水寨等构成了设计主题的第二篇章，即"地中海小镇"。园区南侧的室外造浪池、急速滑道、飞天梭及大碗组合滑道将设计主题推向高潮。最后回到室内水上乐园，找到幸福的终点。水上娱乐有漂流河、儿童戏水池、水寨、深渊滑道、急速滑道、造浪池、飞天梭及大碗等。项目引入的水系统有：水乐园游乐设施的循环水处理系统，室内、外生活给水系统，生活热水系统，排水系统，消火栓给水系统，自喷给水系统及中水处理站等。

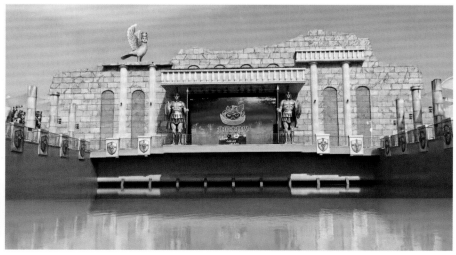

河北医科大学老房子改造工程

工程地点： 河北省石家庄市

项目规模： 1850 m²

设计 / 竣工： 2019 年 / 2020 年

设计单位： 河北北方绿野建筑设计有限公司

所获奖项： 2020 年度河北省工程勘察设计项目优秀中小型精品工程

设计人员： 郝卫东、刘耀雄、胡晓凯、高华、仇志攀、黄磊、尤玉岩、钱海强、鞠翰、李勇、李涛、马伟、张光宗、张肖培、侯燕

河北医科大学 1958 年迁址石家庄，时光跨越 60 个春秋，沧桑岁月，将当年的校舍一一化为灰尘，老大门、老教学楼、老图书馆……都已从校园消失，唯有独处一隅的老房子，在残垣断壁中被发现……

让建筑重生，让生机复现，2019 年，老房子迎来新的朝气。

西侧新砌的红砖矮墙，南侧规避校园锅炉房的长廊，将场地界定为一处静园；曾令无数医大学人驻足留影的那些大门再度重现，框景着园内与园外；经工人师傅多日工作，又拆了一半的老房子西墙，砌筑红砖，以当代语境，与老砖同质，又如孩童依在沧桑的老者旁；钢板的入口雨棚，让 60 岁的"老者"享有了今日时尚。

于是，当代木构植入其间，穿过木亭，清水混凝土的构架向内打开了另一片天地；残破的东墙仍在，在毛竹掩映下似有若无，丁香花的香气飞来，安静了整个院子；南侧的长廊，将锅炉房的喧嚣挡在域外，但却没有忘记让阳光星星点点透墙而来。

在未来已来的今日，我们欣慰：建筑重生了，生机重现了。

于是，过去、历史也回来了。

市政篇

长沙市天然气利用工程储配站

工程地点： 湖南省长沙市长沙县星沙镇

项目规模： 建设 1 座 $2×10^4$ m^3 双金属单包容储罐，天然气液化能力为 $20×10^4$ m^3/d，LNG（液化天然气）气化能力 $10×10^4$ m^3/h，设有 4 套 LNG 装卸车系统以及配套公用工程设施

设计 / 竣工： 2010 年 /2013 年

设计单位： 新地能源工程技术有限公司

所获奖项： 2016 年度河北工程勘察设计一等奖

设计人员：魏秋云、牛卓韬、张洪耀、刘明武、陈建龙、刘力宾、喻维、宋海波、孙志清、万德民、周玉锋、张生、蔚龙、康立朝、郑亚晶

长沙市天然气利用工程储配站是长沙市天然气综合利用的一部分，是湖南省重点市政工程和中南地区城市应急调峰示范工程。建设规模为天然气液化能力 $20×10^4$ m^3/d，LNG 气化能力 $10×10^4$ m^3/h，设置 1 座 $2×10^4$ m^3 的 LNG，相当于 $1200×10^4$ m^3 气态天然气，能够有效保障长沙地区 8 ～ 15 天的应急储备项目占地 90 亩，总投资达 2.7 亿元。本项目由新地能源工程技术有限公司于 2010 年 3 月开工设计，2012 年 5 月机械竣工，经试生产，2013 年 5 月一次性通过竣工验收。

作为中南地区最大的城市燃气应急气源，本项目具有以下特点。

①功能多。本项目是集城市门站、液化、储存、气化、装卸车于一体的多功能应急调峰站。

②液化工艺先进、节能。本项目采用国内先进节能的混合制冷工艺，在充分利用来气压力的同时，利用冷箱，通过制冷剂将天然气冷却至 -162 ℃后变为液态，比传统的膨胀制冷工艺节能 30%。

③ LNG 储存规模大，投资省。2012 年建成投产的双金属单包容 LNG 低温储罐，其有效容积为 $2×10^4$ m^3，为当时国内最大的城市燃气应急低温储存装置，同时采用此类型储罐比相同规模的其他低温储罐节省投资约 20%。

本项目工程设计采用多项创新，具体如下。

①本项目采用台阶式布置，充分利用地形，减少土方量，降低工程投资。

② LNG 气化采用自主开发的节能型技术及设备。LNG 气化采用空温气化 + 导热油辅助加热的形式，有效利用空气热能，实现天然气气化节能。率先采用自主研发的单台空温气化器，每小时气化能力达到了 7500 m^3，是国内最大的 LNG 空温气化设备。气化器配置了自主研发的空温气化器强制通风辅助系统，有效解决了长沙冬季低温、高湿、易产生雾气的问题。

②采用具有自主知识产权专利的三塔脱水、脱重烃工艺，使用寿命长，维护检修便捷。

③本项目设置有自主创新的 LNG 定量装车系统，有效实现了装车的自动化和集成化。

④依托城市管网，以最低能耗实现 BOG（蒸发气体）处理。利用空温气化加热设备将 BOG 加热，通过常温压缩机将 BOG 压缩至中压城市管网，既实现了 BOG 处理的设备国产化问题，也比采用 BOG 再液化工艺节能一半以上，同时降低了工程投资。

榆次区中都北路北延工程

工程地点： 山西省晋中市

项目规模： 城市主干路，设计车速 50 km/h，道路全长约 2.7 km，全路段采用双向六车道

设计 / 竣工： 2014 年 /2016 年

设计单位： 石家庄市政设计研究院有限责任公司

所获奖项： 2016 年度河北工程勘察设计一等奖

设计人员： 魏立峰、栾世敏、杨茜、刘云龙、马兰荣、燕金恒、杨燕斌、张海燕、任翠姣、贾丽晓、郭梅佳、张宗民、张立哲、梁永亮、谷越

榆次区中都北路北延工程位于山西省晋中市榆次区北部，为南北方向的城市主干路，起点为鸣谦大街，终点为兴隆庄村，全长约 2.7 km，红线宽 52 m，包含跨太旧高速桥梁一座。

本项目标准断面为三幅路，双向六车道，路面结构为沥青混凝土路面，人行道铺装结构采用彩色混凝土人行道透水砖，道路照明灯杆采用白色热镀锌喷塑钢杆，全路段采用智能化交通设施。

跨太旧高速桥梁设计采用双幅 55 m 简支钢箱梁，桥梁桥台两侧设计有扶壁式挡土墙。

经过太旧高速后，道路北延跨越一条 26 m 深黄土冲沟，路基采用高填强夯方处理，边坡采用二级拱形骨架护坡，冲沟底部设置孔径 6 m 钢波纹管涵一道。

本项目的建成为太榆地区及大学城的发展提供了一条重要的通道，同时也为太原市及周边群众增加了一条去往乌金山旅游区的大道，加强了市区内部的交通联系，为沿线区域的经济及土地开发利用开辟了新的空间。经过实践检验证明，道路线形流畅，灯明路畅，平稳安全。本项目竣工通车以来，取得了显著的经济效益及社会效益，受到了各界的好评。

西郊热电厂三期供热工程迎宾大道主干线

工程地点： 河北省唐山市
项目规模： 总供热面积 $1000×10^4\,m^2$，供热负荷 500 MW
设计 / 竣工： 2014 年 /2014 年
设计单位： 唐山市热力工程设计院
所获奖项： 2016 年度河北工程勘察设计一等奖

设计人员：魏明浩、王毅、邹虎、谷孝团、张津、刘晓磊、马颖、欧阳健、刘岩、李超、王铮、李全琪、陈建东、任伟、姚裕凤

此项目位于唐山市路北区及丰南区，由唐山市热力工程设计院完成设计，设计文件完成于 2014 年 6 月，工程竣工于 2014 年 10 月。

本项目以西郊热电厂三期为热源，总供热面积 $1000×10^4\,m^2$，供热负荷 500 MW。西郊热电厂三期位于唐山市中心城区西南方向，该热力管线采用高温水供热，设计供回水温度 130 ℃ /70 ℃，设计压力 1.6 MPa。本项目新设供热管网全长约 5.9 km，最大管径 DN1400。

本项目为唐山市重点工程项目，利用电厂集中实施供热后，取消了沿途及周边的小锅炉房，并解决了新建小区的供热问题，以达到节能和改善生活环境的目的。本项目的落成对唐山市的环境改善和提升起到了重大作用，为城市建设的可持续发展产生了积极的影响。

由于沿途管线需穿越高铁、普通铁路、城市快速路、树林、农田及低洼地带，地理条件极其复杂，设计充分借鉴了国内外敷设的先进理论，在直埋管网的施工图设计中大胆推行大管径冷安装无补偿直埋理论，除在分支等应力集中处设有补偿器外，在直管段允许管道塑性变形，以管道应力不超过材料许用应力为限。本项目是唐山市 DN1400 管线首次运行的工程，实现了 DN1400 热力管网全部无补偿直埋敷设，其优点体现在以下几个方面。

① 大大减少了补偿器、固定支架的设置数量，节省了投资。DN1400 主管网长度约 5.9 km，采用冷安装无补偿理论计算，尽量采用无补偿直埋敷设，5.9 km 主管线只设计了 2 个固定支架、4 个波纹补偿器，共节省了 28 个固定支架、112 个波纹补偿器。

② 由于减少了补偿器、固定支架的数量，大大缩短了施工周期。本项目使用新的设计理念，大大缩短了施工周期，降低了施工难度，同时也创造了热力公司当年设计、当年施工、当年投入运行如此大型工程的奇迹，在热力发展史上占有举足轻重的地位。

③ 减少了事故隐患点，为以后的生产运行打下了坚实的基础。作为管道附件的波纹补偿器以及管道固定支架的数量大大减少，降低了管道的泄漏点及锈蚀的机会，延长了管网的使用寿命，为以后的生产运行消除了大量的安全隐患。

经过精心设计，节省工程直接费 3000 万元，并且收到了良好的社会效益和经济效益。

建华东路泵站工程

工程地点： 河北省石家庄市

项目规模： 城市主干路，设计车速 80 km/h，道路全长约 4.5 km，全路段采用双向六车道

设计 / 竣工： 2013 年 /2014 年

设计单位： 石家庄市政设计研究院有限责任公司

所获奖项： 2017 年度河北工程勘察设计一等奖

设计人员：马志中、栾世敏、邓超、王彩娟、郑莹雪、梅鹏飞、梁晓佩、李巍、赵彦辉、张宗民、李函娟、崔治永、陈慕杰、朱忠军、程晓军

建华东路泵站包含雨水提升泵站和污水提升泵站各一座，泵站建成至今已安全稳定运行多年，其中的雨水泵站目前仍是石家庄市最大的排水泵站之一。

建华东路雨水泵站汇水区域为"裕翔街-南二环-东二环-仓盛路"合围区域，泵站规划规模为 72000 m³/h。设计采用了 6 台潜水轴流泵，单泵设计工况流量达 14200 m³/h，扬程 5.61 m。设计水泵在整个工作区间保持了泵效率 ≥ 78%，综合效率（泵效率 η× 电机效率 η_m）≥ 75% 工作水平。单泵最大轴功率仅为 365 kW。

根据泵站大流量、低扬程特点，设计大胆采用了潜水轴流泵。轴流泵是各种泵中对进水条件最为敏感的，泵的进口水流要求均匀、稳定，且没有旋涡、涡流和掺气，泵站设计技术要求相对较高。设计采用施工容易、技术比较成熟的矩形进水池，设计过程中加强引渠、前池对流态的调整作用，控制泵前进水流速，改善水泵进口吸水条件，避免噪声、振动、气蚀发生以及波动荷载引发的物理损伤，保证轴流泵安静、稳定、高效运行。

建华东路污水泵站设计规模为 2300 m³/h。设 2 台电机额定功率 22 kW 和 2 台 37 kW 的潜水排污泵并联运行，互为备用。

污水泵站首次采用了喷淋防臭设施设计，有效改善了污水泵站作业区及泵站厂区整体环境。该设施系统同时覆盖了雨水泵站格栅作业区，为石家庄市标准化泵站建设提供了新建设标准。

世行贷款邢台市利用工业余热集中供热工程

工程地点： 河北省邢台市

项目规模： 供热面积 $800 \times 10^4 \, m^2$，工程投资 8.8 亿元

设计 / 竣工： 2015 年 /2015 年

设计单位： 河北华热工程设计有限公司

所获奖项： 2017 年度河北工程勘察设计一等奖

设计人员： 张骐、郭伟杰、谷战生、谷亚军、张召、赵嵩亭、梁剑、郑立伟、程锋磊、王立恒、刘婷婷、陈兴彩、张雪娟、李志新、杨文宏

炼焦工业既是重要的能源生产部门，又是高能耗、高污染产业。就焦炉产物带出的热量而言，赤热焦炭的显热居第一位，荒煤气的显热居第二位，两者合计占焦炉总输出热量的 65% ～ 75%。荒煤气带出显热的回收，对焦化厂节能降耗、提高经济性具有非常重要的作用。本项目对焦化厂荒煤气余热和回收焦炭显热的干熄焦产生的蒸汽进行综合利用，对今后焦化行业利用余热资源提出了方向和建议。

炼焦过程产生的 650 ～ 700 °C 荒煤气经上升管至桥管，在集气管内用氨水喷洒降至 80 ～ 85 °C，然后经初冷器将煤气冷却至 26 ～ 32 °C，煤气初冷器采用横管式，分为两段，自上而下依次为中温水段和低温水段。荒煤气带出的有效能占焦炉总输出有效能的 18%，大部分在此过程中转移到初冷器的冷却水中。因此，对煤气初冷系统的余热回收主要是回收初冷器循环水的热量。冬季初冷器中温段出口水温一般在 40 °C 左右，经循环水泵送至冷却塔降至 22 °C 循环使用。

传统工艺中初冷器中温段出水口温度较低，无法直接利用。为充分利用中煤旭阳初冷器循环水的热量，中煤旭阳对初冷器进行了改造，将中温段分为两段，初冷器一段循环水出口水温 65 °C，入口水温控制在 50 °C；初冷器二段水出口水温 35 °C，入口水温 27 °C。改造后，冬季循环水不再进入冷却塔，而是进入首站的板式换热器和吸收式热泵，一段循环水通过板式换热器换热后直接向用户供热，二段循环水通过吸收式热泵提取热量后向用户供热。改造后，本项目利用初冷器一段循环水流量 3760 m^3/h，折合热量 65.8 MW；二段循环水流量 11100 m^3/h，折合热量 103.6 MW。同时，由于循环水不再经过冷却塔，减少了飘水量，按照 0.1% 系数计算，每小时减少飘水量 14.86 m^3/h，每个采暖季可以节约 $14.98 \times 10^4 \, t$ 水。

本项目在不增加燃料消耗和污染物排放的情况下，向邢台市西北区域 $800 \times 10^4 \, m^2$ 采暖面积供热，节能减排效果显著。经测算，与区域锅炉房相比，一个采暖季节省标煤 50503 t。按照邢台地区所用燃煤煤质考虑，烟尘减排量 1660 t/a，二氧化硫减排量 130 t/a，二氧化碳减排量 125525 t/a，氮氧化物减排量 771 t/a。

菏泽市丹阳路上跨铁路立交桥工程

工程地点： 山东省菏泽市
项目规模： 上跨铁路总跨度 520 m 双塔单索面混凝土斜拉桥
设计 / 竣工： 2014 年 /2017 年
设计单位： 中铁建安工程设计院有限公司
所获奖项： 2018 年度河北工程勘察设计一等奖

设计人员：张永鸿、徐恭义、韩志军、曹明星、刘中平、杨光武、章博、薛麦云、王晓丽、张清亮、高荣丽、赵嘉健、霍月辉、王旋、郑学涛

菏泽市丹阳路上跨铁路立交桥是连接菏泽市东、西城区的重要工程，主桥为总跨度 520 m 的双塔单索面全预应力混凝土斜拉桥，跨径布置为 40+100+240+100+40 m，桥面布置双向六车道，设计使用年限 100 年。主桥先后跨越菏泽站货场、京九铁路、新日铁路和电厂专用线等七条铁路。为了尽可能减少对铁路线及货场运营造成的影响，主桥选型设计采用了转体斜拉桥结构形式。主桥主墩采用塔、墩固结，墩梁间设置支座的半飘浮体系，独柱"人"字形索塔，引桥采用 Y 形花瓶墩形式。

本项目综合技术含量高，桥梁转体重量达 24800 t，转体总长度达 238 m，转体建筑高度达 85 m，转动球铰直径达到 4.5 m，创造了世界转体桥梁最重，采用单球铰转动体最长、最高以及球铰整体铸造加工直径最大等 4 项世界纪录。本项目的建成对完善菏泽市城区交通网络，提升整体交通服务水平，加快地方经济发展，发展菏泽市经济有着十分重要的意义。

石家庄市南水北调配套工程——良村开发区地表水厂一期工程

工程地点： 河北省石家庄市

项目规模： 良村开发区地表水厂总规模 30×10^4 m³/d，一期工程规模 15×10^4 m³/d（近期）

设计 / 竣工： 2016 年 /2017 年

设计单位： 中国市政工程华北设计研究总院有限公司

所获奖项： 2018 年河北省优秀工程勘察设计一等奖

设计人员： 李文秋、孟涛、程子悦、谢仁杰、胡涛、王辉、刘忠祥、王莹、言穆昀、严军、武建、王筑先、陈永玲、王灿、耿安峰

石家庄市南水北调配套工程——良村开发区地表水厂一期工程属于市政基础设施工程，是合理开发利用南水北调水资源、保障区域经济社会可持续发展的重要基础条件，也是地区经济发展的重要举措。

本项目建设目标为一座出水水质优良、生产安全可靠、设备先进、管理科学、环境优良、对突发事件有应对能力的现代化水厂，能够提供浊度更低、有机物更少、口感更好、安全更有保障的水，满足居民生活水平和生活质量日益提高后对供水提出的更高的要求。

考虑潜在的突发性水污染事件发生的可能，本项目对制水全过程的水质进行动态监控，通过在线水质仪表实现动态管理，对各工艺环节起到协同作用，对制水全过程中的水质变化做到快速响应，建立能及时调控和安全高效的净水系统。本项目采用臭氧预氧化（预留）→机械混合→折板絮凝→平流沉淀→臭氧生物活性炭吸附池（预留）→超滤膜池组合工艺，并设置高锰酸钾复合盐预氧化和投加粉末活性炭的化学预处理方案（可根据原水水质情况选择投加）。膜工艺是现代化水处理技术的方向之一，其出水水质优异，符合本项目现代化水厂的定位，工艺流程既能保障优异的出水，又对突发污染情况设置了针对处理措施，而预留的长流程工艺也为以后原水变化和出水水质提升的可能做了充分的考虑。目前，本项目已实现优质出水。

石家庄市南二环西延道路工程

工程地点： 河北省石家庄市

项目规模： 城市主干路，设计车速 80 km/h，道路全长约 4.5 km，全路段采用双向六车道

设计 / 竣工： 2013 年 /2017 年

设计单位： 石家庄市政设计研究院有限责任公司

所获奖项： 2018 年度河北工程勘察设计一等奖

设计人员： 关彤军、刘影震、孟海英、赵彦辉、马兰荣、曹恩泽、梅鹏飞、任亚朋、刘云龙、贾丽晓、燕金恒、刘泽浩、李函娟、李云涛、张帆

石家庄市南二环西延道路工程起点为西、南二环节点，终点为跨南水北调干渠高架桥西侧落地点，总长 4.5 km，工程总投资 11.2 亿元。作为 2013 年城建投资的重点工程，南二环西延道路工程的实施实现了鹿泉、井陉与主城区之间的快速直达，带动了西部山前区的经济发展。

临汾市鼓楼北大街（坂下口至高河桥段）道路工程

工程地点： 山西省临汾市

项目规模： 城市主干路，设计全长 2313.584 m，设计车速 40 km/h，道路红线宽 60 m，总投资 21044.7 万元

设计 / 竣工： 2016 年 /2016 年

设计单位： 中铁城际规划建设有限公司

所获奖项： 2018 年度河北工程勘察设计一等奖

设计人员： 李会华、丛旭娟、田间、李云、文辉、王学冲、刘艳峰、尹晓华、魏博胜、史青翠、谢君、魏兴华、唐丽媛、王萌薇、李芳

山西省临汾市鼓楼北大街（坂下口至高河桥段）道路工程道路等级为城市主干路，红线宽 60 m，设计全长 2313.584 m，设计车速 40 km/h，双向八车道。设计内容含道路工程、排水工程、给水工程、综合管沟工程、照明工程、通信工程、绿化工程、交通设施工程及相关配套设施工程。

在道路设计中采用了渠化展宽式信号控制平面交叉口，增大了交叉口的通行能力，提高了道路通行效率，机动车、非机动车、行人间的相互影响减弱，交通更为通畅，减少了交通事故的发生。同时，将交叉口停止线及人行斑马线尽量前置，缩短车辆、行人通过交叉口的距离，减小车辆行驶轨迹的随机性与穿越交叉口的时间

消耗。道路两侧绿化以"灵活性、生态性"为理念，结合当地文化底蕴，将原生环境与人文景观相结合，通过对主干道、人行道、绿化带、景观节点的设计，突出其生态效应，道路两侧景观上设计一系列的文化墙，彰显临汾的人文特色。

本项目是临汾市唯一一条贯通南北的主干道，被誉为临汾市的母亲街，对城区的路网具有重要作用。本项目实施后改善了本地区的道路交通环境，减轻了内部交通压力，推进了城市基础设施建设，加速了城市规模拓展与两侧地块的开发建设，同时道路两侧的绿化也提升了城市形象，带来了显著的社会效益及经济效益。

阳城县城镇集中供热工程

工程地点： 山西省晋城市阳城县

项目规模： 供热面积 1175×10⁴ m²，一次主管管网 2×25.3 km，管径 DN800～DN1200；中继泵站 2 座，隔压站 1 座，换热站 94 座，项目投资 14.6 亿元

设计 / 竣工： 2015 年 /2017 年

设计单位： 河北华热工程设计有限公司

所获奖项： 2018 年度河北工程勘察设计一等奖

设计人员： 张骐、王向伟、宋建元、谷战生、谷亚军、成亚涛、巴彦虹、郑立伟、贺亚强、马占银、米海良、程峰磊、商爱业、张云改、张勇

阳城县城镇集中供热工程为当地重点项目，供热面积 1175×10⁴ m²，最大供热负荷 698 MW。新建一次主管管网 2×25.3 km，管径 DN800～DN1200；中继泵站 2 座，隔压站 1 座，换热站 94 座。热源为阳城大唐热电厂，位于阳城县北留镇，管道穿越铁路、高速、西气东输管线、水源地、山地、河流等，地形复杂，地势起伏大，地形高差 236 m。

本项目通过北留电厂向阳城县 11 个乡镇及其村庄进行集中供热，为全国首例覆盖整个县域，城、乡、村结合的供热项目，总供热面积 1175×10⁴ m²，总投资 14.6 亿元。

2013 年 6 月 14 日，国务院确定了《大气污染防治十条措施》，内容包括减少污染物排放，大力推行清洁生产，强化节能环保指标约束，推行节能减排新机制等。为如期完成国务院下达的环境空气质量改善目标，山西省政府制定了《山西省大气污染防治 2013 年行动计划》，要求淘汰建成区 10 蒸吨以下燃煤锅炉，城市（含县城）集中供热普及率达到 80% 等。

我国北方小城镇多采用单位的小锅炉采暖，供热规模较小，供热半径小，管网老化严重，热损和水损很高，水泵等设备老旧，运行效率低，缺乏有效调节手段等。

北方农村地区现在多采用以家庭为单位的分散供暖方式。这一供暖形式存在能源利用率低、污染物排放量大、危险性高等一系列问题。散煤是北方农村最主要的采暖能源，每年消耗约 2×10⁸ t。散煤燃烧没有任何环保措施，每燃烧 1 t 散煤所产生的大气污染物排放量，相当于等量电煤 15 倍以上。煤炭燃烧是 PM2.5 的重要来源，据保守估计，2×10⁸ t 散煤排放量占北方冬季 PM2.5 来源的 50%。

本项目实施后，取缔了高能耗小型锅炉房和农村分散供暖，提高了能源综合利用效率，节能效果显著。本项目达产后，每年可节约标煤 20×10⁴ t，减少二氧化硫排放量 1700 t，氮氧化物排放量 1480 t、烟尘排放量 6840 t。

由于我国天然气资源相对短缺，年产天然气无法供应全国范围的"煤改气"计划，使天然气的取暖成本达到煤炭取暖的 3 倍，"煤改气"推行不到两年便被迫停滞不前；在推行"煤改电"过程中发现，使用电力供暖比烧煤更贵，而且现存的老旧电网必须升级，但在现有的科技水平下，这几乎是一个不可能完成的任务。

本项目的成功实施，不仅解决了阳城县 11 个乡镇及其村庄的供暖问题，为山西省的大气污染防治做出了巨大贡献，也为集中供热改造提供了一个切实可行的案例。

南二环东延道路工程

工程地点: 河北省石家庄市

项目规模: 城市主干路,设计车速 60 km/h,道路全长约 8.68 km,全路段采用双向八车道

设计 / 竣工: 2016 年 / 2018 年

设计单位: 石家庄市政设计研究院有限责任公司

所获奖项: 2019 年度河北工程勘察设计一等奖

设计人员: 关彤军、靳丽、许兵华、刘影震、张秀芳、燕金恒、刘麟、梅鹏飞、梁晓佩、董文永、付同帅、郑莹雪、马千里、胡志奇、张帆

石家庄市南二环东延道路工程(东南二环立交节点—东三环)西起东南二环交叉处的东南二环立交,东至东三环辅路,路线全长 8.68 km,总投资约 9.6 亿元。作为城建投资重点工程,南二环东延道路工程的实施实现了区域之间的快速直达,带动了经济发展。

本项目路线走向为自东南二环互通立交向东,途经四区、十村,横跨南二环、新元高速、环城水系,止于东三环辅路,双向八车道,四幅路形式,沥青混凝土路面。立交西端起点与南二环相接,向东止于新元高速位置。立交北端与东二环相接,南端至规划仓裕路。新元高速远期为主城区去往栾城、新乐的快速路,南二环东延为主城区去往藁城的快速路,为疏解裕华路高速出入口交通,并实现远

期快速路间的快速转换,在新元高速与南二环东延线交叉处设置全互通立交。环城水系是石家庄市重要的景观工程,其渠道要求通航,采用四跨一联 20 m 装配式后张部分预应力混凝土连续空心板。

排水主管道(圆管)管材均采用聚乙烯缠绕结构壁管(HDPE 管),排水方沟均采用钢筋混凝土现浇方沟。

为防止初期雨水对水系的污染,在设计中进行了充分考虑,并采取了沉淀、截污措施。

凤凰山古城里栈道玻璃悬索桥

工程地点： 辽宁省丹东市凤城市

项目规模： 全长 274 m，主跨 183 m，双塔玻璃桥面人行悬索桥

设计 / 竣工： 2015 年 / 2017 年

设计单位： 中铁建安工程设计院有限公司

所获奖项： 2019 年度河北工程勘察设计一等奖

设计人员： 张永鸿、刘中平、李运生、曹明星、韩志军、李玉学、章博、王晓丽、薛麦云、王胜娟、吴冠飞、姚广睿、敖庆惠、尹平、范伟

凤凰山古城里栈道玻璃悬索桥位于辽宁省丹东市凤城市凤凰山风景名胜区内。该桥跨越峡谷，将黑风口栈道和古城里栈道连接沟通起来，兼具行人通行与游览观光的功能。本桥采用空间索面地锚式悬索桥，桥梁全长 274 m，其中主跨 183 m，桥面宽 4.4 m，桥面距谷底最大相对高度 126 m，两侧塔柱为钢筋混凝土结构，两侧锚碇为重力式锚，桥面铺设三层压胶钢化防滑玻璃，可容纳 400 名游客同时上桥游览。本项目的建设将凤凰山的险峻又推向一个极

致，为秀美的凤凰山再添一处靓丽的风景。

凤凰山古城里栈道玻璃悬索桥是国内建成的第二座大跨度玻璃桥面悬索桥，采用了与张家界玻璃悬索桥不同的加劲梁结构形式与抗风措施，设计独具匠心。本桥梁线形匀称优美，行人在欣赏美景的同时几乎察觉不到桥梁振动，获得了极高的舒适度。

谈固大街穿石德铁路雨水泵站迁改工程

工程地点： 河北省石家庄市
项目规模： 泵站总占地面积 2879 m²
设计 / 竣工： 2015 年 / 2017 年
设计单位： 石家庄市政设计研究院有限责任公司
所获奖项： 2019 年度河北工程勘察设计一等奖

设计人员： 杨茜、李巍、温胜利、刘永梅、牛永贤、张冬冬、杨燕斌、赵杰、刘惠涛、高阿曼、董文永、张立哲、程晓军、骆风君、荣梦晗

本项目的建设解决了谈固北大街与石济客专地道桥排水问题，完善了市区排水系统。

泵站总占地面积 2879 m²，地下构筑物包括闸门井、格栅井、溢流井、集水池、出水池、调蓄池。地上附属用房包括变配电室、控制室、值班室、休息室等。

此泵站设计在石家庄市首次融入"海绵城市"的建设理念，在常规雨水泵站设计上增建一处雨水蓄水池，做到了在不提升水泵规模的情况下提高到 30 年一遇的设计重现期。此泵站新建雨水调蓄池容积达 2300 m³，调蓄池共分两层，当遇暴雨时，水泵逐台启动，当水泵提升能力饱和时，雨水可溢流至下层调蓄池，从而减轻集水池压力，继续抽排桥下积水。当下游市政管网排水接纳能力接近饱和时，雨水由排水管道溢流至上层调蓄池，从而防止下游雨水管道发生倒灌现象。排水水泵机组和调蓄池的有效结合，可以在暴雨的情况下边蓄边排，缓解了暴雨时市政管网无法大容量接纳雨水的问题，同时还可以解决雨水的出路问题和综合利用问题。

沧州市港城开发区污水处理厂升级改造工程 EPC 总承包项目

工程地点：河北省沧州市

项目规模：5×10^4 m³/d

设计 / 竣工：2017 年 / 2018 年

设计单位：中土大地国际建筑设计有限公司

所获奖项：2019 年度河北工程勘察设计一等奖

设计人员：王玉龙、吴晓博、张剑、李晓硕、张素丽、汪伟、李春涛、龚红攀、薛肖、王雁辉、周奕、毕志强、李二平、石珍、张旭东

本项目位于沧州市港城开发区污水处理厂院内，原水属于高盐难降解有机污水，是国内外研究的难点和热点之一。设计团队通过多次现场调研及试验并反复论证，采用科学合理的方法解决了此项难题。

本项目主要特点如下。

①强化预处理工艺，设置浅层离子气浮工艺，通入气浮分离设备后与大量密集的细气泡相互黏附，形成比重小于水的絮体，依靠浮力上浮到水面，从而完成固液分离，将水中的悬浮物、油类和胶体除去，这样可以减轻后续生物处理系统的有机负荷，强化后续生物系统的抗冲击性能。浅层离子气浮集絮凝、气浮、撇渣、沉淀、刮泥于一体，设备体积小，溶气效率高，结构紧凑，处理能力表面负荷达 12 m³/ (m² · h)，静态布水，静态出水，垂直固液分离，出水悬浮物少、浊度低。

②在原有生化池内驯化嗜盐菌，增大生化池的污泥浓度是出水 BOD5、氨氮、总氮达标的关键。在现有生化池底部设置微孔曝气管进行曝气，增加了水中溶解氧及污泥浓度，为出水达标排放提供了必要条件。同时，对原有氧化沟巧妙分区，优化潜水推进器设置位置，形成多级 A/O 模式来强化生物脱氮效果。

③臭氧催化氧化工艺是出水达标的把关环节。进入氧化塔的污水与臭氧接触，在催化剂的作用下发生氧化反应，有效分解水中生物难降解的有机物，臭氧通过底部曝气盘释放，自下而上穿过催化剂层，参与氧化污水中的有机物，使得出水化学耗氧量达到排放标准。采用臭氧催化氧化工艺将化学耗氧量由 100 mg/L 降至 50 mg/L 以下。

改造后污水处理厂出水水质指标全部达到《城镇污水处理厂污染物排放标准》(GB 18918—2002) 中一级 A 标准。

石家庄市城市轨道交通 1 号线一期工程

工程地点： 河北省石家庄市

项目规模： 线路全长 23.9 km，共设车站 20 座、区间 21 处，设停车场、车辆段和综合维修基地各 1 处，控制中心 1 座，主变电站 2 座

设计 / 竣工： 2011 年 / 2017 年

设计单位： 北京城建设计发展集团股份有限公司

所获奖项： 2019 年度河北工程勘察设计一等奖

设计人员： 王琦、李大勇、周京、倪西民、邹鲁、李永红、高东升、王彤亮、张润梓、徐崴、周力恒、李文英、张领、张军、乔文锦

石家庄市城市轨道交通 1 号线一期工程是轨道交通线网中最重要的东西向主干线，也是河北省开通运营的第一条线路，西起张营停车场、东至西兆通车辆段，沿中山路、长江大道、秦岭大街敷设。一期工程长 23.9 km，采用地下线敷设，设车站 20 座，平均站间距 1.2 km，设置线网 6 条，共享控制中心 1 座；新建主变电站 2 座，分别与同期建设 3 号线及规划 6 号线共享资源；采用 A 型车六辆编组，架空接触网授电；本线设置线网综合维修基地，承担线网 1、2、3 号线车辆的大、架修；同步建设与 2 号线、3 号线及 6 号线的换乘车站。2013 年 7 月全线开工建设，2015 年 10 月全线隧道贯通，2017 年 6 月 26 日通车运营。

张家口市集热降霾（供热管网）工程

工程地点： 河北省张家口市

项目规模： 总供热面积 1748.3×10⁴ m²，总投资 28650.616 万元

设计 / 竣工： 2016 年 / 2017 年

设计单位： 河北金润热力燃气工程设计咨询有限公司

所获奖项： 2019 年度河北工程勘察设计一等奖

设计人员： 王向东、刘纪元、陈茂林、李乐江、李忠军、黄江涛、马军、秦军如、雷国华、刘玉斌、赵磊、许彦龙、梁枫、张建航、刘子敬

本项目为张家口市集热降霾（供热管网）工程，总供热面积 1748.3×10⁴ m²，设计热负荷 915.9 MW。设计范围从张家口发电厂围墙外 1 m，沿张宣公路北行，至张宣公路与纬二路交叉口北侧，热力管网长度 12.5 km。本项目包含经济开发区段管网及宣化区段管网工程，其中经济开发区段管网长度 6.4 km，宣化区段管网 6.1 km。

热力管网设计压力 2.5 MPa，设计温度 130 ℃ /70 ℃，介质为热水，管径为 DN1400。

设计采用国外的先进技术，查找大量的国内外资料，反复钻研，决定采用冷安装无补偿直埋敷设方式，位列省内大管径直埋热力管道工程顶尖行列，在国内行业内同样位于领先水平。

为保证管道安全、稳定运行，设计采用先进的应力分析方法，对管道的局部失稳进行验算，并对管道进行疲劳分析，最终确定 DN1400 管道壁厚 24 mm，管顶覆土深度 2.2 ～ 2.5 m。

由于本项目为长距离、高落差、大管径热力管网，最大落差达140 m，技术难度大，安全要求高，因此采用先进的水利分析方法计算确定管网设计压力，结果为 2.5 MPa。具体压力参数如下：

① 电厂出口供水压力为 2.048 MPa，回水压力为 1.4 MPa；

② 电厂出口供水资用压头为 2.048 MPa，资用压头为 1.4 MPa；

③ 末端分支供水压力为 1.899 MPa，回水压力为 1.549 MPa；

末端分支供水资用压头为 0.549 MPa，回水压力为 0.199 MPa。

管道采用无补偿冷安装直埋敷设方式，具有以下优点：

① 安装简单，施工周期短；

② 减少固定墩和检查井，占地少；

③ 管道不动的锚固段较长，管路附件少，维修管理工作量少，运行安全可靠；

④ 管网停运期间管道处于底应力状态，管道维修施工和分支安装不必采取特殊措施；

⑤ 投资少，无预热或额外补偿装置所需要的费用。

本项目实施后可替代区域内现有分散燃煤锅炉房，具有良好的环境效益，可进一步改善张家口整体生态环境，为张家口市的建设奠定了坚实的基础。

阳泉市漾泉大道二期道路建设工程

工程地点： 山西省阳泉市

项目规模： 城市主干路，设计车速 50 km/h，道路全长约 6.09 km，全路段采用双向八车道

设计 / 竣工： 2013 年 / 2016 年

设计单位： 石家庄市政设计研究院有限责任公司

所获奖项： 2019 年度河北工程勘察设计一等奖

设计人员： 关彤军、许兵华、赵彦辉、马兰荣、郭梅佳、孟海英、李云涛、郝朝阳、刘云龙、王东、付同帅、张坤、高雅静、李晓青、张海燕

漾泉大道二期道路建设工程位于阳泉市中西部地区，它的建成对进一步完善阳泉市总体规划，加强交通联系，促进阳泉市经济社会的发展，有着十分重要的意义。阳泉市漾泉大道二期道路建设标准为城市主干路，道路全长 6.09 km，包含漾泉大道西段、北段和连接线道路。

本项目路线长，路线方案经过多次比选后确定。漾泉大道南起平坦立交桥北侧，自南向北上跨北山中街、平阳路，至漾泉大道连接线，向东跨越魏家峪，下穿李荫路，终点为新城大道。本项目位于山区，道路沿线地形起伏较大，选线过程中结合地形地质条件，考虑安全、环保、土地利用和施工条件以及经济等因素，通过全面比较，路线经多次优化比选后确定，此路线线形指标较高，拆迁量较小。

本项目为四幅路，双向八车道，车行道对向分隔，机非分离，人非共板，中央分隔带和侧分带可以引导驾驶员视线，缓解视觉疲劳，更好地保证行车安全。路基填方高度大于 10 m 路段路基采用强夯法加固路基，路面中车行道上下面层均添加 0.4% 抗车辙剂 Domix（多米克斯）改性沥青混合料路面，提高高温抗车辙性能、抗疲劳性能、低温抗裂性能和水稳定性能。

上板城热电厂配套管网工程

工程地点： 河北省承德市
项目规模： 主线设计管径 DN1200，管沟长度 24.94 km；隔压换热站座；供热规模 742 MW
设计 / 竣工： 2016 年 / 2017 年
设计单位： 河北华热工程设计有限公司
所获奖项： 2019 年度河北工程勘察设计一等奖

设计人员： 宋建元、蒋琼、吕学海、王大伟、庞印成、李惠燕、吴志良、李雪莹、鲁正山、卢晓燕、黄杰、王楠、赵洁、潘晓峰、王威震

本项目为上板城热电厂配套管网工程，热源为河北建投承德上板城 4×350 MW 热电厂。本项目内容包括电厂出口至各热用户的高温热水管网工程、2 座隔压换热站工程。其中，主线设计管径 DN1200，管沟长度 24.94 km。2 座隔压换热站设计参数为崔梨沟隔压站设计容量 42 MW，设计压力 2.5 MPa，供回水温度 130 ℃ /70 ℃；偏岭西隔压站设计容量 310 MW，设计压力 1.6 MPa，供回水温度 120 ℃ /60 ℃。

本项目建成前，南市区主要由三道湾热源厂 3×58 MW 燃煤锅炉作为热源集中供热，管网已运行多年，大部分老旧管网承压在 1.2 MPa。且随着近几年南市区供热负荷的不断增加，既有热源供热能力也接近饱和。本项目实施后，上板城热电厂将成为南市区主要供热热源，既有热源作为调峰热源联网运行。

本项目管网供热最不利环路长（29.3 km）且地形高差约 100 m，作为长输管道供热系统，该供热距离和高差已明显高于现行规范的经济供热半径要求和常规间接供热系统的设计要求。通过对管网总压力工况进行分析，采取隔压站分段降压的设计形式，能够有效

解决静压过高的问题；同时，考虑南市区地形自西北向东南微倾，末端负荷处于最高点，旁通定压的方式也能有效降低静压值，且保障了老旧管网联网后的安全稳定运行。

本项目采取先进的科技手段，管网全部采用泄漏监控系统技术，对供热管线进行实时监测，能够迅速准确地判断出泄漏位置。在管道泄漏初期保证可以得到及时处理，使损失降到最低限度。

建设中采用"BIM"软件作为基础，将建筑物全生命周期的信息模型及建筑工程管理行为的模型进行完美结合来实现集成管理。

其具备以下特性：①可视化，"所见即所得"；②协调性，各专业项目信息出现"不兼容"现象，即管道与结构之间出现碰撞现象；③模拟性，3D 画面模拟，使建筑物每个节点更加直观具体。

"BIM"技术的应用，能够准确地查找设计中的安全隐患，在提高生产效率、节约成本和缩短工期方面发挥重要作用。

国电库尔勒 2×350 MW 热电联产工程
配套供热管网工程

工程地点： 新疆维吾尔族自治区库尔勒市
项目规模： 管网工程最大管径 DN1200，管线管沟总长度约 73 km，中继泵站 1 座，热力站 53 座，供热能力 512 MW
设计 / 竣工： 2016 年 / 2017 年
设计单位： 河北华热工程设计有限公司
所获奖项： 2019 年度河北工程勘察设计一等奖

设计人员：张骐、宋建元、王向伟、吕学海、魏建国、杨志强、吴志良、巴艳新、王蕊、仇金丽、任大伟、张继光、孔庆娜、杨雪玉、张勇

本项目为国电库尔勒 2×350 MW 热电联产工程的配套管网工程，热源为国电库尔勒 2×350 MW 热电厂。工程内容包括电厂出口至各热用户的高温热水管网工程、中继泵站工程及换热站工程。其中，管网工程最大管径 DN1200，管线管沟总长度约 73 km，设计参数为设计压力 1.6 MPa，供回水温度 130 ℃ /70 ℃；中继泵站 1 座，供热能力 512 MW；热力站 53 座。

本项目建成前，库尔勒市冬季供热主要由多座大型区域燃煤热水锅炉作为热源集中供热，管网已运行多年，大部分老旧管网承压在 1.1 MPa。本项目实施后，国电库尔勒热电厂将成为库尔勒市主力热源与原有燃煤锅炉房联网运行。本项目管网供热最不利环路长（25 km）、高差大（70 m），热源处在整个管网的最高点。新旧管网连通后，整个管网压力将大幅提高，市区最高压力处将达到 1.4 MPa，管网不能直接联网运行。根据水力计算分析后，通过采用回水中继泵站和分布式变频系统，降低整个管网运行压力，保证新旧管网的安全运行。

管道热应力采用 START 管道静态分析软件，对工作管直管道、直角弯头、弯管、非直角弯管、三通、变径管、直埋管道外护管等进行有限元法计算，保证管网安全运行。

供热管网采用先进的无补偿直埋技术，无补偿直埋敷设方式取消了有补偿敷设的固定支架和补偿器的设置，降低了管网的投资和施工工期，同时减少了供热管道的事故点，使供热管道运行时处于安定状态，更加安全可靠。同时，管网管道采用高密度聚乙烯外护管硬质聚氨酯泡沫塑料预制直埋成品保温管，大大减少了运行中的热损失。

本项目大管径（≥ DN600）管道安装采用无补偿预应力安装直埋敷设的方式。管道在预热温度下回填，管道运行时的轴向力仅为无补偿冷安装的一半，可以减小钢管壁厚，节省投资，并最大限度地取消补偿器和固定支架，薄弱环节减少，其故障率低，维护工作量小。

本项目管网需穿越库格铁路、218 国道、白鹭河景观带及市区石化大道、新城北路、香梨大道、索克巴格路等市区内的主要道路，以上道路车流量较大，不具备开挖施工的条件。为确保工程的实施进度和建设的经济性，本项目采用了定向钻和顶管等非开挖的敷设方式。对特殊路段局部开挖放坡不能满足要求时，采用先进的钢板桩进行支护处理。

本项目是大型城市热水供热系统，主热源是热电厂。为实现整个热网的统一调度，提高热网的整体运行管理水平和工作效率，保障热网平衡及安全、稳定、高效经济运行，系统设置了 SCADA 热网监控系统。该系统是一整套软件和硬件平台，为热网的运行起到指导和调度的作用，可靠地完成对热源首站、中继泵站、热网及换热站的数据采集及监控，并与各换热站控制相互独立、互相协调。

本项目建成后取缔了市区原有小型燃煤锅炉房，可以大大改善供热质量，年节省标煤达 4.5×10⁴ t，年灰渣减少量达 8.76×10⁴ t，年二氧化碳排放减少 10.19×10⁴ t，年烟尘排放减少 1830 t，年二氧化硫排放减少 513 t，年氮化物排放减少 1650 t。

鹿泉区寺家庄镇供热煤改电项目

工程地点： 河北省石家庄市鹿泉区寺家庄镇

项目规模： 供热面积 $44.9 \times 10^4 \, m^2$

设计 / 竣工： 2016 年 / 2017 年

设计单位： 河北华热工程设计有限公司

所获奖项： 2019 年度河北工程勘察设计一等奖

设计人员： 宋建元、郭伟杰、王浩龙、谷战生、蒋琼、谷亚军、王立恒、周金凤、魏琴、程锋磊、李志新、李然、魏建国、池彬、彭伟杰

鹿泉区寺家庄镇供热煤改电项目利用空气源热泵和蓄热电锅炉进行集中供热，是寺家庄镇实现清洁能源集中供热的必要步骤，工程完成后将解决寺家庄镇 $44.9 \times 10^4 \, m^2$ 的供热问题，对寺家庄镇的环境保护起到了重大作用，是一项民心工程，同时为今后电代煤供热提出了方向和建议。

通过合理的配比，空气源热泵＋蓄热电锅炉技术的组合应用将工程投资和运行费用控制在合理的范围内，实现了供热公司的盈利。

热泵系统利用高位能源——电能，从低温热源中提取热量，转换为高位能源用于供热，所消耗的电能仅仅是压缩机用于搬运低位热量时所需的能量，因此制等量的热量，其用电量仅是传统电热器的四分之一左右，可为用户节省大量的电费；电蓄热锅炉利用峰谷时段电价的差异，利用谷段电力制热并储存热量，并在峰段使用，降低运行费用。

电热水锅炉是一种高效、安全、可靠、减少环境污染的新型电加热设备。利用电热水锅炉可以将电网夜间低谷电力储存起来，再在

白天供热，是一种非常有效的充分利用电网低谷电力，增加电力有效供给，提高电网负荷率的手段。

根据本地区的用电负荷峰谷实际情况，本项目建成后电热锅炉只在夜间电网低谷负荷时段运行。电热锅炉运行时间段为每日 22:00 至次日 8:00，运行时间为 10 h。

电供热是清洁能源供热的一种方式，长期在探索中，但因其运行费用和建设费用较高，一直以来难以推广，空气源热泵制热 COP 在 −12 ℃时可达到 2.3～2.5。空气源热泵的应用可有效减少运行费用，但存在环境温度越低，机组出力越少的情况。为保证供热安全设置的热泵容量较大，存在部分热泵机组运行有效时间短等问题。设计利用蓄热电锅炉和空气源热泵组合，空气源热泵负责供热基本负荷，蓄热电锅炉承担尖峰负荷，可减少工程建设费用和供热公司负担，实现工程盈利运行。

华润电力（霍山）有限公司 30 t 燃气锅炉 + 园区热网南线工程

工程地点： 安徽省六安市霍山县
项目规模： 30 t 燃气锅炉热源，蒸汽管网总长 22.87 km
设计 / 竣工： 2016 年 / 2017 年
设计单位： 河北华热工程设计有限公司
所获奖项： 2019 年度河北工程勘察设计一等奖

设计人员：张骐、宋建元、魏建国、蒋琼、庞印成、杨志强、张亚琼、胡群、施玉成、王开、马占银、王蕊、李宏磊、蔡伟明、闫广

本项目为华润电力（霍山）有限公司 30 t 燃气锅炉 + 园区热网南线工程，工程内容包括 30 t 燃气锅炉热源及蒸汽管网设计，蒸汽管网总长 22.87 km。本项目建成后，解决了《安徽省霍山县城市集中供热规划（2016—2030 年）》中规划的建设用地面积 29.65 km²（含落儿岭 2.15 km²）的供热需求。

本项目蒸汽管道长约 22.87 km，因此，如何控制长输管道的温降及压降成为本项目的难点。为了攻克这个疑难点，本项目蒸汽管道设计采用长输低能耗热网专利技术。采用本专利技术后，蒸汽管道输送能耗减少。蒸汽管道每千米输送能耗仅为常规设计的 1/6 ～ 1/5（总质量损耗小于 1% ～ 3%）；压降每千米可以控制在 0.01 ～ 0.025 MPa，温降每千米可以控制在 3 ～ 5 ℃ 以内，输送距离可达 35 ～ 50 km。同时，采用本专利技术后，蒸汽管道综合投资比常规设计节省 5% ～ 10%。

本项目的保温选用导热系数低且容重小、性价比高的硅酸铝针刺毯和高温玻璃棉保温材料的复合结构，保温结构共 5 层，且各层保温层外均包箍反辐射层及抗对流层结构，再外包厚 0.4 mm 的彩钢板保护，使导热系数控制在 0.08 W/(m · ℃)，保温厚度先按经济厚度计算确定，再和流体计算同时作温降校核，使之在最小流量时蒸汽送至各用户仍能满足用户处的蒸汽介质压力、温度要求，温降控制在每千米 3 ℃ 以内。

蒸汽输送管道的热能损失中，很大一部分来自传统管道支架的"热桥"效应和裸露散热。为降低蒸汽管道热损耗，响应节能减排的政策要求，本项目采用高效隔热管托。高效隔热管托利用具有低导热性能和高强度的隔热材料，使管道与支架的钢制承力点之间不产生直接接触，从而有效避免了"热桥"效应，降低了支架处的热能损失。该管托与普通管托相比热损失可减少 90% ～ 95%，形式如下图所示。

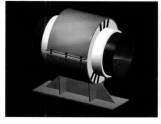

本项目设计中根据敷设位置的不同，蒸汽管网采用了三种敷设方式：沿绿化带采用低支墩敷设，过道路采用桁架或者地埋敷设。且架空管道与绿化带采用同色系外护，与周围绿化协调融合；过路及跨越企业大门时选用桁架敷设，并在桁架上加装广告牌或者 LED 显示屏，既美观又具有实用性。

本项目设计补偿器选用免维护的、耐高压的自密封旋转补偿器，其优点为安全性能高、布置样式众多、设计计算简单、产品寿命长、超补偿量大、安装便捷、无内压推力、全线弯头少且压降小，且具有免维护的特点，为投资方大大节省了投资及运行费用，经济效益可观。

目前，霍山蒸汽管道经过两个运行季，运行参数良好，锅炉出口温度为 260 ℃，压力为 1.25 MPa，流量为 24 t/h（设计流量 30 t/h），末端温度为 190.39 ℃，压力为 1.08 MPa。管道全线总长为 22.87 km，总温降为 69.61 ℃，总压降为 0.17 MPa；平均温降约为 3.04 ℃ /km，平均压降约为 0.007 MPa/km，达到了世界先进水平。

石家庄正定新区起步区集中供热管网工程

工程地点： 河北省石家庄市正定新区

项目规模： 管径 DN600 ～ DN1000，管线总长度约 10 km

设计 / 竣工： 2016 年 / 2018 年

设计单位： 河北华热工程设计有限公司

所获奖项： 2019 年度河北工程勘察设计一等奖

设计人员： 张骐、郭伟杰、谷战生、皮春营、刘建有、王卿、程锋磊、刘婷婷、李然、李惠燕、昝为、刘强、刘宁、马占银、谷亚军

综合管廊即在城市地下建造一个隧道空间，将电力、通信、燃气、供热、给排水等各种工程管线集于一体，设有专门的检修口、吊装口和监测系统，实施统一规划、统一设计、统一建设和统一管理。正定新区在建设智慧、生态城市的前提下，响应国家政策，建设综合管廊体系。正定新区起步区综合管廊目前已建成使用"四横三纵"七条管线，总长度约 18 km，分为电仓和水仓，水仓包括中水、自来水和供热管线。

本项目为石家庄市正定新区起步区集中供热管网工程—管廊一次管网。管径 DN600 ～ DN1000，管线总长度约 10 km，设计参数为设计压力 1.6 MPa，供回水温度 120 ℃ /70 ℃。

综合管廊内空间有限，主要路口处管廊下沉，管廊与管廊交口处情况复杂，管廊多处采用下沉式设计。本项目在下沉段采用大拉杆横向波纹补偿器，长直管段采用套筒补偿器。管道管径 DN1000，主固定支架受力大，由于管廊空间限制，不可能采用大的混凝土支墩。经过实地考察，并和甲方及施工单位沟通协商，最终方案为部分支架采用"抱墩"，部分支架采用"框架式"设计。本项目主关断采用电动球阀，如发生事故，可在 3 min 内关闭阀门，避免造成更大的损失。

枣强县教育园区综合管廊项目（二期工程）

工程地点： 河北省衡水市

项目规模： 断面总尺寸 8.95 m（宽）×4.1 m（高），总里程 2537 m

设计 / 竣工： 2017 年 / 2019 年

设计单位： 中土大地国际建筑设计有限公司

所获奖项： 2020 年度河北省工程勘察设计项目一等成果

设计人员： 高腾野、王玉龙、周奕、吴晓博、张雷、张剑、李春涛、张素丽、张旭东、龚红攀、李晓硕、杜万成、崔景彦、张紫梁、杨玲菊

本项目建设地点位于枣强县教育园区迎宾路（建华大街—纬五街）段，为现浇钢筋混凝土干支综合性管廊。

本项目主要特点如下。

1. 纳入管廊市政管线种类齐全

管廊纳入了除雨污水管道以外的全部市政管道。设计时根据各类市政管道的特点合理设计管廊舱室及容纳管道种类，优化管廊断面空间设计，并根据管线运行特点和火灾危险种类设置了火灾报警系统、超细干粉自动灭火系统、可燃气体泄漏报警系统等安全设施，确保运营期各类市政管道安全运行。

2. 管廊交叉节点多

沿线共计有 4 处十字 / 丁字交叉节点。结合 BIM 设计理念在设计阶段对管廊重要节点进行三维建模，模拟管线吊装、人员检修等各个环节，有效避免各类管线碰撞、预留洞口碰撞、作业空间冲突等各种问题，优化交叉节点空间；解决管线多个方向转换连接的问题，满足人员在管廊各舱室之间检修通行的需求，保证不同舱室防火分区的独立性。不同断面的管廊十字交叉采用本段管廊上穿、交叉管廊下穿的方式连接，性质相同的舱室采用人孔连通，人孔设置防火盖板；各舱室局部加宽、加高，以满足管道转弯、上翻、下翻的空间要求，做到人员互通、管线互通、消防独立。

3. 管廊附属构筑物节点集约合建

综合舱、电力舱的进排风口、逃生口等合建管廊夹层，人员逃生均由各舱室逃生爬梯进入合建综合节点，再由合建综合节点经夹层逃生口逃生至地面。综合舱、电力舱至合建夹层的逃生口采用轻质防火盖板封堵，同时设置防火分隔保证各舱室的消防独立性。

4. 智慧管廊

管廊监控系统、通风系统、火灾报警系统、排水系统等各附属系统可以对综合管廊本体环境、附属设施进行在线监测、控制。综合管廊设置监控与报警系统，可以准确、及时地探测管廊运行状态，实现了对管廊内机械排风、排水泵、供电设备、消防等设施的实时监测和控制，还具备防入侵、防盗窃、防破坏等功能，同时监测有害气体、空气含氧量、温度、湿度等环境参数，并及时将信息传递至管廊控制中心。

宽城县自来水厂迁扩建工程

工程地点： 河北省承德市

项目规模： $3×10^4$ m³/d，建筑面积 8040 m²

设计 / 竣工： 2013 年 / 2018 年

设计单位： 中土大地国际建筑设计有限公司

所获奖项： 2020 年度河北省工程勘察设计项目一等成果

设计人员： 郭延勇、郑子晗、孙立权、邢建军、丁磊、杨昂、贾立忠、薛英超、陈影、王肖克、张邵琼、段园园、庞宗朝、郭均知、王立东

本项目位于承德市宽城县城区北侧二道河子村南，占地面积达 $6.53×10^4$ m²。水厂水源为滦河水，处理工艺为原水—预臭氧接触—混凝—沉淀—过滤—中间提升臭氧接触—活性炭滤池—消毒出水。

宽城县是山区城市，地势复杂、高差较大，水厂建设在山坡上，可以利用重力对整个城区供水，每年节省电费约 $200×10^4$ kW·h；利用厂区高差的优势，厂区内不需设置中间提升设施，每年节省电费约 $40×10^4$ kW·h，节能效果显著。

预处理段设压力格栅装置，为设计单位自主研发的专利产品。压力格栅将过滤渠道和格栅整合为一个密闭容器，实现来水带压进入后续处理单体，减少了二次加压的成本，同时具备反洗功能。本项目砂滤池和活性炭滤池均采用国内技术先进的翻板滤池，采用臭氧＋活性炭深度处理技术，提高了出水水质。

设计依托建筑物布局，因地制宜地选择绿化苗木品种，形成有层次、有梯度的植物配置格局。绿色植被在水厂绿化建设中的应用，不仅能够增加厂区的绿化面积，而且改善了生态环境，提高了厂区的生活环境质量。

江阴热电替代澄东南地区小热电关停蒸汽保供项目

工程地点： 江苏省江阴市

项目规模： 管径 DN500 ～ DN1200，长度 31 km，工程投资 6 亿元

设计 / 竣工： 2018 年 / 2019 年

设计单位： 河北华热工程设计有限公司

所获奖项： 2020 年度河北省工程勘察设计项目一等成果

设计人员： 张骐、谷亚军、王立恒、杨志强、杨金柱、邵志光、焦小龙、郭林男、卢晓燕、米海良、杨雪玉、马占银、张召、王敬斌、吴志良

根据《江阴市热电联产规划（2019—2020 年）》，江阴升辉热能有限公司、江阴康顺热电有限公司、江阴华美热电有限公司于 2019 年底进行关停整合，迫切需要进行其配套热网的建设和改造，所以以江阴热电有限公司作为热源点，对以上三家小热电进行替代供热，满足江阴澄东南片区热负荷需求。

管网从江阴电厂至最远用户华美热电，管网输送长度达 30 km，由常规的单线 5 ～ 8 km 延伸至单线 30 km，最大管径 DN1200，为国内管径最大的蒸汽工程。设计过程中，严格计算管道温降、压降，并选择合适的保温结构、隔热支座。

本项目经过各负荷条件下的水利工况计算，合理确定保温层厚度及多层保温结构，使蒸汽在最小流量时送至各用户仍能满足用户处的蒸汽介质压力、温度要求。为了减少热损，确保蒸汽管网终端供热参数，同时也为了减小管道对固定管架的推力，长输热网管道管托采用低摩擦高效隔热节能型管托，有效降低保温材料接缝处的局部热桥问题，该管托与普通管托相比热损失可减少 90% ～ 95%。

采取上述措施后，本项目管网由常规的每千米 15 ℃降为每千米 4 ～ 6 ℃，蒸汽管道每千米输送能耗仅为常规设计的 1/5 ～ 1/3（总质量损耗小于 1% ～ 2%）。

设计中优化管径、管件，通过对最大流量和最小流量的核算，满足在任何工况下任何用户的用汽要求，较低的比压降使管网实现在低抽气参数下输送 30 千米的距离。

供热管道热补偿主要采用超大补偿量的外压轴向补偿器和旋转补偿器补偿。全线弯头少、压降小，可由常规的每千米 0.06 ～ 0.1 MPa 降为每千米 0.02 ～ 0.03 MPa。

本项目的实施，对江阴市进一步改善投资环境、加快招商引资，把该区域建设成"开放型经济区"具有积极的促进作用，同时也是整个江阴市节约能源、保护环境、保持经济可持续发展的重要措施，具有良好的社会效益和经济效益。

唐山市环城水系陡河工程

工程地点： 河北省唐山市

项目规模： 治理长度 21.5 km

设计 / 竣工： 2009 年 / 2014 年

设计单位： 河北省水利水电勘测设计研究院

所获奖项： 2020 年度河北省工程勘察设计项目一等成果

设计人员： 宋宝生、刘卫东、刘大鹏、李英、杨铎、王成志、孙长庆、周婷婷

唐山市环城水系工程是由陡河、新开河、青龙河等河道组成的河河相连及河湖相通的水循环体系，其目的是要把唐山打造成一座城中有山、环城是水、山水相依、水绿交融的华北生态水城。陡河贯穿唐山市区，是唐山环城水系最重要的组成部分，治理长度21.5 km，蓄水面积 1.29 km²，修建蓄水通航建筑物 6 座。工程设计中体现了水安全、水生态（河道整治在满足防洪要求前提下，融入了生态、景观治河理念）、水资源、水环境（河河相连，形成水循环体系，营造城市滨河景观，改善城市水环境）、水文化（体现地方特色，结合地方发展，主题分明，功能分区清晰）、水景观、水产业（河岸采用多种生态材料，打造滨水景观带，建筑物设计新颖独特）。

陡河治理工程修建蓄水通航建筑物 6 座，采用"钢坝（橡胶坝）+船闸"形式，既满足了蓄水要求，又实现了河道通航。通航设计为北方河道防洪综合整治工程一大亮点，其中建华桥船闸的设计通航填补了河北省船闸工程的空白。

中山路提升改造工程
（西三环—中华大街、建设大街—新元高速）

工程地点： 河北省石家庄市

项目规模： 中山路为城市主干道，设计车速 50 km/h，道路全长约 13 km，全路段形成双向六车道

设计 / 竣工： 2016 年 / 2018 年

设计单位： 石家庄市政设计研究院有限责任公司

所获奖项： 2020 年度河北省工程勘察设计项目一等成果

设计人员： 关彤军、栾世敏、马兰荣、杨茜、曹恩泽、赵伟娜、张岩、张宗民、秦素伟、贾丽晓、周超、范素芬、杜鹏、樊博、王瑶

石家庄市中山路是位于石家庄中心区域的一条东西走向主干道，有"河北第一商业大道"之称。石家庄市轨道交通 1 号线位于中山路地下运行。中山路提升改造工程道路全长约 13 km，西段起于西三环，途经裕西公园、西二环、友谊大街、西线民心河、维明大街，止于中华大街；东段起于建设大街，途经人民广场、广安大街、体育大街、建华大街、东二环，止于新元高速。

本次中山路提升改造工程采用了多项新技术和新工艺，实现了四大方面的改善。一是结合石家庄地铁进行道路设计，将中山路建设成为河北省首条全线双交通的道路，实现了地铁与公交零换乘，同时将全线道路提升为双向六车道，有效缓解了市中心城区交通压力。二是实现雨污分流，排水管线全部提标，降低了城市内涝灾害的风险。同时，人行道的面层采用了透水净化性能更强的砖，达到海绵城市建设要求。三是全线道路结构表面层采用密级配细粒式改性沥青混凝土 SMA-13，其具有优良的特点，有效延长了路面的使用寿命。局部路段添加相变自调温改性沥青混凝土，自动调节路表温度，提高路用性能。四是增加智能交通微波检测器，实现智能交通。

中山路提升改造工程完成后，中山路已成为最低碳、最文化、最休闲、最贴心、最畅通、最智慧的省会第一繁华大道。

园林篇

中山博物馆及贡院广场等景观设计

工程地点： 河北省定州市

项目规模： 占地面积 20000 m²

设计 / 竣工： 2014 年 / 2016 年

设计单位： 河北建筑设计研究院有限责任公司

所获奖项： 2018 年河北省优秀工程勘察设计一等奖

设计人员： 李拱辰、孙伟娜、蒲薇、曹灿、郑乐然、郝婷婷、孙珊、周波

中山博物馆位于定州市中心区域，与开元寺塔、贡院等国家级重点文物片区相邻。设计在符合文物保护控制规划的前提下，以贡院、博物馆为参照点，形成了两块各有特色的城市景观空间。

博物馆广场位于新建博物馆北侧，同时位于开元寺塔和贡院两条重要轴线交会点的显著位置，使其在恢复古城风貌的历史街区中起到统领全局的作用。设计采用规则与自然相结合的手法，强调了广场的中心，以一条历史的长河展开了广场文化的开端。通向博物馆主入口的两条景观大道从设计手法到铺装形式都尽显历史的气势磅礴。路两旁对称布置厚重的石柱，上面雕刻着代表定州

历史沉淀的浮雕画；长椅采用斗拱的形式作为支撑，上铺木质坐板。整个广场设计构图简洁大方，历史底蕴浓重，处处体现了"远观传统、近看现代"的景观印象。贡院广场位于定州贡院南侧，面向城市主干道中山路，与博物馆广场隔路相望，形成中轴一气呵成的磅礴之势。景观方案围绕国学儒家思想和礼乐相成的科举文化，集贡院牌坊、成语墙、书简墙、定州八景、连中三元、状元亭、剪纸灯等古色古香、定州文化色彩浓郁的景观元素为一体，形成与贡院环境和谐统一的明清建筑街区。

花海大道造林绿化项目

工程地点: 河北省秦皇岛市

项目规模: 占地约 $167×10^4\ m^2$,其中包括 $88.8×10^4\ m^2$ 景观经济林带、$30×10^4\ m^2$ 花海景观、$11×10^4\ m^2$ 湿地景观、$1.7×10^4\ m^2$ 亲水平台景观、公园 1 座、游园 2 座、其他景观节点 10 余处

设计 / 竣工: 2017 年 /2017 年

设计单位: 中交远洲交通科技集团有限公司

所获奖项: 2019 年河北省优秀工程勘察设计一等奖

设计人员: 王莉莉、冯亚杰、李杨、于振兴、谷远征、冯红敏、崔灿、王云鹏、张兴鸽、宋珊珊、田兆平、靳红红、曾秀花、郁梦华、陈文丽

本项目场地条件恶劣复杂、地形多变,除现有片状林地、土台外,大面积为覆土极薄或零土层的沙质地,且盗沙现象严重,造成场地大面积的连片沙坑,部分沙坑形成了季节性过水地和储水坑塘。本设计充分尊重了场地现有资源条件,顺势而为,把场地调整降到了最低,变"不利条件"为"特色景观",最大化地保留了场地的可利用资源,通过合理的设计使其融入整体景观,既传承了场地历史痕迹,也做到了成本控制,使其焕发新的光彩。

汉朝时期,抚宁地区为骊城县,地处汉族与匈奴交界处,战马驰骋疆场,交战频繁。"骊城"即为军马囤聚之城。直至今日,马的形象依然深受抚宁人民的喜爱。抚宁不仅历史底蕴深厚、民俗文化多彩,更是中国乃至世界唯一同时拥有山、河、湖、海、长城的区。这些抚宁特有的"文脉符号"贯穿了本项目的整个设计:"抚昌黄"

节点设置篆体"骊"雕塑,"希望园"旱喷广场设置地雕抚宁区地图,"马首"文化柱群矗立周边;"永进路"节点以"山""海""长城"为元素,利用现代景观手法展现了抚宁"山水从容,民之康宁"之象;"骊园"因战马得名,并以抚宁非物质文化遗产"太平鼓"为切入点,寓意"享四面太平,迎八方盛世"。

本项目从经济、发展的角度合理规划布局,结合抚宁多元的历史、文化、民俗、发展特性,体现了"历史与未来"共生的抚宁文脉。通过科学的实施手段,打造"以林养景、景圃合一"的景观需求与经济效益共赢的景观新模式,使宁海大道成为"花海漫步""林中行车""人文享受""可持续发展"的生态绿廊,高品质地展现出"继边关古塞之气势,展内地新城之姿容"的抚宁风采。

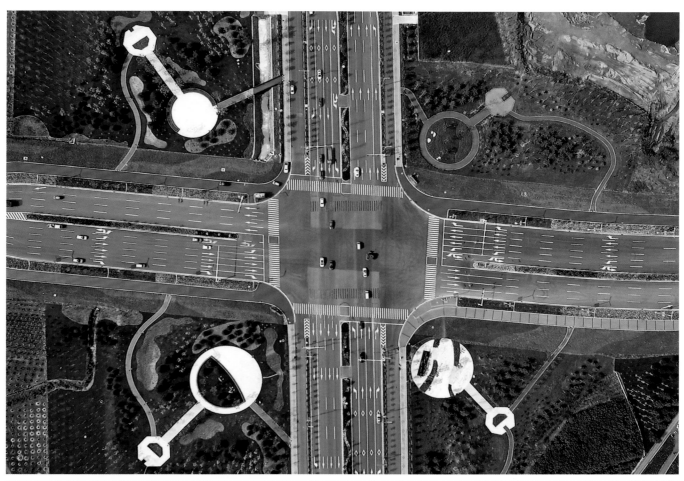

河北省首届园林博览会定州展园工程

工程地点： 河北省衡水市

项目规模： 占地面积 3762.15 m²

设计 / 竣工： 2016 年 / 2017 年

设计单位： 河北大成建筑设计咨询有限公司

所获奖项： 2019 年河北省优秀工程勘察设计一等奖

设计人员：刘潇、岳欣、庞海军、李立婵、戴子寒、刘京肖、杨蓬、吴晓天

该项目建设场址位于衡水市滨湖新区河北省首届园博园内，衡水湖以东，园博园主展馆的东北方向，周边分别与张家口、秦皇岛、辛集三个展园相邻，东侧是盐河生态湿地。建设内容包括绿地面积 1678.69 m²，水面面积 550.00 m²，道路铺装面积 930.35 m²，建筑占地 476.25 m²，其他占地（景观、雕塑等）126.86 m²，绿地率59.24%，总建筑面积 415 m²，其中贡院大门 100 m²，建筑展馆（主殿）180 m²，文化游廊 110 m²，雪浪亭 25 m²；景观构筑物包括九曲桥、画卷景墙、挡墙、矮墙、花池及景石雕塑等。项目设计概算

费用 450 万元，其中建筑工程费用占 77%，第二部分费用占 18%，预备费 5%。

定州展园的设计主要体现定州历史文化，同时将其融入到园林环境中去。展园的设计主题：醉美定州，安定之州。寓意被定州的美景所陶醉，同时定州在北魏时又称安州，现称为定州，安州定州有安定之州的吉祥寓意。

开元寺大街景观设计

工程地点： 河北省定州市

项目规模： 占地面积 16000 m²

设计 / 竣工： 2014 年 / 2016 年

设计单位： 河北建筑设计研究院有限责任公司

所获奖项： 2019 年河北省优秀工程勘察设计一等奖

设计人员： 孙伟娜、郭卫兵、李拱辰、周波、曹灿、孙珊、宋文龙、蒲薇、薛涛、纪向南、郑乐然、郝婷婷、张冰清

本项目位于河北省定州市，是以国家重点文物保护单位——开元寺古塔为核心的历史文化街区的重要组成部分。本项目总体占地45 亩（1 亩 ≈ 666.7 m²），总建筑面积 1.4×10⁴ m²。本项目是定州市恢复古城历史风貌，重续古城历史文脉，梳理更新开元寺塔周边区域城市肌理的重点项目，在城市总体规划指导下对相关历史片区进行治理疏解，改造提升城市环境。本项目建成后，西望区域制高点——开元寺古塔，东邻气势宏大的中山博物馆，整个街区为唐宋建筑风格，以佛教文化展示为主题。在进行开元寺大街总体布局时，特别保护了从周边城市空间观赏开元寺古塔雄姿的视觉廊道完整通畅的重要性，明确"以开元寺古塔为核心、自身为从属"的设计原则，避免喧宾夺主。借助中国古典园林中借景、框景等手法，通过曲路、曲廊、曲桥的运用，使景观空间曲折婉转，富于变化。诚如《园冶·卷一·兴造论》讲求的"随曲和方""妙于得体合宜"，令人更得自然天成之趣，流连忘返处步移而景异，在多姿多彩、丰富多变的时空场景中与开元寺古塔的雄姿不期而遇，给人留下如诗如画的美好记忆。本项目 2016 年竣工验收后投入运行，得到定州市社会各界的喜爱和好评，取得了显著的社会效益和经济效益。

安次经济开发区御龙河（原半截河）改造工程

工程地点： 河北省廊坊市
项目规模： 河道及两岸公园里程 4 km
设计 / 竣工： 2015 年 /2018 年
设计单位： 中土大地国际建筑设计有限公司
所获奖项： 2020 年度河北省工程勘察设计项目一等成果

设计人员： 郭延勇、邢建军、赵亮、丁磊、尹亚坤、郑子晗、王利、刘国华、贾立忠、张邵琼、李默、陈影、李金梅、王肖克、徐三卫

本项目位于廊坊市安次区北部，介于南龙道和南环路之间。第一、二标段河道沿岸建设景观带、街心公园、主题公园，结合景观和交通功能建造安美桥；依托御龙河良好的滨水环境，打造御龙河生态休闲滨水区；结合城市布局、文化发展及廊坊市的山水格局，创造自然、生态、休闲的开放型滨河生态长廊，丰富市民休闲活动的类型，提升城市形象。

本项目主要特点如下。

①立体连续景观带：景观设计由河道内的木栈道及沿岸水景、两岸的游园景观和街心公园景观构成。本项目设置了反映本地特色的

景观浮雕长廊。景观桥下设置人行通道，打通由于道路造成的沿岸游园分割，形成立体化、连续性景观带。为保持水景观需求，在下游修建一座石坝，形成长 20 m、落差 1.5 m 的瀑布。

②单跨上承式空腹拱桥：安美桥跨径 35 m，桥面总宽 30 m，兼具市政交通功能和景观装饰作用，造型简洁，充分体现出桥体结构内在美。

③河道行洪：御龙河上游与胜天渠相连，下游汇入龙河，属于排沥河道，设计流量 30 m³/s，服务于上游排洪以及本段市政雨水排除，具有综合泄洪功能。

2016 年植物园整体提升二标段

工程地点： 河北省石家庄市

项目规模： 68625 m²

设计 / 竣工： 2016 年 /2016 年

设计单位： 北方工程设计研究院有限公司

所获奖项： 2020 年度河北省工程勘察设计项目一等成果

设计人员： 宋志永、郜鹏、赵海明、赵庆云、刘婷、孟繁曦、赵昕、孙宁、梁晨乐、李栋、高志辉、王雷、曹丽丽、王晓爽、封成佳

本项目为 2016 年石家庄植物园整体提升二标段，主要包括药用植物园、水生植物园、温室提升和二级路提升四方面内容。总占地面积 68625 m²，其中药用植物园 24900 m²，水生植物园 28200 m²，温室提升 5700 m²，二级路提升 9825 m²。药用植物园以场地现状条件和地形地势为依据，因地制宜进行景观设计。设计分为六大功能区，在为游人提供不同的感官体验的同时，也提供了不同形式的中草药植物知识和养生保健知识的科普展示。水生植物园根据场地特点设置了三个功能片区和若干景观节点，通过水上栈道和岸边游步道连接不同的水生植物展示区块，为石家庄植物园增加了水生植物展示专类园，促进了水生植物科普。温室提升对植物园温室植物进行了梳理，强化了植物分区，同时增加了植物导视牌和通风系统，完善了温室的功能。对植物园二级路进行了路面改造，增加了艺术地坪，更新了损毁路缘石，为游客提供了更加舒适的游赏体验，扮靓了植物园景观。

河北经贸大学校园改造工程

工程地点： 河北省石家庄市
项目规模： 329300 m²
设计 / 竣工： 2014 年 /2015 年
设计单位： 北方工程设计研究院有限公司
所获奖项： 2020 年度河北省工程勘察设计项目一等成果

设计人员： 宋志永、郜鹏、赵庆云、徐腾飞、孟繁曦、陈云、刘婷、赵昕、孙宁、赵海明、李栋、高志辉、卢艳伟、杨心慧、杜艺泽

本次河北经贸大学校园改造工程设计项目基地景观红线面积 32.9×10⁴ m²，包括北部待建区总体规划、垃圾山改造、新建球类场、校内道路及老干部活动中心等改造和 6×10⁴ m² 环境绿化公园等。

建设目标旨在树立"绿色校园、科技校园、人文校园、开放校园"的校园景观范例，形成新的校园景观模式。

本项目按照功能分为教学区、学生生活区、体育运动区、留学生外国专家区及校园生态绿核，由校园道路和环境绿化将它们有机地组合在一起。

其中在校园的中部与北部形成一个校园生态绿核，包括原有图书馆北侧绿化公园、新建教学楼北侧绿地、污水处理厂周边绿化以及东侧山野公园（现垃圾山改造），整体上由一条红色文化长廊连接，形成一条完整的带状生态绿核，内设广场、花池、步行小道、景观小品等，为师生提供舒适、绿色的交流空间。

同时，校区生态绿核与校园现有绿化核心连为一体，形成校园完整的绿化系统，内侧为教学区及教职工家属区，外侧为学生生活区及体育运动区，整个绿带穿插在校园中，不仅形成功能区之间的软性缓冲，也构建出河北经贸大学的生态核心。

电力篇

崔池—唐奉 110 kV 线路工程

工程地点： 河北省衡水市饶阳县和深州市

项目规模： 线路起于崔池 220 kV 变电站，止于唐奉 110 kV 变电站，线路全长 18.7 km；全线双回路钢管杆 24 基，其中直线 19 基、转角 5 基；新建铁塔 58 基，其中直线 49 基、转角 10 基（其中 1 基为原线路铁塔），合计 83 基

设计 / 竣工： 2013 年 / 2014 年

设计单位： 衡水电力设计有限公司

所获奖项： 2016 年河北省优秀工程勘察设计一等奖

设计人员： 陈振生、徐贵友、彭向东、高国双、郑宇红、郑淑珍、李渊、牟伟、张萌、李建伟、李云生、闫超、乔玉龙、杨智、刘敏

崔池—唐奉 110 kV 线路工程位于饶阳县和深州市境内，起于崔池 220 kV 变电站，止于唐奉 110 kV 变电站，线路全长 18.7 km。

本线路所经地带均为平地，线路较长，交通便利。

全线双回路钢管杆 24 基，其中直线 19 基、转角 5 基；新建铁塔 58 基，其中直线 49 基、转角 10 基（其中 1 基为原线路铁塔），合计 83 基。

在整个工程的设计过程中，针对工程实际特点，全面运用全寿命周期计算方法进行全方位测算比较。经综合权衡，本着技术可靠、经济合理的目的，大胆创新，采用多项新技术、新材料和新工艺，并采取多项优化措施。

本项目于 2013 年 10 月完成施工图设计，于 2014 年 4 月投产。

设计充分利用河北南部电网地理信息系统（GIS）和 Google 地球配合地形图进行选线，路径统筹考虑了城区规划、村落、高速公路、高压线等主要因素，首先有效地缩短了线路长度，其次直观地避让了沿线村落、集中林区、工业园区等主要设施，将占用基本农田、砍伐树木控制在了最小限度，同时对沿线的村庄和弱电线路没有影响。

在初步勘察和施工图终勘定位时采用 GPS 测量技术，与常规工测相比，大大提高了测量的精度和效率，节省了大量的现场测量断面

点的时间，工期缩短了近 20%，加快了工程进度。

本项目为国网采用节能导线试点之一，高导电率铝合金芯铝绞线 JL1/LHA1-165/170 导电率 61.5，较普通导线电能损耗每年节省 2.057 万元。该导线物理特性与普通导线相比，还具有质量轻、弧垂较小等优点，对铁塔降低呼高较有利。

本线路地线选用一条 GJ-80 镀锌钢绞线和一条 OPGW 复合地线，OPGW 复合地线是一种具备避雷线和通信通道双重功能的新技术。考虑到两种地线的差异，地线的选择既满足了最大短路电流时热稳定要求，同时还兼顾了两种地线对铁塔的机械受力要求。

根据当地接地电阻率较小的特点，本线路全线的杆塔逐基逐腿接地，接地形式为封闭环形的水平接地体。

导线悬垂串及耐张串选用复合串，不但可以提高污闪水平，节省人工擦拭维护，而且同比价格较瓷绝缘子每串可节约费用近 5%，全线跳线串均选用均压环加配重式防风偏复合绝缘子，有效地防止了因风偏引起的事故跳闸。

根据设计规程和有关差异化文件要求，跨越宽度大于 7 m 的公路时，两侧直线塔均采用两串独立挂点的绝缘子。

本线路考虑了城区与规划外区域有所区别，城区采用钢管杆，110 kV 线路与 10 kV 同杆共架，有效节省了走廊和占地面积。为减少投资，钢管杆档距在 130 m 左右，在 110 kV 钢管之间加插 10 kV 线路直线水泥杆，有效解决了 110 kV 与 10 kV 供电矛盾问题，规划区外采用铁塔，平均档距一般在 290 m 左右，较好地满足了铁塔的使用条件。

本线路与高速公路、河渠、高等级燃气管道、高中压电力线及大片果园等障碍物交跨，采用了多种呼高的杆塔形式，钢管杆和铁塔的呼高力求满足规程规范要求，较好地满足了经济和技术要求。

本线路对环境的影响主要表现在沿线村落的电、磁影响和对其他弱电线路的影响。本项目设计前期通过了环保部门进行的环评测试，保证了本线路对周围环境的影响符合国家要求。

本线路自投运以来，运行状况良好，为唐奉 110 kV 变电站的运行提供了有力的保障，受到了生产及使用单位的好评。

唐山马庄 220 kV 变电站

工程地点：河北省唐山市滦县茨榆坨镇宋各庄村

项目规模：本站 220 kV 架空出线 2 回，110 kV 电缆出线 12 回，10 kV 电缆出线 12 回，终期规划每台主变低压侧补偿 5×8.016 Mvar 无功补偿电容器，本期建设 #1、#2 主变低压侧下 2×5×8.016 Mvar 无功补偿电容器，2 组主变侧限流电抗

设计 / 竣工：2012 年 / 2015 年

设计单位：唐山电力勘察设计院有限公司

所获奖项：2016 年河北省优秀工程勘察设计一等奖

设计人员：范广琳、贠晓东、陈伟利、郑薇、吴华杰、徐雨生、刘秀蕊、冯智杰、赵福旺、王艳艳、夏永刚、陈海占、范东宇、李树鑫、董悦坤

唐山马庄 220 kV 变电站采用国家电网公司输变电工程通用设计 (2013 年版目录)220-A3-2 方案 (为半户内 GIS 布置形式)，并在原方案的基础上根据本站的实际规模进行了合理的调整和优化。

本项目 220 kV 架空出线 2 回，110 kV 电缆出线 12 回，10 kV 电缆出线 12 回，终期规划每台主变低压侧装设 5×8.016 Mvar 无功补偿电容器，本期建设 #1、#2 主变低压侧装设 2×5×8.016 Mvar 无功补偿电容器，2 组主变侧限流电抗。

本站 220 kV 采用内桥接线，110 kV 采用双母线接线，10 kV 采用单母线分段接线。本站建设规模较通用设计减少了 1 台主变、断路器等元器件和占地面积，节约了投资。电气主接线充分考虑了近期与远期有机结合，运行维护方便，供电可靠性高，经济适用。

本站采用三层两网结构，过程层组建双重化星型 GOOSE 网络，变电站网络清晰、直观。全站将智能组件等二次设备放置于 GIS 汇控柜内，实现了在厂家内部将一、二次设备整合，并把装置电源、信号、环网等需要对外部回路接线的端子独立出来，便于现场施工和投运后的运行维护。

本站 220 kV GIS 室与主控室不在同一楼内，距离较远，由于智能组件设备的直流工作电源要求辐射式供电，造成电缆用量大。在施工设计阶段，将一面 220 kV 直流分电柜下放到 220 kV GIS 室内，节约了大量控制电缆。

变电站综合应用服务器集成了全站状态监测后台和辅助控制系统

后台功能，设备间通信全部采用 IEC61850 标准，从而节约了 2 台服务器。此外，后台系统实现了关键一次设备的状态可视化，为状态检修打下了良好基础。

本方案围墙内占地面积为 0.5617 ha，通用设计 220-A3-2 规模的标准面积 0.5967 ha，与通用设计相比减少 0.035 ha。总建筑面积 2986.51 m²，通用设计 220-A3-2 规模的标准面积 3815 m²，与通用设计相比减少 828.49 m²。

本站竣工决算为 8640 万元，初设批准概算 9563 万元，竣工决算不超初设概算。本站电气规模本期与远期存在差异，建筑部分及占地本期一次建成，大幅降低后期改扩建成本，本期单位投资 199.2 元 /（kV·A），低于输变电工程 2014 年造价控制线（冀北公司 250 元 /（kV·A）20.3%。

唐山马庄 220 kV 变电站的建设，可为该地区的东海特钢站、古冶南站、晒甲坨站等 110 kV 变电站就近提供电源点，满足该地区负荷发展的需要。同时，配合本站的建设，通过 110 kV 配套切改、新建工程的实施，对该地区 110 kV 的电网进行梳理，优化地区 110 kV 网络结构，提高该地区 110 kV 电网的供电可靠性。

唐山马庄 220 kV 变电站的顺利投运，标志着唐山地区的供电可靠性得到了进一步加强。

临西县朗源一期 30 MW 地面光伏电站项目

工程地点： 河北省邢台市临西县千户庄村
项目规模： 总装机容量 29.94448 MW
设计 / 竣工： 2014 年 / 2014 年
设计单位： 河北能源工程设计有限公司
所获奖项： 2016 年河北省优秀工程勘察设计一等奖

设计人员：董晓青、曾庆沛、商长征、马念念、张艳娟、宋群涛、王亮、郭东凯、彭闪闪、郭士飞、唐玉平、樊晓静、高鹏、王志霞、胡玉龙

临西县朗源一期 30 MW 地面光伏电站项目总装机容量 29.94448 MW，共选用峰值功率为 250 Wp 和 290 Wp 两种多晶硅光伏组件进行布置。站内分为 24 个发电单元，每个发电单元相应配置 1 座逆变器箱房及 1 台 35 kV 室外箱变，全场分为 3 条 35 kV 集电线路，经 1 回 35 kV 电缆接入电网。35 kV 开关站内设置综合楼及配电楼各 1 座，室外配置 SVG 变压器、消弧线圈接地变成套装置等。

本项目按无人值班（少人值守）的原则进行设计。电站采用以计算机监控系统为基础的监控方式，可实现光伏发电系统及 35 kV 开关站的全功能综合自动化管理，实现光伏电站与地调端的遥测、遥信功能及发电公司的监测管理，满足全站安全运行监视和控制所要求的全部设计功能。

本项目总体规划为三部分，分别是水面漂浮光伏发电生态系统、光伏农业生态大棚以及光伏生态长廊。

水面漂浮光伏发电系统部分装机容量约为 8 MW，本系统的特点是采用了可移动式拼接构件和水面漂浮型的支架，可以随时灵活地移动区域，设计人员称之为"水上漂"。

水面漂浮电站在光伏行业属于一种新颖的安装形式，接到设计任务时国内尚无大规模应用实例，面对崭新的领域和资料缺乏的情况，研发小组经过艰苦攻关，攻克了一系列技术难题，成功完成了本电站的设计工作。据相关资料显示，这是至并网时亚洲最大的国内首座大型水面光伏发电系统。

地面光伏发电系统为农光互补形式，多采用暖棚、果园高棚，形成"上可发电，下可种植高效农作物"的发电形式，地面系统容量约为 16 MW。为配合整个园区的布置，设计人员特意在一些通道上设计了光伏长廊，既能保证发电又可以起到美化园区的作用，此部分安装容量约为 6 MW。除此之外，本项目施工时还对整个水库周边的环境进行了治理，在水库周边进行绿化工程，并通过合理布局和精巧配置，为当地村镇创造出清新、优美、舒适、高雅的活动空间，达到改善生活环境条件和提高人们生活水平的功能。

本项目年均发电量 3327.98×10^4 kW·h，每年可节约标煤 1.08×10^4 t，每年可减少氮氧化物排放量 499 t，减少二氧化硫约 998 t，减少二氧化碳 3.32×10^4 t，具有明显的环境效益，同时优化了系统电源结构，增加了可再生能源比例。

本项目的成功运行，为水面漂浮和农业大棚光伏电站发展提供了新思路。光伏农业一体化项目以其所特有的无污染、无常规自然资源投入、可再生性和可持续性等特点，必将对我国的经济可持续发展产生积极的促进作用！

贺营－薛吴 220 kV 线路工程

工程地点： 河北省邯郸市磁县

项目规模： 本线路起自 220 kV 薛吴变电站 220 kV 架构，终止于贺营站 220 kV 架构，线路全长 33.5 km，其中单回路段长度为 24.461 km；本工程薛吴站出线段与南宫—清河 π 入薛吴变工程薛吴—清河段同塔双回路，线路长度为 9.039 km，曲折系数 1.235

设计 / 竣工： 2013 年 / 2015 年

设计单位： 中国电建集团河北省电力勘测设计研究院有限公司

所获奖项： 2017 年河北省优秀工程勘察设计一等奖

设计人员： 王辉、王炜、范成生、周乾、邱成明、郑丽敏、任岩君、武淑敏

①本项目线路终勘定位采用卫片和 GPS 等新技术选线，对路径方案进行多方案比较，成功避开了沿线房屋、养殖场等障碍物，减少了线路走廊的拆迁赔偿，保证了工程的顺利实施，为设计创优打下了良好的基础。

HN29-HN30 之间的线路东侧为狐狸养殖场，HN31-HN32 之间线路南侧为鸽子养殖场，HN56-HN57 之间线路北侧为厂房。

同时，全线采用高塔跨越沿线树木，减少了树木砍伐量，较好地保护了环境，减少了投资。

通过采用卫片和 GPS 等新技术选线，对路径方案进行优化，合理使用高塔跨越，悬垂塔系列计算时采用计算呼高的导地线风荷载，而以往工程排位时除大于计算呼高的铁塔折档距使用外，其他铁塔都采用设计档距使用，所以小于计算呼高的铁塔未能充分发挥其承载潜能，造成材料浪费。

为防止低呼高铁塔不能充分发挥其承载力的问题发生，在满足导线对地距离的情况下，水平档距采取"向上折、向下放"的原则。本项目通过采用优化后的悬垂塔使用档距进行排位，全线较初步设计节省铁塔 11 基（初步设计共用铁塔 72 基，施工图共用铁塔 61 基），节省塔材 34 t，节省基础混凝土 60 m³，节省基础钢材 2 t，节省本体投资 40 万元。

②钻越 ±660 kV 宁东—山东直流线路采用独立开发的"220 kV 全角度单回路钻越塔"（专利号：ZL201120089944.2），既保证了对地及对 ±660 kV 宁东—山东直流线路的安全距离，又避免了对 ±660 kV 宁东—山东直流线路升塔改造带来的停电损失及升塔改造费用。同时，该方案适用性强，有利于优化线路路径，降低工程造价，缩短工程建设周期，具有明显的经济效益和社会效益。

③本项目根据系统输送容量选择了导线截面，按照经济电流密度进行了核算，并结合不同导线的材料结构进行了电气和机械特性比选，通过年费最小法进行了综合技术经济比较。考虑到本项目所经地带不属于重冰区，对导线强度无特殊要求，因此 220 kV 线路选用 JL1/LHA1-210/220 铝合金芯高导电率铝绞线。本项目贯彻了全寿命周期理念，集成应用新技术、新材料、新工艺，是建设绿色电网的重要举措；是提高工程技术含量，降低工程寿命周期总体费用，提高电网运营效益，提升电网发展质量的具体实践。

④由于薛吴 220 kV 变电站出线段线路走廊较紧张，本项目与南宫—清河 π 入薛吴变工程采用同塔双回路，线路长度为 9.039 km，节省了线路走廊，减少了土地资源的占用。

⑤本工程与南宫—清河 π 入薛吴变工程同塔双回路段跨越索泸河，河中立塔，采用灌注桩基础，基础施工采用国家电网公司依托工程设计新技术推广应用实施目录（2013 年版第一批）后注浆灌注桩（PPG）基础设计技术，提高了单根灌注桩下压和上拔承载力，降低造价 15% 左右。该技术在桩体混凝土初凝后，利用预置于桩身中的管路，将水泥浆或水泥混合浆液压入桩周或桩端一定范围的土层中，通过固化、充填胶结和加筋三种效应作用，可使桩土界面的几何和力学条件得以改善，对桩基施工中出现的沉渣过厚、泥皮、护壁塌孔等各种隐形的质量缺陷起到有效的弥补作用，使基础更加安全。

翟固（肥乡）220 kV 变电站新建工程

工程地点： 河北省邯郸市肥乡县
项目规模： 大型
设计 / 竣工： 2013 年 / 2015 年
设计单位： 河北汇智电力工程设计有限公司
所获奖项： 2017 年河北省优秀工程勘察设计一等奖

设计人员：葛朝晖、邢琳、陈明、李宏博、吴鹏、张红梅、李明富、张戊晨、郑紫尧、张骥、陶建芳、吴涛、裴志民、张莹、刘智虎

翟固（肥乡）220 kV 变电站新建工程是结合邯郸地区电网规划、改善地区电网结构、提高供电可靠性而建设的肥乡县地区重要变电站。站址位于肥乡县东北约 2 km，翟固乡南约 400 m，曹前公路路西。站址东侧有曹前公路通过，交通比较便利。本项目以"达标投产、创优质工程"为质量目标，运用全寿命周期管理理念，对设计方案进行优化创新，积极应用新设计、新技术、新设备，全过程强化"标准工艺"应用，根据"国家电网公司输变电工程工艺标准库"，确定实施方案。

本项目通过合理布置，优化主接线方案和配电装置布置等措施，选用可靠性高的设备，节约了占地面积，减小了运行维护费用，降低了土建工程量，大大降低了工程造价；在提高经济效益的同时，兼顾了社会效益，注重环境保护，减少水土流失。遵循可持续发展的科学理念，尽可能地保护当地生态环境，减少拆迁和占地；及时按工程档案管理要求移交竣工图及相关设计文件和电子文档；积极开展优化设计，采用成熟先进的技术，通过技术经济比较选用技术先进、运行可靠、成熟的电气设备和材料；严格执行招投标决定的供货厂家，控制工程造价，节省工程投资，使单位投资、占地面积、建筑系数、三材消耗量等主要技术经济指标处于同类工程先进水平，不超过本项目批准概算总投资。

装备（元北）220 kV 变电站新建工程

工程地点： 河北省石家庄市

项目规模： 规划容量 3×180 MV·A，本期建设 2×180 MV·A 主变

设计／竣工： 2012 年／2016 年

设计单位： 石家庄电业设计研究院有限公司

所获奖项： 2018 年河北省优秀工程勘察设计一等奖

设计人员： 霸文杰、陈涛、李令扬、张亦冰、郝琳、任建勇、孙莹晖、吴斌、魏文胜、徐修恩、栗军、赵杰、段剑、刘铭、刘哲

装备（元北）220 kV 变电站位于石家庄市南部约 40 km 的元氏县西富村，G107 国道东侧，站址周围为农田，站址不在国家及省市县文物保护范围内，地下未发现矿产资源，站址范围内及附近无军事设施、国防通信设施及其他通信设施。站址地势平坦，交通方便。

装备（元北）220 kV 变电站容量规划 3×180 MV·A，本期建设 2×180 MV·A 主变；规划每台主变装设 4×8 Mvar 无功补偿电容器，本期每台主变低压侧装设 2×8 Mvar 无功补偿电容器；220 kV 规划出线 6 回，双母线接线，本期出线 2 回，110 kV 规划出线 12 回，单母线三分段接线，本期出线 6 回，单母线分段接线；10 kV 规划出线 24 回，单母线三分段接线，本期出线 8 回，单母线分段接线。

站址位于抗震设防烈度 6 度区内，设计基本地震加速度为 0.05 g，特征周期 0.45 s；站区最大冻土深度 0.60 m；站址地处 IV 级污秽区。进站道路直接由站址西侧 G107 国道引接，进站道路长 78.8 m，主变等大件运输十分方便。站区生活、生产用水取自站内深井。变电站排水采用有组织排水，通过站内设置雨水井收集雨水，再统一排至站外。

1. 总平面布置优化

①变电站面积 8815 ㎡，通用设计尺寸 8858 ㎡，优化后较通用设计方案减少 43 ㎡。

②建筑面积通用设计为 870 ㎡，优化为 750 ㎡，较通用设计节省建筑面积 120 ㎡，建筑物面积减小 13.8%。

③本项目 110 kV 出线每跨尺寸较通用设计中 15 m 调整为 14 m。

110 kV 出线架构至围墙尺寸较通用设计中 5.5 m 调整为 3 m。在 110 kV 增加两回出线的情况下，变电站占地较通用设计减少了 0.065 亩。

2. 主接线形式优化

① 110 kV 系统主接线由双母线接线优化为单母线三分段接线，接线形式灵活。

②本站方案 110 kV 终期出线 12 回，在不增加变电站面积情况下，较通用设计出线多 2 回（见下图）。

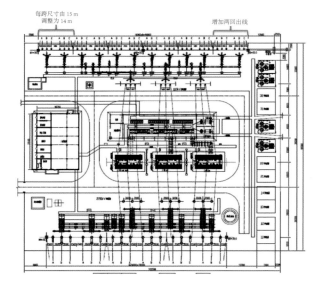

岳野山—步步川 110 kV 线路工程

工程地点： 河北省唐山市迁安市

项目规模： 新建岳野山 220 kV 变电站至步步川 110 kV 变电站的 110 kV 双回线路，采用节能导线 JL1/LHA1-165/175-18/19，地线采用两条 24 芯 OPGW-90 复合地线光缆，折单线路全长 14.5 km

设计 / 竣工： 2014 年 / 2016 年

设计单位： 唐山电力勘察设计院有限公司

所获奖项： 2018 年河北省优秀工程勘察设计一等奖

设计人员： 贠晓东、崔东山、任杰、张丽芹、王禹新、潘晨、宋雅楠、么远、刘垒、徐凌云、李明、边文环、王福刚、董悦坤、刘扬

岳野山—步步川 110 kV 线路工程是国网公司选取的 500 项输电线路工程应用节能导线试点项目之一。本项目起于岳野山（原名康官营）220 kV 变电站，止于步步川 110 kV 变电站。线路电压等级为 110 kV，双回架设线路，线路全长 7.25 km。导线采用节能 JL1/LHA1-165/175-18/19 铝合金芯高导电率铝绞线。地线采用 2 条 24 芯 OPGW-90 复合地线光缆。气象条件按典型 IV 级气象区设计。线路所经地区污秽区等级全部为 e 级。线路所经地区地形为 100% 平地，海拔高度为 1000 m 以下，线路曲折系数为 1.3，基本风速为 25 m/s，设计覆冰厚度为 5 mm。铁塔选用《国家电网公司输变电工程典型设计　110 kV 输电线路分册》中的 1D2、1D10 铁塔。配置基础时的基础作用力采用满应力计算程序，由实际角度推算，减少了基础材料用量，还根据实际地质情况，对每基塔的受力情况逐地段逐基进行优化设计，特别对于影响造价较大的承力塔，力求做到经济合理；工程沿线逐基测量线路杆塔土壤电阻率，精确配置接地材料，做到每基杆塔接地装置配置合理、经济。本项目建成投产后，进一步减轻了邻近变电站的供电压力，优化了迁安 110 kV 电网结构，缩短了 110 kV 供电半径，提高了该地区供电可靠性。

1. 节能导线的率先使用

本项目导线采用了 JL1/LHA1-165/175-18/19 型铝合金芯高导电率铝绞线。节能导线通过减小导线直流电阻，提高导线导电能力，减少输电损耗，达到节能效果。

2. 钻越 500 kV 超高压线路走廊的钢杆结构形式创新

① 本项目在钻越乐姜 500 kV 一线和二线两条单回线路走廊时，由于 500 kV 线路的高度限制，将原来的 1 条双回并架线路首先改为 2 条单回线路，分别钻越乐姜 500 kV 一线和二线。

② 为最大限度地限制本线路的钢杆高度，本单回线路导线必须采用水平排列形式，由于没有合适弧高的国网典设塔，因此本设计采用门型钢杆钻越乐姜 500 kV 一线和二线。

③ 由于高压走廊导线高度及地形限制，门型钢杆地线横担采用了上、下 2 层的地线挂线结构形式，钻越段地线挂在下地线横担，以保证对超高压线路导线的安全距离。

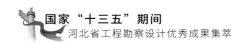
吴桥管庄（宋门）110 kV 变电站新建工程

工程地点： 河北省沧州市吴桥县宋门乡新镇店村

项目规模： 本站终期规划建设 3 台主变，其中选取变比为 110 kV/10 kV 的双绕组变压器 1 台，变比为 110 kV/35 kV/10 kV 的三绕组变压器 2 台，主变容量 3×50 MV·A；110 kV 出线 3 回，35 kV 出线 8 回，10 kV 出线 28 回。

设计 / 竣工： 2014 年 / 2016 年

设计单位： 河北沧州同兴电力有限公司

所获奖项： 2018 年河北省优秀工程勘察设计一等奖

设计人员： 李玉杏、丁宇、魏俞芝、李靖、杨梅、刘茜、徐晶、韩学、袁子昂、许晓丽、孙静、刘彦东、徐畅、李娟

1. 工程概况

吴桥管庄（宋门）110 kV 变电站位于吴桥县宋门乡新镇店村南，采用国网通用设计 (2013 版)110-A3-2 技术方案。①主变压器：规划规模 50 MV·A 三相双绕组有载调压变压器 1 台，50 MV·A 三相三绕组有载调压变压器 2 台，本期建设 50 MV·A 三相双绕组有载调压变压器 1 台。② 110 kV 进线：规划出线 3 回，本期由马奇 220 kV 站直出 1 回线，导线型号选用 JL/G1 A-240/30。③ 35 kV 出线：规划出线8回，本期不建设。④ 10 kV 出线：规划出线 28 回，本期 13 回。⑤无功补偿容量：每台主变低压侧补偿（3000+5000) kVar，本期建设 2×(3000+5000) kVar。

2. 主要设计内容

1) 电气主接线

110 kV 主接线：本期采用内桥侧的线变组接线，出线 1 回。

10 kV 主接线：本期采用单母线分段接线，出线 12 回。

2) 电气设备的选择

主变选用采用三相双绕组有载调压变压器。

110 kV 架构和设备短路电流水平按 40 kA 设计，采用户内 GIS 设备。

10 kV 设备短路电流水平按 25 kA 设计，采用手车式高压开关柜。

3) 配电装置及其布置形式

110 kV 采用户内 GIS，架空出线。

10 kV 采用户内开关柜双列面对面不靠墙布置，电缆出线。

3. 特点、先进性和创新内容

1) 电气主接线

① 110 kV 母线无穿越潮流，110 kV 终期采用了操作灵活、节省断路器的内桥 + 线路变压器组的接线方式。本期建内桥接线，并考虑将来系统变化，预留出扩大内桥接线的位置。

② 10 kV 规划采用单母线三分段接线，本期建设单母线分段接线。

③ 380/220 V 系统：本站用电接线为单母线接线，2 台站变一主一备运行，当其中任意一台故障时，ATS 开关自动投入。

2) 变电站的布置方式

①电气总平面布置力求紧凑合理，出线方便，减少占地面积，节省投资。根据地理位置及出线走廊布置，参照通用设计的布局，结合考虑设备运输、出线方向等因素，110 kV 配电装置布置于配电楼二层，向北出线。本站 10 kV 配电装置位于配电楼一层，电缆出线；主变位于生产综合楼的南侧，由东向西一字排开。

②站区总平面与竖向布置尽量做到因地制宜、合理紧凑、节约占地和减少投资。变电站围墙采用装配式围墙，围墙柱顶设脉冲电网，在西围墙上开设一个大门便于变压器等大件设备运输，站内消防道路直通变电站大门与站外道路相连。

3) 设备的选择

①主要电气设备均选择了可靠性高、维护工作量少的产品。照明灯具选用低损耗产品，贯彻了国家的节能减排政策。

②电流、电压数字信号的采集采用常规电磁式互感器 + 合并单元的方式实现，避免了电子式互感器存在的缺点。

③全站采用交直流一体化电源系统，进行一体化监控。

④全站配置一套智能辅助系统，实现图像监视、火灾报警、消防、照明、采暖、通风、环境监测等系统的智能联动。

⑤变电站内自动化系统实现了无人值班技术，一、二次设备运行状态监测、调度控制、远程浏览、信息综合分析及智能告警、智能变电站防误功能及智能操作票等功能。

大寨—军师堡 T 接南中堡变 110 kV 线路工程

工程地点：河北省邯郸市永年县和成安县
项目规模：110 kV 线路
设计 / 竣工：2015 年 / 2016 年
设计单位：邯郸慧龙电力设计研究有限公司
所获奖项：2018 年河北省优秀工程勘察设计一等奖

设计人员：郭建波、孙利春、樊和平、王志微、段睿睿、蒲俊风

1. 工程概况

大寨—军师堡 T 接南中堡变 110 kV 线路工程位于邯郸市永年县和成安县境内，由邯郸慧龙电力设计研究有限公司设计，于 2016 年 8 月竣工。

项目 \ 线路名称	大寨—军师堡 T 接南中堡变 110 kV 线路工程
起点	大寨—军师堡 110 kV 线路 197# 和 194#
终点	新建 110 kV 南中堡变电站
线路长度（km）	6.436
线路回路数	双回路
杆塔数量	单回路转角塔 2 基，双回路耐张塔 7 基，双回路直线塔 8 基，双回路耐张钢杆 4 基，双回路直线钢杆 19 基，合计 40 基
导线型号	JL/G1 A-240/30 钢芯铝绞线
地线型号	OPGW
基本风速	25 m/s
最大覆冰	5 mm（导）、10 mm（地）
地形	平地 100%

2. 创新设计主要内容

本项目在钻越 220 kV 辛来 II 线段采用 SG-9 双回路线路钻越塔。该钻越塔由邯郸慧龙电力设计研究有限公司自主创新设计。除 2 基钻越塔外，其余塔型全部采用国家电网公司输变电工程通用设计（2011 年版）塔型。

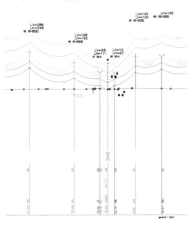

110 kV 双回路线路钻越塔解决了现有通用设计塔型无法直接钻越高电压等级线路、线路走廊紧张和更改路径困难等问题，不仅节约了土地资源，还降低了工程投资。

本项目线路钻越 220 kV 辛来 II 线段断面图见左图。

双回路钻越塔设计要点如下。

①双回路钻越塔压缩了塔头高度。国家电网公司输变电工程通用设计 110（66）kV 输电线路分册的双回路直线塔、耐张塔的塔头高度分别在 10.5 m、12 m 以上，最小的呼称高是 15 m，则最小呼称高铁塔的全高在 25.5 m、27 m 以上。而该 110 kV 双回路钻越塔的每回线路的导线呈三角形排列，塔头高度压缩到 5.5 m。塔头尺寸仅是国家电网公司典型设计铁塔的 45.8%。另外，为增加钻越档的档距及钻越点位置选择的灵活性，将 110 kV 钻越铁塔设计成耐张型。

②本项目采用的 110 kV 双回路线路钻越铁塔为 9 m 呼称高，铁塔全高在 14.5 m，满足本次钻越位置的需要。经测量，本次钻越位置线高为 17 m，在保证《110 kV ～ 750 kV 架空输电线路设计规范》（GB 50545 — 2010）规定的 4 m 的最小垂直距离前提下，110 kV 线路使用该钻越铁塔可直接钻越。

③钻越点位置选择的灵活性高。设计人员将 110 kV 钻越铁塔设计成耐张型，允许转角 0°～ 20°、20°～ 40°、40°～ 90°，使 110 kV 线路在选择钻越高电压等级线路的交叉点具有更高的灵活性。

④安装方便。上相导线的引流线采用上翻式，该引流线通过最上层横担上伸出的引流线支架上悬挂的绝缘子串绕过塔身，无须扁担线夹。

⑤上相导线引流串可以采用防风偏绝缘子，取消重锤。

本次使用钻越塔一览图见下图。

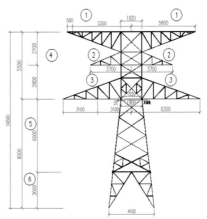

唐山乐亭创业园 220 kV 变电站新建工程

工程地点： 河北省唐山市乐亭县

项目规模： 电压等级 220/110/10 kV，远期规模：主变 3×240 MV·A，220 kV 出线 8 回，110 kV 出线 14 回，10 kV 出线 30 回；本期规模：主变 2×240 MV·A，220 kV 出线 2 回，110 kV 出线 10 回，10 kV 出线 20 回；每台主变配置 5 组 8.0 MVar 10 kV 电容器组，其中 3 组串 12% 电抗器，2 组串 5% 电抗器

设计／竣工： 2016 年 /2018 年

设计单位： 唐山电力勘察设计院有限公司

所获奖项： 2019 年河北省优秀工程勘察设计一等奖

设计人员： 赵福旺、李伟、吴华杰、陈伟利、刘秀蕊、徐雨生、郑薇、王艳艳、夏永刚、范东宇、王晶晶、王涛、王卫千、李赞、冯智杰

唐山乐亭创业园 220 kV 变电站位于唐山市乐亭县城东南约 20 km 处的临港工业园区内，西侧紧临长河，北靠工业园区的黄海路。本项目参照国网公司通用设计 (2014 年版) 的 220-A3-4 方案，并根据建设规模及各电压等级出线走廊的需要，结合唐山供电公司实际运行经验进行了相应调整和优化。

变电站围墙内占地面积 0.684 ha，变电站总用地面积 1.0095 ha。本站竣工决算 11564.2 万元，初设批准概算 13652 万元，竣工决算不超初步设计概算。

本站为半户内变电站，主变压器采用户外布置。站址东西方向长 85.5 m，南北方向长 80 m。220 kV 配电装置楼位于站区北部，110 kV 配电装置楼位于站区南部，主变压器位于站区中间。整体布置紧凑合理，功能分区明确，变电站大门设在东侧，站内设环形道路。

本期建设 240 MV·A 主变压器 2 台，220 kV 采用双母线接线，出线 2 回，110 kV 采用双母线接线，出线 10 回，10 kV 采用单母线分段接线，出线 20 回，每台主变配置 5 组 8.0 Mvar 10 kV 电容器组。

本站按智能站设计，变电站计算机监控系统采用开放式分层分布式系统，全站网络由站控层、过程层和间隔层组成。优化、简化全站网络结构，统一建模、统一组网、信息共享，通信规约统一采用 IEC 61850 标准。

结合本项目具体条件和基建新技术的适用范围，按照相关规程规范要求综合比选，本站应用了 7 项新技术，包括无机膨胀材料阻火模块防火技术、变电站电缆工程优化设计技术、220 kV 智能变电站一体化监控平台实施方案、智能组件装置整合技术、智能变电站光缆优化整合方案、智能变电站光缆规范化标识设计技术、智能变电站二次系统施工图设计技术。

此外，本站采用"立体化、协调型"的设计理念，压缩建筑面积和体量，提高了土地利用效率，降低了投资。所取得的经验成果已在类似的变电站中推广，在工程实践中取得了可观的经济效益和社会效益。

唐山乐亭创业园 220 kV 变电站建成投产后，将首钢码头、凯源实业、中浩化工、海港、开滦精煤等 110 kV 变电站倒入供电，提高了以上 110 kV 变电站的供电可靠性，同时减少了其 110 kV 供电线路距离，优化了该地区的 110 kV 供电网络。

台城（胡林）220 kV 变电站新建工程

工程地点： 河北省衡水市安平县

项目规模： 终期建 3×180 MV·A，本期 2×180 MV·A; 建筑面积 815.58 m²

设计 / 竣工： 2015 年 /2018 年

设计单位： 河北汇智电力工程设计有限公司

所获奖项： 2019 年河北省优秀工程勘察设计一等奖

设计人员： 邢琳、吴鹏、刘钟、张骥、钱永娟、谢延涛、王宁、程楠、郑紫尧、吴海亮、刘璇、李亮玉、张帅、霍晓良、李天浩

衡水市台城（胡林）220 kV 变电站位于河北省衡水市安平县东毛庄村东约 1.56 km，新经七路东侧，北侧紧临纬三路，站址地势开阔、平坦，交通比较便利，进站道路由纬三路引接。

本项目为公司首批探索将三维设计应用于变电站设计的工程之一，建立了主要电气设备、建构筑物的三维模型，实现了带电距离校验及碰撞检查，助力实现设计零变更；优化设备布置，实现工程量精准统计，明显降低工程实施的风险。此外，本工程采用智能组件装置整合技术，整合主变压器本体智能组件，实现本体非电量保护、有载调压、风冷控制等功能的集成；采用光缆优化整合方案，基于光纤配线箱、预制光缆和预制光电复合缆实现变电站光缆整合与光纤配线箱标准配置；采用变电站 GIS 汇控柜航空插头应用技术，

优先选用圆形航空插头，实现电缆即插即用，提高施工效率；采用强迫风冷环境控制技术方案，保证柜内设备在合理的温度区间内可靠运行；防火墙、围墙均采用装配式结构，无须二次饰面，顶部设置预制压顶，提高施工效率，节约工期；对建筑物室内墙面、地面等进行二次深化设计，保证施工效果美观。

项目组依托工程完成职工管理创新成果"省级电网企业基于三维设计的输变电工程设计管理提升"，获河北省电力公司管理成果一等奖、河北省省级企业管理现代化创新成果一等奖，QC（质量控制）成果"便于变电站机械化施工的设计技术"获国网河北经研院优秀 QC 成果奖。

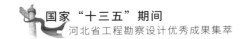

涞阳—三坡 110 kV 线路工程

工程地点： 河北省保定市涞水县

项目规模： 110 kV

设计 / 竣工： 2015 年 /2016 年

设计单位： 保定吉达电力设计有限公司

所获奖项： 2019 年度河北省工程勘察设计项目一等成果

设计人员： 刘景立、许洪涛、路小军、李军、杨超、张元波、卢敬、张召、辛小亮、杜文静、高珊珊、王梅、程俊、孙秀玲、王森森

涞阳—三坡 110 kV 线路工程位于河北省保定市涞水县著名旅游景点野三坡境内，地形复杂且路径紧张。利用河北南网数字化信息系统、谷歌卫星地图并结合现场踏勘，对线路走廊进行统筹规划，优化走向和宽度。本项目引入全寿命周期成本管理理念，集成应用同塔双回、节能导线、新型接地材料、原状土基础、长短腿铁塔等新技术、新材料、新工艺，对出线规划、路径优化、电气部分和结构部分等进行全方位的论证，提出最优方案，实施造价控制，使工程投资比可研节省约 200 万元，为工程全寿命周期成本管理创造良好的条件。

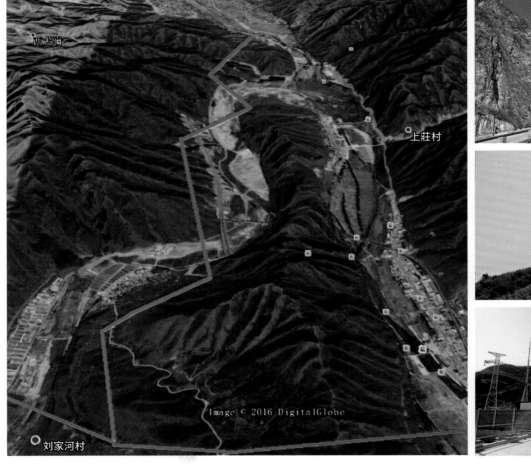

邢西 500 kV 变电站新建工程

工程地点： 河北省邢台市

项目规模： 本期 2×1000 MV·A 主变压器，500 kV 出线 5 回，220 kV 出线 6 回，主变低压侧装设 4×60 MVar 并联电容器和 4×60 MVar 并联电抗器；本工程总占地 7.0920 ha，围墙内占地 3.6647 ha，站区总建筑面积 956.46 m²

设计 / 竣工： 2014 年 /2018 年

设计单位： 中国电建集团河北省电力勘测设计研究院有限公司

所获奖项： 2020 年度河北省工程勘察设计项目一等成果

设计人员： 宋鑫峰、盛尊华、张尚华、朱萍、梁猛、李盼义、孙凯航、董彬政、曹寅雄、曹礼、关大伟、张敏、续朦、张金齐、孙岩

邢西 500 kV 变电站是国家大气污染防治 12 条重要输电通道中的枢纽变电站，也是河北省首个采用绿色理念重点建设的变电站。

作为河北省电力有限公司首个采用数字化设计的 500 kV 变电站，本项目实现了全专业数字化协同设计，积极开展创新技术，应用 3 项国家发明专利、2 项省级 QC 项目、5 项省部级以上科技成果，提高设计质量；采用生态护坡、装配式构件以减少现场湿作业；应用数字化软件进行三维设计；优化站址落位，调整出线方向，实现站址土方自平衡，以"四节一环保"为主线，将"绿色、环保、可持续"理念贯彻于变电站建设全过程。

1. 站址规划和总布置优化

①结合山地地貌，克服 26 m 地势高差，通过调整站址和进站路径实现了规划合理、出线走廊通畅；采用方格网生态护坡，节省水泥 40%，减少占地面积 3000 m² 和土方约 4000 m³，实现站区土方自平衡，无大量购土和弃土，保护土地，体现绿化环保。

②地基处理采取分区法，全站约 50% 基础落在挖方区，采用天然地基；其余采用分层强夯和钻孔灌注桩，桩长随地形变化，减少处理量 500 m³。

2. 贯彻"四节一环保"理念，践行绿色共享

①全面应用装配式围墙、防火墙板、预制基础等 18 类标准化预制构件，减少现场湿作业约 80%，缩短建设周期约 2/3，降低变电站全寿命周期成本。

②采用重力自流排水系统，取消雨水泵池及电动排水装置，节省建设和运行成本；采用智能控制一体化污水回收处理系统、感应式和延时自闭式水龙头、高效节能变频水泵，节水、节电 10% ~ 40%，实现污水零排放。

③采用 LED 智能照明节能技术、太阳能灯具和热水器等节能设备，降低功率能耗约 15%。

④风机启停采用温度自动控制，降低风机耗能；智能辅助控制系统提高了辅助控制系统的联动功效；一次高压设备与智能组件集成，采用航空插头和预制电缆，实现即插即用。

⑤应用"变电架构的设计方法"节省钢材约 15%、基础混凝土 40%；应用"一种变电站降阻接地装置施工方法"，接地深井减少 300 m，扁钢减少 800 m；采用"一种大体积混凝土建筑的施工方法"，有效预防大体积混凝土裂纹。

⑥合理选取建筑平面，减少凹凸变化，简化立面设计，建筑体型系数为 0.31，满足《公共建筑节能设计标准》中低于 0.4 的要求。

3. 协同设计，提升质量

采用 STD-R 数字化设计平台，实现全专业数字化协同设计。在三维空间中完成全站安全净距校核，解决硬碰撞问题 23 处，减少控制电缆 3.6 km、钢材 15%，缩短设计周期 30% 以上。

4. 综合效益

①环境效益：为促进华北地区雾霾防治起到重要作用。

②经济效益：工程投运至今，已连续安全运行 580 天，11600 项操作无事故，累计输送电量 39.8×10⁸ kW·h 时，为河北地区经济发展发挥了重要作用。

③社会效益：工程的投运巩固了河北、山西两省电网通道的交互和传输，为优化区域电网结构、助力跨区域电网发展提供了重要支撑，成为华北电网、华中电网的重要联结枢纽。

涉武 500 kV 变电站新建工程

工程地点： 河北省邯郸市武安市冶陶镇

项目规模： 4×1000 MV·A，本期规模 2×1000 MV·A。500 kV 规划出线 12 回，本期 5 回；220 kV 规划出线 16 回，本期 6 回，每台建设主变安装 2×60 MVar 无功补偿电容器和 1×60 MVar 电抗器。本工程总占地面积 5.2339 ha，围墙内占地面积 3.8527 ha，所区总建筑面积 923.12 m²

设计/竣工： 2014 年/2018 年

设计单位： 中国电建集团河北省电力勘测设计研究院有限公司

所获奖项： 2020 年度河北省工程勘察设计项目一等成果

设计人员： 宋鑫峰、盛尊华、田朝辉、朱萍、赵东成、王亮、刘情新、索志刚、董彬政、李盼义、张晓阳、孙岩、张敏、徐浩、许聪

涉武 500 kV 变电站是河北省电力有限公司建设过程中首批采用绿色建设理念建设绿色变电站之一，以"四节一环保"为主线，将"绿色、环保、可持续"理念贯彻于变电站建设全过程、全寿命周期内，实现节能、节材、节水、节地、环保的目标。

1. 站址规划和总布置优化

①优化竖向布置，充分利用地势，站内设 2 m 高差，最大限度地减少了土石方挖填工程量，减少进站道路坡度，节约外购土方 1.2×10⁴ m³。

②本着节约用地、满足工艺的原则，通过方案优化较常规工程减小 500 kV 配电装置区域横向尺寸 0.5 m；主变及 35 kV 配电装置横向尺寸减小 2.5 m，竖向尺寸减小 11 m；220 kV 配电装置横向尺寸减小 2.5 m，竖向尺寸减小 2 m。优化后设计方案减少面积 2648 m²，约 6.4%，总建筑面积节省 42.78 m²，指标先进。

2. 贯彻绿色建设理念，践行自然和谐

①涉武站全面应用装配式预制构件，共计 20 余项，减少现场湿作业 80% 以上，缩短建设工期 2/3，其中装配式电缆沟为河北电网工程首批使用。

②采用 LED 节能灯具，实现绿色照明；采用可旋转式灯具支架，提高照明范围，优化布置方案，减少灯具数量，相较于同等规模工程减少 8～10 套高功率灯具，降低功率能耗约 15%。

③合理选取建筑平面，减少不必要的凹凸变化，简化外立面设计，建筑体型系数为 0.31，满足《公共建筑节能设计标准》中低于 0.4 的要求。

④选用高效、节能的变频水泵，节电 10%～40%。

⑤一次高压设备与智能组件集成，取消冗余回路。采用航空插头和预制电缆，对光缆进行优化整合，减少光缆数量约 40%。

⑥采用一体化智能污水处理系统，在减少附属设备占地的同时，实现对变电站污水处理的零排放。

⑦500 kV 屋外配电装置构架采用全联合方案，布置紧凑、传力明晰、受力合理，节省钢材约 15%、基础混凝土 40%。自主研发的构架计算软件简化了结构计算程序，该变电构架的计算方法获得发明专利。

⑧结合地形地貌及周边环境，采用植草骨架护坡，对边坡防护进行优化，减少开挖，最大限度地减少了人为破坏。

⑨强化变电站"本质安全"理念，确保运行安全。在主变中性点电抗器周围设置防护围栏，避免运行人员在运行时接触中性点引下线，保证运行人员安全。电缆沟内动力电缆铺设于"异型防火槽盒"内，强化动力电缆与控制电缆的防火措施，确保运行安全可靠。

⑩编制"提高涉武变电站埋管材料统计效率"计算软件，荣获"2018 年度河北省质量管理小组优胜质量科技成果"，大幅提高了本项目电缆敷设埋管统计效率及精确度。

⑪第一批践行智能变电站二次设计优化革新，取消主变及 500 kV 合并单元，增强继电保护动作可靠性。完成相关课题"减少智能变电站继电保护整组动作时间"的设计院 QC 小组获得"河北省优秀质量管理小组"称号。

⑫OPGW（光纤复合架空地线）光缆引下余缆架采用支柱绝缘引下线夹，以固定光缆，防止光缆与架构摩擦，OPGW 光缆引下顺直美观。

3. 综合效益

本项目的投运巩固了冀南、冀中电网的联系，加强了区域电网结构，实现了电力资源的优化配置。本项目投运至今，已连续安全运行 920 天，保护自动监控投入率 100%，继电保护、监控正确率 100%，累计供电 7.37×10⁸ kW·h，年节电 3.2×10⁴ kW·h，为冀南经济发展起到支撑作用。

围场富丰风电场 200 MW 工程

工程地点： 河北省承德市围场县
项目规模： 200 MW
设计 / 竣工： 2015 年 / 2018 年
设计单位： 中国电建集团河北省电力勘测设计研究院有限公司
所获奖项： 2020 年度河北省工程勘察设计项目一等成果

设计人员： 邵亚彬、石锋、邵红军、秦初升、杨素荣、苏毅、崔飞龙、王艳会、郭倩倩、杨立芬、闫明亮、边欢欢、荀永钊、王宁、徐立志

1. 工程概述

围场富丰风电场 200 MW 工程隶属于承德御景新能源有限公司北曼甸规划，位于承德市围场县北部，北曼甸区域的中心偏南位置，海拔高度 1650 ～ 1886 m，风电场地貌属于山地与丘陵相结合，地形起伏不大，较为平坦。风电场占地面积约 65.11 km²，规划装机容量 200 MW。

本项目采用远景能源江苏有限公司生产的 40 台 EN-110/2.3（单机容量 2.3 MW，风轮直径 110 m，轮毂高度 90 m）和 47 台 EN-103/2.3（单机容量 2.3 MW，风轮直径 103 m，轮毂高度 90 m）。风电场建设规模 200 MW，配套新建 220 kV 升压站 1 座，建设 1 台 240 MV·A 主变，配套 220 kV 送出线路长 52 km。

2. 工程设计创新性、先进性

① 采用多塔利用资源精确模拟。

② 逐台机位计算差异化布机，提高整体发电量。

③ 35 kV 集电电缆截面分段配置电缆路径合理规划，降低工程造价。

④ 风电场内道路设计利用纬地软件，合理选择路径，减少对自然环境的影响。

⑤ 风机基础设计综合考虑施工和造价因素选择。

⑥ 箱式升压变压器高压侧配置负荷开关 + 熔断器组，降低设备成本。

⑦ 220 kV 配电装置采用 AIS 方案，降低设备成本。

⑧ 升压站电气主接线采用扩大单元接线，提高运维灵活性。

⑨ 综合楼节能降耗、绿色环保。

⑩ 升压站选址充分利用自然地形降低场平土石方工程量。

⑪ 220 kV 送出线路路径利用航飞正射影像图与计算机排位，减少生态影响。

⑫ 220 kV 杆塔规划和形式因地制宜，优化主材节间。

盐化工（高口）220 kV 变电站新建工程

工程地点： 河北省邢台市宁晋县
项目规模： 终期建 3×180 MV·A，本期 2×180 MV·A; 建筑面积 4206.57 m²
设计 / 竣工： 2014 年 /2016 年
设计单位： 河北汇智电力工程设计有限公司
所获奖项： 2020 年度河北省工程勘察设计项目一等成果

设计人员：邢琳、吴鹏、张骥、吴海亮、张红梅、钱永娟、胡源、郑紫尧、张戊晨、刘钟、程楠、王良、张帅、王宁、李亮玉

盐化工 (高口)220 kV 变电站新建工程是结合邢台盐化工园区电网规划、改善地区电网结构、提高供电可靠性而建设的重要变电站。本站采用《国家电网公司输变电工程通用设计》(2014 年版) 中 220-A3-3 设计方案，并根据工程实际规模进行适当调整。本项目采用两栋楼布置，主变压器布置于两栋楼中间，35 kV 开关柜、消弧线圈、低压配电装置布置在综合配电楼一层，110 kV GIS、综合保护室布置在综合配电楼二层，电容器、并联电抗器布置在 220 kV 配电楼一层，电容器及 220 kV GIS 布置在 220 kV 配电楼二层。220 kV 采用电缆隧道方式向东出站，110 kV 采用电缆隧道方式向西出站，进站大门向北。

本站主要电气设备的选择遵照《国家电网公司 110 ～ 500 kV 变电站通用设备典型规范》进行选择。本项目全面贯彻"两型一化"设计理念，各专业明确了其作为工业性设施的定位，详细分析功能需求，追求基本功能和核心功能。

本项目通过优化 110 kV 主接线及总平面布置，对直击雷保护方案、电缆设施、站内一体化监控平台集成等进行全方位优化，以达到高水平设计标准。本项目建设的基建新技术应用有变电站电缆工程优化设计技术，220 kV 智能变电站一体化监控平台实施方案，智能组件装置整合技术，变电站母线保护采样、跳闸实现方式优化技术，无机膨胀材料阻火模块防火技术，变电站污水智能化零排放处理技术。

交通篇

廊坊至涿州高速公路涿州至旧州段涿州至固安分段

工程地点： 河北省保定市、廊坊市
项目规模： 双向四车道高速公路，37 km
设计 / 竣工： 2005 年 / 2008 年
设计单位： 河北省交通规划设计院
所获奖项： 2016 年河北省优秀工程勘察设计一等奖

设计人员： 张国清、张梅钗、王朝杰、李志聪、李宁、杨星蕊、安伟胜、刘桂娟、王京力、朱中华、张磊、徐洪涛、李翠茹、赵素锋、王苹苹

廊涿高速公路是河北省高速公路网布局规划"五纵六横七条线"公路主骨架中"线 3"的重要路段，位于河北省保定市及廊坊市境内，路线全长 37 km。全线采用双向四车道高速公路标准，设计速度 120 km/h，路基宽 28 m。

本项目共设置桥梁 14 座，涵洞 6 道，互通式立交 6 座，分离式立交 8 座，通道 31 道，天桥 6 座；服务区 1 处、匝道收费站 4 处。

路线设计贯彻公路设计新理念，坚持以人为本的原则，充分体现行驶的安全舒适性、视觉的连贯舒展性和与环境景观的协调性。

本项目设计特点及创新点如下。

1. 路面设计方案针对性强、效果显著

高速公路路面早期损坏的原因为水损坏和基层板体抗弯拉强度不足，于是本项目 10.3 km 长的半幅试验段中采用多孔改性水泥混凝土基层，该路面结构表现出了优异的高抗折、抗冻融、耐疲劳等性能，具有提高承载力、延长使用寿命等优点。

2. 互通式立交设计注重功能、兼顾规模、统筹规划

松林店互通采用了单喇叭 + T 形方案，较好地解决了交通流的转换问题，又兼顾了工程规模，该互通形式在河北省内属首次采用。

京珠互通按照被交路四车道接线、八车道预留，在设计中充分考虑被交路的总体规划，是京港澳高速改建项目中唯一不需进行改建的互通。

3. 天桥结构灵活选用、造型新颖、亮点突出

全线天桥分别采用了现浇箱梁、斜腿刚构以及下承式钢管拱，多种造型搭配使用，是河北省内高速公路首次融入天桥景观设计。

本项目在建设期间大力推行"十公开"，打造阳光工程，营造和谐、廉洁的建设氛围；同时，在施工期间完成了多项科研项目，为打造优质工程提供了有力保障。本项目通车以来，路况良好，交通量快速增长，具有良好的社会效益和经济效益。

京港澳高速公路石家庄至磁县（冀豫界）段改扩建工程 SASJ-2 合同段

工程地点： 河北省石家庄市、邯郸市
项目规模： 165 km
设计 / 竣工： 2010 年 / 2014 年
设计单位： 河北省交通规划设计院 / 中交第一公路勘察设计研究院有限公司
所获奖项： 2017 年河北省优秀工程勘察设计一等奖

设计人员： 何勇海、汪双杰、崔武军、刘桂霞、张协、江兴旺、雷伟、乔通、栾文辉、吴健、高海涛、白鹏翔、刘国明、雷宇、张建立

京港澳高速公路于 1997 年 12 月建成通车，到改扩建工程实施前，日交通量最高时接近 7 万辆，已拥堵不堪。本项目改扩建段主线全长 167.36 km，利用现有高速公路采用沿旧路两侧加宽的方案进行扩建，采用双向八车道高速公路标准建设，设计速度 120 km/h。全线共设置特大桥 2 座（2142.2 m）、大桥 31 座（9358.1 m）、中桥 27 座（1853.5 m），小桥 98 座（1342.8 m），涵洞 264 道，分离立交 78 处，通道 247 道，天桥 20 座，主线互通立交 17 处，服务区 5 处。

本项目采取低碳、环保、耐久性技术。路面拼接研究制定了不同路面结构拼接方案，创新地提出了路面横坡改造及加铺技术；全面应用了聚酯玻纤布和玄武岩纤维布加筋路面技术，路面平整度提高至 0.7，有效提升了行车舒适性。桥梁拼接推广应用了既有桥梁检测、碳纤维板桥梁加固技术；研发了桥梁顶升专用支座垫块，提出了长连结构桥梁拼接技术，在全国率先推广应用预应力混凝土密排 T 梁，解决了桥梁拼接关键技术难题。

设计主体工程，各种方案将环保、低碳纳入考量，特别是尽量减少占地，尽量采用煤矸石、粉煤灰等工业废渣；在靠近学校、医院等环境敏感点采取降噪防眩措施；积极采用橡胶沥青、温拌沥青等路面方案，节约合理利用旧轮胎；在服务区的房建设计方面，采用太阳能光伏发电。

承德至张家口高速公路承德段千松坝特长隧道

工程地点： 河北省承德市

项目规模： 大型

设计 / 竣工： 2013 年 / 2015 年

设计单位： 河北省交通规划设计院

所获奖项： 2017 年河北省优秀工程勘察设计一等奖

设计人员： 朱冀军、王朝杰、赵彦钵、李志聪、张国清、安风华、李长丽、王书涛、赵伟娟、刘志强、胡艳民、张梦醒、崔柔柔、刘桂满、许瑞宁

承德至张家口高速公路（承张高速）承德段为"北京大外环高速公路（G95）"的重要组成部分，也是河北省高速公路"五纵六横七条线"布局规划中的"线 1"主要组成部分。承张高速控制性工程千松坝特长隧道为双向四车道分离式特长隧道，设计速度 100 km/h，隧道建筑限界宽 10.75 m，建筑限界净高 5 m，隧道左幅长 4544 m、右幅长 4522 m。

本项目地处冀西北山地区，属坝上坝下过渡型山区，区域最大冻土深度 1.6 m。设计遵循"安全、耐久、经济、节能、环保"的基本原则，以千松坝国家森林公园生态环境和景观保护为核心，着力将项目打造成"生态路、景观路"。

千松坝隧道为河北省高速公路建设史上首座长距离穿越风积沙地质层的隧道，通过积极采用新技术、新工艺，创新性地采用水平旋喷桩超前支护和三台阶七步开挖法，保障隧道洞口风积沙段施工安全，该项技术也填补了河北省高速路建设的一项空白。

隧址区早晚温差较大，最低温度达 –40 ℃，最大冻土深度达 1.6 m。为预防冻害，开展了隧道防冻害专项研究，洞口段中心排水管采用深埋水沟处理，使其置于冻结深度以下；隧道洞口一定范围内设置二次衬砌防冻保温层；坝上地区降雪量较大，考虑隧道洞口容易积雪，为防止运营期隧道洞口积雪影响运营安全，隧道进出口均设置了遮雪棚洞。

本项目建成后成为贯通承德和张家口地区的重要运输通道；对带动沿线自然、旅游资源的开发，推动区域经济的发展起到重要的作用，对承德、张家口融入环京、津经济圈起到重要的促进和推动作用，同时为内蒙古、东部地区提供了一条便捷的出海通道。

张承高速公路张家口至崇礼段 K44+275 等段路面病害治理工程

工程地点：河北省张家口市桥东区、崇礼区
项目规模：罩面长度 62.078 km，双向四车道，项目批准预算 1.046 亿元
设计 / 竣工：2015 年 / 2016 年
设计单位：河北省交通规划设计院
所获奖项：2018 年河北省优秀工程勘察设计一等奖

设计人员：胡艳民、史志攀、王联芳、王庆凯、郭晓华、韩飞飞、王彦彬、汪代俊、李少腾、于凤、董树洪、魏贵岭、韩保勤、马磊霞、解振龙

1. 项目概况

张承高速公路张家口至崇礼段为 G95 首都环线高速公路的重要路段，路线起于屈家庄，以枢纽互通形式与京藏高速公路连接，向北经口里东窑村，设特长隧道穿越大华岭，经大南沟、头道营至终点崇礼北互通，全长 62.078 km，双向四车道，2010 年 9 月建成通车。

2016 年，该路段沥青路面由于自然衰减和行车荷载的作用，出现了横缝、纵缝、龟裂、车辙等明显病害且发展迅速。为构建"安全、畅通、舒适"的行车环境，张承高速张家口管理处委托设计院对 K44+275 等段路面病害进行处治设计，主要包括路基病害处治、路面病害处治、主线及互通匝道罩面、路面标线及附属设施恢复等 4 个方面。本项目批准预算 1.046 亿元，2016 年 6 月开工，2016 年 9 月完成主线罩面工程，2016 年 12 月全部完工。

2. 技术特点

①本项目为首次在河北省高速公路管理局（河北省高速公路集团有限公司）所辖运营高速公路全路段应用胶粉 /SBS 复合改性沥青罩面技术，罩面面积 $101×10^4$ m^2。该沥青路面具有抗永久形变能力强、低温性能和抗滑性能优良、耐久性好等特点，同时可降低噪声 3 ～ 8 dB。胶粉中的炭黑使路面黑色长期保存，与标线的对比度高，提升了道路美观度和行车安全性。

胶粉 /SBS 复合改性沥青采用废旧轮胎胶粉、SBS 双重改性，废胎胶粉选用常温研磨粉碎的 40 目路用废胎胶粉，掺量 20%。经测算，本项目消耗废旧轮胎 18.7 万条，节约沥青 1700 t，积极推动了高速公路建设的绿色发展、循环发展、低碳发展。

②为降低路面挖补率，实现"降本增效"的养护目标，按照"不同层位、不同施工工艺"的要求，在裂缝集中路段采用 4 种满铺玻纤格栅处治方案，减少铣刨废料 1680 m^3，节约了沥青路面材料，减少了铣刨废料污染。

③首次在河北省内高速公路桥面养护中采用热铺高黏度沥青微罩面技术，共计铺筑 7000 m^2。该技术具有抗滑、降噪、耐磨、环保等特点，可以有效改善路面平整度，提升了标线对比度，解决了常规桥面挖补投资大、铣刨废料多和微表处行车噪声大、平整度不佳等问题。

④通过工程钻探、现场测试、室内试验等手段，综合分析路基沉陷、半填半挖路基纵向裂缝和反射裂缝冬季冻胀等典型病害成因，首次全面采用高压旋喷桩、微型树根桩和竖向渗水井等具有针对性的处治措施，对山区高速公路典型路基病害治理具有广阔的推广应用前景。

邢（台）衡（水）高速公路邢台段
起点（邢汾高速）至南汪店（赵辛线）段

工程地点： 河北省邢台市

项目规模： 路线全长 46.596 km，本段共设桥梁 51 座（12057.5 m）、分离式立交（5 座）1354 m、互通式立交 6 处

设计 / 竣工： 2010 年 / 2014 年

设计单位： 河北省交通规划设计院

所获奖项： 2018 年河北省优秀工程勘察设计一等奖

设计人员： 闫涛、于波、张国栓、陈宝海、秘向博、丁磊、王波、朱万勇、封艳琴、霍文棠、苏少婵、冯海燕、邱文龙、梁子伟、严华

邢（台）衡（水）高速公路是对河北省"五纵六横七条线"高速公路网主骨架的重要补充，与邢汾高速公路、大广高速公路、石黄高速公路等组成晋煤出海的又一重要通道，对完善沿海港口集疏运高速公路网络，加强港区与腹地的交通运输通道建设，促进在能源、资源和市场等方面的相互合作，发挥河北省"东出西联"的枢纽作用起到积极的促进作用。本项目的建设有效地连接邯郸、邢台、衡水、沧州等"河北南厢"地区，缓解了资源短缺对河北省的经济制约，推进了"南厢"地区快速发展，加快了邢台、邯郸融入环渤海经济圈的步伐。

本项目主线起点位于邢台市羊范镇西侯兰村西，设置太子井枢纽互通与邢汾高速公路相接，终点经南汪店和刘屯村接第二勘察设计合同段。路线自设计段起点经过邢台市的邢台县、内丘县、任县、隆尧县等 4 个县，路线全长 46.596 km。本项目全线采用双向四车道高速公路标准建设，路基宽度 28.5 m，设计速度 120 km/h，桥涵设计汽车荷载等级采用公路－Ⅰ级。

宜宾至叙永高速公路（K31+500 ～ K66+817.312）段

工程地点： 四川省宜宾市

项目规模： 高速公路，路线长 35.317 km，全线共设置大桥 23 座，中桥 7 座，小桥 6 座，涵洞、通道 105 道，隧道 5 座，互通式立体交叉 5 处，分离式立交桥 5 座，天桥 3 座

设计 / 竣工： 2013 年 /2016 年

设计单位： 中交远洲交通科技集团有限公司

所获奖项： 2019 年河北省优秀工程勘察设计一等奖

设计人员： 党立俊、张亚彩、李龙、李贵冲、赵文建、夏冠龙、王欣欣、孙巧云、孙志远、李欣欣、刘富强、梁素平、曹黎娟、刘晓露、王莉莉

宜宾至叙永高速公路是《四川省高速公路网规划》新增的 7 条东西横向路线之一，宜宾至习水高速公路的一段。宜宾至习水高速公路定位为通过贵州与珠三角、北部湾连接的一条出川达海大通道。本项目作为宜宾至习水高速公路的组成部分，是四川省高速公路网规划的省际高速公路出口通道之一。

本项目起于长宁县龙头镇龙头村，路线由此向南偏东走向，跨越省道 S309，设老鹰湾大桥，穿五指山隧道，止于兴文新城区西侧龙江村。

本项目区域植被茂密、环境优美，设计中牢固树立人与自然和谐相处的观念，路线选线时强调生态环保，高度重视环境保护，合理选择线位，在保证行车安全、满足服务功能的前提下，尽可能选用与沿线地形条件相吻合的技术指标，避免深挖高填、破坏山体，使公路自身显得舒展自然，减少对自然环境的破坏，达到融入自然的效果。

本项目隧址区地下水充沛，灰岩溶化程度高，存在溶洞、漏斗、地下河等不良地质段落，工程勘察中采用地质调绘、物探、钻孔等多

种勘察手段对各种岩溶形态进行了重点勘察，并根据岩溶规模、方位和形态进行了有针对性的方案设计；对于存在低瓦斯地质的隧道，设计采用了全区段封闭式衬砌、全断面防水板、防腐蚀气密性混凝土、水气分离装置等特殊形式，确保安全。

长宁龙头互通的初步设计为苜蓿叶枢纽互通，互通区地形复杂、地质多样，挖方边坡最高达 60 m 以上，工程规模大、造价高。在施工图设计阶段，经过反复比较论证、优化设计，最终采用设置两个单喇叭替代枢纽的方案，既实现了互通的原定功能，又大大减小了工程规模、降低了工程投资。

本项目建成后完善了川南地区高速公路网布局，与渝昆、纳黔、乐宜、宜渝及宜宾市规划的过境高速、宜宾至威信高速公路、宜宾至彝良高速公路等形成便捷高效的高速公路网，对四川省建设西部综合交通枢纽具有重要促进作用。该公路不仅成为服务经济发展的交通干线，更成为低排放的绿色通道、与环境相协调的生态通道、充满地域特色的文化通道，打造了"车在画中行，人在景中游"的高速公路。

邢衡高速公路衡水段

工程地点： 河北省衡水市

项目规模： 路线全长 55.252 km，全线设特大桥 3 座（6021 m），大桥 5 座（882 m），中桥 11 座（530 m），互通式立交 5 处，分离式立交 17 处（2230.7 m），服务区 1 处，停车区 1 处，匝道收费站 3 处，养护工区 2 处；同期建设连接线 2 条（共 7.133 km）

设计 / 竣工： 2011 年 /2016 年

设计单位： 河北省交通规划设计院

所获奖项： 2019 年河北省优秀工程勘察设计一等奖

设计人员： 高进科、闫涛、靳振波、吕佳泽、高艳秋、乔奕丹、麻玉海、陈宝海、严华、朱万勇、刘雪飞、丁磊、李琪琛、汪代俊、王波

邢衡高速公路是对河北省"五纵六横七条线"高速公路网主骨架的重要补充，与邢汾高速公路、大广高速公路、石黄高速公路等组成晋煤出海的又一重要通道，对完善沿海港口集疏运高速公路网络，加强港区与腹地的交通运输通道建设，促进在能源、资源和市场等方面的相互合作，发挥河北省"东出西联"的枢纽作用起着积极的促进作用。本项目建成后，与大广高速公路在衡水市外围形成环线，有助于完善衡水市高速公路网布局，对衡水市拉大城市框架、加速"北方湖城"城市空间布局的形成起着重要作用。

本项目起点位于冀州市周村镇枣园村西南邢台市和衡水市交界处，与邢衡高速公路邢台段顺接；止于衡水市大麻森乡南衡水北互通，与大广高速公路相接。本项目采用双向四车道高速公路标准建设，路基宽度 28.5 m，设计速度 120 km/h，桥涵设计汽车荷载等级采用公路－Ⅰ级，概算总投资 52.68 亿元。

本项目设计过程中采用了先进的设计理念和工程技术：①泡沫轻质土具有轻质性、耐久性、环保性及减轻土压等特点，在河北省内高速公路建设中首次采用泡沫轻质土进行台背回填，减少了台后沉降，节约了占地，降低了造价；②大桥桩基设计中采用挤扩桩新技术，缩短了桩长，降低了施工难度，节省了项目投资；③在靠近衡水湖国家级自然保护区（湿地公园）等路段采用生态袋边坡防护设计，打造人、水、湖自然和谐的理念。

河北省公路安全生命防护示范工程
（国道 101 线 K220+750 至 K337+343 段、省道承赤线 K0+000 至 K60+360 段）

工程地点： 河北省承德市平泉市、承德县及隆化县
项目规模： 项目里程共计 179.22 km，项目总投资 5063 万元
设计 / 竣工： 2016 年 /2017 年
设计单位： 承德交通勘察设计院有限公司
所获奖项： 2019 年河北省优秀工程勘察设计一等奖

设计人员：张小华、陈晓红、苏小明、范国清、佟冶铮、王帆、杨成威、张会莹、程航、杨小宾、刘子毅、常建龙、韩先琦、陈前、张洋

河北省公路安全生命防护示范工程（国道 101 线 K220+750 至 K337+343 段、省道承赤线 K0+000 至 K60+360 段）位于承德市平泉市、承德县及隆化县境内，由承德交通勘察设计院有限公司于 2016 年 6 月完成设计，项目里程共计 179.22 km，项目总投资 5063 万元。

河北省作为全国 6 个"现有公路安全生命防护工程示范省"之一组织本工程的设计实施。本项目设计的主要工程内容包括：交通安全设施（防撞护栏、标志、标线等）的完善，各等级公路平面交叉路段、过村镇路段、现有涵洞及路侧边沟、陡坡急弯及长陡纵坡路段的安全改造等。设计采用现场风险评估调查计算、现场动态模拟调查、卫片纠偏成图、公路风险分布包络图分析等多种技术手段进行辅助设计，为设计方案的选取提供了有力的支持。本项目主要工程亮点：过村镇路段参照城市道路排水及交通组织方式改造的设计；事故多发的平面交叉路口结合现场情况采用信号灯控制、平交改立交、改移主要冲突点等多种方式进行改造的设计；长陡纵坡路段综合采用平交口改移、设置避险车道、加铺自融雪路面及完善标志标线等设计，有效地减少了项目区域交通事故的发生。另外，项目设计结合地方资源分布及自然条件，引进了新型玻璃钢材质管涵和小型标志的设计，以提高耐久性；在积雪严重路段的沥青混凝土面层中添加融雪防冰剂（KTL），形成自融雪路面，改善行车环境，取得了一定的社会效益。本项目完工后，设计企业与河北省交通运输厅公路管理局共同编制了《河北省公路安全生命防护工程实施技术指南（试行）》，由人民交通出版社于 2019 年 7 月出版。

张石（京昆）高速公路石家庄段

工程地点： 河北省石家庄市行唐、灵寿、正定及鹿泉

项目规模： 路线全长 80.836 km，全线共设特大桥 2 座，大桥 7 座，中桥 5 座，分离式立交 20 座，天桥 4 座，小桥、涵洞及通道 112 座，互通式立交 10 座；沿线设匝道收费站 7 处，管理处 1 处，服务区 3 处，停车区 1 处，养护工区 1 处

设计 / 竣工： 2005 年 /2008 年

设计单位： 河北省交通规划设计院

所获奖项： 2019 年河北省优秀工程勘察设计一等奖

设计人员： 雷伟、张文哲、闫涛、陈杰、聂小明、相宏伟、朱万勇、陈宝海、于波、丁磊、贾运宝、冯海燕、李峰、刘淑轻、崔武成

张石高速公路是河北省高速公路网布局规划"五纵六横七条线"中"纵 5"的一部分，也是河北省公路网主骨架中冀西北地区南北向唯一的一条高速通道。"纵 5"起自冀蒙界（保昌），经张北、万全、涞源、曲阳至石家庄市，将张家口市、保定市西部和石家庄市西北部贯通连接，具有重要的政治、经济、国防意义。本项目的实施将进一步完善路网结构，增强路网功能，对促进冀西北地区与中部的经济交流和发展，加快落后地区的发展和两环带动战略的实施，具有重要意义。同时，张石高速公路石家庄段的建设，可作为即将实施改扩建工程的国家主运输通道——京港澳高速公路的分流通道。

本项目主线起于行唐县南龙岗村北约 3 km 与保定市交界处，向西南途经行唐、灵寿、正定及鹿泉四个县市区，终点与石太高速公路连接，路线全长 64.793 km。支线起点位于主线 K52+700 处，向东在正定县境内与京石高速公路相连，路线全长 16.043 km。本项目采用双向六车道，路基宽度 34.5 m，新建段设计速度 120 km/h，石太高速改建段设计速度 100 km/h，全封闭、全立交。桥涵设计汽车荷载等级采用公路 -I 级。本项目概算总投资 47.97 亿元。

本项目设计过程中采用了先进的设计理念和工程技术：①约 45 km 采用了复合式连续配筋水泥混凝土的路面结构，充分发挥了连续配筋水泥混凝土在承受重载交通和耐久性方面的优势，沥青混凝土行车舒适、维修方便等优点，体现了两者的互补性和相互依存，是一种"黑白并举、刚柔相济"的新型路面结构；②在河北省首次采用 SAm 级加强型混凝土护栏作为中央分隔带护栏，该护栏设计防撞等级较高，充分考虑了大型车辆的运营安全，可有效避免二次事故的发生，后期养护成本低，使用效果良好。

太行山高速公路邢台段

工程地点： 河北省邢台市

项目规模： 路线全长 83.703 km

设计 / 竣工： 2016 年 /2018 年

设计单位： 河北省交通规划设计院

所获奖项： 2020 年度河北省工程勘察设计项目一等成果

设计人员： 刘桂霞、贾胜勇、崔武军、霍航鹰、高辉、张国栓、李慧伟、孔晓楠、王晓硕、王佳、时铁邻、田洋、王冠勇、马海雷、吕璇

太行山高速公路邢台段起自临城县郝家庄村北，与平赞高速公路顺接，在沙河市后井村南的邢台和邯郸界与太行山高速邯郸段顺接，路线全长 83.703 km。全线采用双向四车道高速公路标准建设，起点至石城互通段设计速度 100 km/h，路基宽度 25 m，石城互通至终点段设计速度 80 km/h，路基宽度 24.5 m。全线共设置特大桥梁 1 座（1027 m），大桥 35 座（11752 m），中桥 5 座（485 m），小桥 74 座（520 m），涵洞 87 道（均含互通区主线）。设置隧道 4 座，其中长隧道 1 座（2865 m），中隧道 1 座（576 m），短隧道 2 座（675.5 m）；设置互通式立交 9 处，其中枢纽＋服务互通 1 处，服务型互通 8 处；服务区 2 处；养护工区 2 处，监控分中心 1 处。

工程设计中积极践行绿色公路设计理念，统筹资源利用，实现集约节约；严格保护土地资源，科学选线、布线，避让基本农田，减少土地分割。本项目打造了河北首条旅游高速公路，坚持"多出口、多连点、少配套、低造价"的设计原则，全线共设置 9 个互通，增强与地方的互联互通，带动了当地经济、旅游业发展。本项目积极探索设置多元化服务设施，结合社会发展和消费升级，临城和沙河服务区采取地方与高速共建模式，探索交旅融合新模式，打造开放、共享式服务区；中分带采用整体护栏，路侧采用旋转护栏，推广集约节约、运营安全新技术。

曲阳至黄骅港高速公路曲阳至肃宁段

工程地点： 河北省保定市曲阳县、唐县、定州市、安国市、博野县、蠡县和沧洲市肃宁县

项目规模： 路线全长 92.171 km，全线共设特大桥 3 座（4149 m），大桥 5 座（1540 m），中桥 5 座（369 m），小桥 63 座（469 m）；互通式立交 8 座，分离式立交 22 座（1703.36 m）（不含互通区）；服务区 2 处，停车区 1 处，匝道收费站 5 处，养护工区 2 处，监控通信分中心 1 处；同期建设定州西互通连接线、安国互通连接线、博野互通连接线、蠡县互通连接线共 4 条，共计 36.434 km

设计 / 竣工： 2014 年 /2018 年

设计单位： 河北省交通规划设计院

所获奖项： 2020 年度河北省工程勘察设计项目一等成果

设计人员： 高进科、陈宝海、李峰、严华、张新和、陈杰、朱万勇、汪代俊、王向平、刘耀武、乔奕丹、聂小明、王彦彬、高艳秋、叶飞

曲阳至黄骅港高速公路是河北省"东出西联"的高速通道之一。本项目向北与涞曲高速顺接，通过保阜高速与山西省连通，通过张石高速可以快速通达张家口地区，我国西部地区以及河北省北部地区能源物资出海的集疏运快速通道。同时，曲港高速有效串联京昆高速、京港澳高速、规划津石高速、大广高速、京台高速、京沪高速、长深高速等多条国家高速公路，是多条纵向国家高速公路的横向联络线。它将保定市、廊坊市、沧州市以及周边其他县市地区有机地连为一体，是河北省高速公路网的重要组成部分。

曲阳至黄骅港高速公路曲阳至肃宁段位于保定市南部地区，本项目起自保定市曲阳县境内京昆高速公路，与涞曲高速公路顺接；止于沧州市肃宁县境内大广高速公路，与规划的曲港高速公路二期工程（肃宁至黄骅港段）顺接。路线途经曲阳县、唐县、定州市、安国市、博野县、蠡县、肃宁县 7 个县市，全长 92.171 km。本项目全线采用双向四车道高速公路标准建设，整体式路基宽度 26 m，分离式路基宽度 13.25 m，设计速度 120 km/h，桥涵设计汽车荷载等级采用公路 -I 级。项目概算总投资 101.57 亿元。

本项目设计过程中采用了先进的设计理念和工程技术：①主桥上部采用 88 m+151 m+88 m 波形钢腹板预应力混凝土变截面连续箱梁，主跨 151 m 位列同类型桥梁华北第一、全国第五，引桥上部采用 30 m 跨径钢－混工字组合梁，开创了河北省钢－混工字组合梁桥的先河；②中面层采用橡胶沥青混合料，不仅提高了路面抗车辙、抗开裂性能及路面耐久性，而且减少了路面全寿命周期成本；③博野服务区主体建筑采用被动式超低能耗建筑，具有节能低耗、超低排放、环境友好的特点，在国内高速公路建设中尚属首次应用；④部分服务区利用海绵城市理念，采用透水沥青混凝土路面，减少了雨天服务区路表径流积水，提高了安全性，控制了道路面源污染，同时有效利用雨水资源，补充地下水、灌溉绿化带，达到生态环保的良好效益。

石油天然气篇

乍得共和国 Ronier-Kome 原油管道工程

工程地点： 乍得共和国 Ronier-Kome

项目规模： 线路全长约 205.8 km，管径 D508 mm，设计输量 650×10^4 t/a。

设计 / 竣工： 2013 年 / 2014 年

设计单位： 中国石油天然气管道工程有限公司

所获奖项： 2016 年河北省优秀工程勘察设计一等奖

设计人员： 信鹏、孙伟、张永祥、李寄、宋悦、王春雨、刘芳芳、郭磊、尤伟星、李建军、刘宏波、刘辉、段得福、史玉峰、陈诚

乍得共和国 Ronier-Kome 原油管道工程位于乍得共和国中南部，线路全长约 205.8 km，由中油国际（乍得）有限责任公司负责建设和运营管理。管道首站位于乍得中部 Ronier 油田区域内，末站位于多巴市 Kome 油田区域内，末站出站管道与埃克森美孚公司所属乍喀管道相接。本管道输送的原油在末站出站后进入乍喀管道，之后输送至喀麦隆 Kribi 港口的海上终端，最终在海上装船外运。

本管道的设计输量为 650×10^4 t/a，干线设计压力 10 MPa，与乍喀管道连接段管道设计压力 15 MPa，全线管道规格 508 mm，线路用管采用 API 5 L X65 钢管。干线管道为埋地敷设，大量采用了多种穿越方式。工程设首站、2 座中间加热站和末站共 4 座站场，设4 座 RTU 阀室和 3 座阴极保护站，工程总投资 2.32 亿美元。

本管道设计完全符合国内外最新的法律法规和标准规范。设计过程中首次应用了站内管线全地上敷设技术、输油泵柔性安装技术、双方交互式自动化控制模式、大型燃油型发电站并机技术，合理选

用了油气柴三用型直接管式加热炉，改进了建筑隔热节能技术，提高了钻孔灌注桩和后浇带技术，采用多专业三维协同设计平台，确保了本工程的先进性和安全性。

2014 年 11 月，本工程一次性投产成功实现外输，并顺利通过工程竣工验收。乍得 Ronier-Kome 原油管道是中石油在乍得地区建设的第二条原油管道工程，是实现乍得以及尼日尔原油外输的关键性工程。本管道工程对解决乍得、尼日尔原油外输瓶颈，实现中石油中非利益最大化具有重要的意义。本工程在立项初期就属于 2013 年中国石油五大海外重点项目之一，在设计过程中，为保证本工程进度、质量，设置 PMC 审查、业主阶段性审查、中方运行单位审查、埃克森美孚运行单位审查、EPC 内部审查等多重审查机制，管理界面众多，但设计团队克服多重困难，精心设计，最终提交了使项目各方满意的设计成果。

西二线上海支干线增输工程抚州分输压气站工程

工程地点： 江西省抚州市东乡县

项目规模： 国产 20 MW 电驱压气站

设计 / 竣工： 2012 年 / 2013 年

设计单位： 中国石油天然气管道工程有限公司

所获奖项： 2016 年河北省优秀工程勘察设计一等奖

设计人员： 王旭洲、刘运生、王瑜、刘录、崔炜、康楠、王永、孙竟、徐静、崔艳星、赵雅琴、赵砚仑、翟建习、付丽

西二线上海支干线增输工程抚州分输压气站工程是在西气东输二线上海支干线设计输量由 $100×10^8$ m³/a 增输到 $140×10^8$ m³/a 的背景下建设的，站场位于江西省抚州市东乡县珀圩镇，在上海支干线原 7# 阀室以东约 3.8 km 处线路上开孔进行建设，进出站 200 m 的线路管线采用 ϕ 1016 mm×21.0 mm X70 直缝埋弧焊钢管，防腐层为高温型三层 PE 加强级防腐，强度设计系数 0.5。

抚州分输压气站采用密闭性输送方式，站场内的主要设备有国产电驱离心式压缩机组 2 套、清管器发送筒 1 台、清管器接收筒 1 台、过滤分离器 4 台、旋风分离器 4 套、压缩空气系统 2 套、空冷器 1 套等。

抚州分输压气站设置 2 路 110 kV 电源，分别引自大富岗 110 kV 变电站和松源 220 kV 变电站。2 路外电电网与沪昆电气化铁路为同一电网，由于电力机车为单相供电，这种单相负荷就造成了供电网的严重三相不平衡及较低的功率因数，并产生负序电流。这种情况会严重影响抚州分输压气站电力系统的正常运行。为此抚州分输压气站安装 SVG 系统，利用可关断器件，将直流电压逆变成交流电压，通过连接电抗器耦合到交流系统中。SVG 相当于一个可控的无功及电压源，其无功及电流灵活连续可控，自动补偿系统所需的无功。SVG 可对感性和容性无功进行发送或吸收，做到无级动态可调，时刻跟踪系统无功变化，不存在过补偿及无功反送的情况，并能对三相不平衡进行补偿等。SVG 的设置提高了低峰月的

功率因素，使得站场全年的功率因素都稳定在电力部门规定值，节省了罚款，减轻了企业负担，产生了巨大的经济效益。

厂区分为生产区和生活区，办公区布置在站场南侧与道路相临，压缩机区布置在站场东北侧，工艺清管区与设备区合并布置在站场西北侧，方便连接北面主管线；南侧为生产辅助区，外电方向为西南方向，因此 110 kV 变电所布置在站场西南角，与东侧变频装置室呈一字形布置；放空火炬区布置在站场西侧。竖向以平坡式为主，结合地形适当作排水坡度。因项目地处丘陵地区，采用半填半挖方式确定了竖向标高。站场区内采用有组织排水，由围墙外排水沟收集道路和场地雨水。

站内建筑单体主要有压缩机厂房、110 kV 变电所、变频装置室及机柜间、综合值班室、备品备件库房、综合设备间、门卫。所有建筑单体耐火等级均为二级，屋面防水等级均为 II 级。综合值班室、备品备件库房、变电所、变频装置室及机柜间等建筑单体为钢筋混凝土框架结构，现浇整体楼（屋）盖体系；压缩机厂房为钢结构，屋面及柱间支撑均采用刚性支撑，两端山墙设抗风柱，墙体为彩钢降噪复合板。

抚州分输压气站的建成在极大程度上缓解了长三角地区的天然气供需矛盾，加快了长三角地区的经济发展，具有极高的政治效益和经济效益。

安哥拉罗安达渔港油库工程

工程地点： 安哥拉共和国罗安达市

项目规模： 二期库容约 81700 m³，存储油品为汽油、柴油、航空煤油、沥青，主要设施包括油罐区、消防水罐区、工艺泵区、收发球区、装车栈桥区、多点系泊系统、海底管汇、海底管道，另有 15000DWT 码头和 50000DWT 码头以及其他附属配套设施

设计 / 竣工： 2013 年 / 2015 年

设计单位： 中国石油天然气管道工程有限公司

所获奖项： 2016 年河北省优秀工程勘察设计一等奖

设计人员： 杨嘉、刘其民、赵博鑫、陈小宁、金雁飞、于加、郭鹏昊、郭磊、张鹏、杨子慧、刘运生、杨鲲、黄朝炜、王瑜、何超

本项目位于非洲西南部，安哥拉共和国首都罗安达渔港，二期工程已建设完成并移交业主投用，运行状况良好。二期库容约 81700 m³。

本项目业主为瑞士彪马能源公司，监理方为葡萄牙 PROJECTUAL 公司，工程建设方为中国石油天然气管道局，设计文件遵照美国、英国及国际标准，并符合安哥拉国家法律。

本项目建成后可利用两座码头装卸设施及多点系泊系统接收海运

来油及油品外运；可通过陆上装车系统向内陆发送油品，是国内外罕见的多种油品存储、多功能油品收发、自动化程度较高、安全环保的大型综合型油库，是中国石油企业在安哥拉首个石油天然气项目，是彪马能源公司在非洲区域的标杆项目，也是彪马能源公司在当地最大的油库项目。

本项目投资约合 8195 万美元，二期工程于 2015 年 4 月 18 日竣工投产并交付业主使用。

海南中油深南 LNG 储备库及配套码头项目

工程地点： 海南省澄迈县

项目规模： LNG 储存量 $20 \times 10^4 \, m^3$

设计 / 竣工： 2012 年 / 2014 年

设计单位： 新地能源工程技术有限公司

所获奖项： 2017 年河北省优秀工程勘察设计一等奖

设计人员：喻维、牛卓韬、万德民、刘明武、杨萍、陈建龙、刘力宾、刘凯、吕宇、李云、周向东、顾秀霞、高运奇、卢伟、张洪耀

海南中油深南 LNG 储备库及配套码头项目位于海南省澄迈县老城经济开发区，建设规模为 LNG 储存量 $20 \times 10^4 \, m^3$，分三期建设。

本项目于 2012 年 3 月由新地能源工程技术有限公司进行施工图设计，2014 年 8 月 28 日机械竣工，进行 LNG 储罐及低温管道系统预冷调试，2014 年 11 月 7 日完成首次接船。作为采用自主工艺技术并立足于主要设备国产化的国内第一座小型 LNG 接收站，本项目具有以下创新点。

①采用自主研发的"小型 LNG 接收站 BOG 气体回收技术"。利用"BOG 加热器 + 国产常温压缩机方式替代进口低温压缩机"，对 BOG 气体 (Boil-Off Gas，主要成分是甲烷，温度在 -160 ～ -90 ℃，简称 BOG) 完全回收处理，具有节约设备投资及运行费用、缩短设备采购周期等优点。2015 年 10 月 8 日，该技术通过了河北省科技成果转化中心组织的成果鉴定，结论为"该工艺技术具有创新性，为清洁能源领域提供了一种新工艺，整体技术水平达到国内领先，具有较好的经济效益"。

②冷热能量内部相互循环利用。利用 BOG 压缩机和 CNG 压缩机循环热水为 BOG 水浴式加热器提供热量，既解决了加热低温气体所需的能量，又解决了循环热水散热的需求，有效降低全厂的能耗。

③压缩机四种可调节工况、操作灵活。压缩机负荷采用"25%-50%-75%-100%"四种可调和工况，可满足卸船时最大负荷以及无卸船装船时最小负荷的要求。

④设置 BOG 缓冲系统，延长 CNG 压缩机使用寿命。采用大管径埋地管道储气，免除地面储气罐设置；减少储气罐与周围建构物的防火间距要求，节约用地面积，减少配套的消防、防雷接地、控制设施等设置；有效回收 BOG 气体，减少 CNG 压缩机的开启频率，也为生产运营节约了年检费。

⑤优化消防设计，节约用地和淡水消耗。采用同步排吸消防泵的"淡水 + 海水相结合、淡水保压、海水消防"的消防工艺，消防管道采用内涂塑防腐设计；减少消防水池 (水罐) 占地，节约用地；内涂塑焊接钢管具有耐海水腐蚀性强，施工进度快，无须现场做管道防腐等优点。

⑥"小型 LNG 接收站 BOG 气体回收技术"适用性广。该技术适用于通航条件有限的江、河、湖、海等区域的小型 LNG 转运站，减少 LNG 槽车运输量，有效降低运输成本，也可运用在 LNG 燃料船加注站。

⑦本项目以国内设备为主，除 LNG 卸船臂和 LNG 罐内泵采用进口设备外，其余设备均采用国产设备，带动了相关产业的技术提升，减少了投资及工程造价，缩短了设备采购时间。

本项目投产至今，已接收 100 余船 LNG，缓解了海南省日趋紧张的天然气供应情况，为海南省提供了可靠的天然气资源，促进了天然气燃料汽车发展和海南旅游岛的建设。

中国—中亚天然气管道 C 线工程项目

工程地点： 横跨乌兹别克斯坦、哈萨克斯坦和中国

项目规模： 全线长度 1830 km，干线管径 1219/1067 mm，管材 X80/X70，设计压力 9.81 MPa；全线设 12 座压气站、4 座计量站、、12 座清管站、87 座阀室、3 座调控中心

建筑面积： 92156 ㎡

设计 / 竣工： 2011 年 / 2014 年

设计单位： 中国石油管道局工程有限公司设计分公司

所获奖项： 2017 年河北省优秀工程勘察设计一等奖

设计人员： 冷绪林、喻斌、许靖宇、孟令兵、赵翠玲、王建访、李健、刘皓、刘晓峰、周琳、张恒涛、姚渭、崔羽锋、于来刚、李苗

中国—中亚天然气管道 C 线工程是中国石油集团公司"十二五"期间重要工程，是继中亚天然气管道 A、B 线工程之后的又一条国家能源通道，是新时代的能源"新丝路"。

中国—中亚天然气管道 C 线工程横跨乌兹别克斯坦、哈萨克斯坦和中国三个国家，起点位于土库曼斯坦与乌兹别克斯坦边境的格达伊姆，经过乌兹别克斯坦中部和哈萨克斯坦南部，终点位于中国新疆的霍尔果斯市，并在此处同西气东输三线管道供气交接。

中亚 C 线是国家又一条能源大动脉，该管道与西气东输三线衔接，是我国西北能源通道的重要组成部分。中亚 C 线是互利多赢的国际友谊工程，气源来自土、乌、哈三国，本项目亦被三国政府视为重点工程。中亚 C 线是我国在中亚地区设计和建设的以安全、系统、可靠、环保为重，以人为本的工程项目，实现了"远程控制，有人值守，无人操作"的自控目标，达到了国际先进建设水平。

中亚 C 线是中国管道史上跨越国家最多的管道之一，横跨乌兹别克斯坦、哈萨克斯坦以及中国三个国家，各国的政治环境、社会环境和诉求各不相同，各国的法律、法规和标准规范的使用复杂交错，设计理念和设计习惯差异巨大，沟通、交流任务重，技术协调和工程设计难度非常大。

管道沿线地理环境制约严重，所经地区 81% 为草原、荒漠，14% 为沙漠，管道沿线地震烈度高、地震断裂带多，共穿越地震烈度 9 度区 138 km，8 度区 769 km，7 度及以下 933 km，且穿越地震断裂带 6 条，沿线春季雪水泛滥，冬季大雪覆盖，大多地区人迹罕至，社会依托条件极差，对管道线路设计和施工提出了严峻的考验和挑战。

中国—中亚天然气管道 C 线年设计输送能力可达到 250×10^8 m³，相当于每年替代 0.33×10^8 t 煤炭，可分别减少二氧化碳排放 0.35×10^8 t、二氧化硫排放 55×10^4 t。该管道的建设，为提高我国清洁能源利用水平、优化能源结构、促进节能减排、改善民生做出了重大贡献。

中亚 C 线使乌、哈两国由管道过境国转变为天然气供应国，改变了两国对外天然气供应格局，实现了天然气出口多元化。中亚 C 线的建设还为乌、哈两国带去了大规模投资和上亿美元税收，创造了近 1 000 个就业岗位。该管道的建设，为中亚地区政治稳定与经济繁荣做出了重大贡献，是新时代中国同中亚地区友好合作的能源"新丝路"。

旗台石化产品储罐区工程（一期）项目

工程地点： 江苏省连云港市

项目规模： 占地面积 106274 m²，共建设 38 座石化产品储罐并配套建设装卸及公用设施，储库规模 16.65×10⁴ m³，工程投资 5.7 亿元

设计 / 竣工： 2014 年 / 2017 年

设计单位： 中国石油工程建设有限公司华北分公司

所获奖项： 2018 年河北省优秀工程勘察设计一等奖

设计人员： 郭慧军、李延宗、张志贵、左妍、李凤绪、李慧文、肖婷、王利强、姜坤、杨畅、张倩、康巍、田丽端、齐茜茜、王晶

本项目在设计过程中严格执行国家和行业标准、规范，工艺灵活、自控水平先进；积极采用新技术、新设备；总平面布置美观紧凑、功能分区科学合理；采取有效的储罐 VOCs 治理措施，并解决了多种化工品废气处理、储罐电伴热维温、软土地基处理、深桩基基础、场区不均匀沉降、场地及设备污水收集等技术问题。

本项目主要技术特点包括以下几点。

①废气分类收集处理。苯、丙烯腈、环氧氯丙烷等剧毒、高毒介质储罐呼出废气单独收集，装车废气通过气相平衡回收到储罐；其他介质储罐呼出废气统一收集装车，废气按照水溶性分别收集。根据介质毒性分别设两套处理装置：剧毒、高毒介质废气采用二级冷凝＋吸附处理；水溶性废气通过吸收法处理；高浓度非水溶性废气根据凝点梯度设置三级冷凝；低浓度非水溶性废气和吸收、冷凝法处理后的残留尾气采用变压吸附法处理。

其中，丙烯腈储罐采用浮箱式全接液浮盘＋双密封的结构，浮盘密封采用囊式加舌形双密封结构，有效减少物料挥发，避免大气污染。

②采用新型储罐结构形式和先进的维温、温控技术。选用自限式中温伴热带＋一体式电子多通道温控器对 1,4-丁二醇储罐进行温度采集、控制和报警。

③针对沿海吹填区域软土地基及复杂的地下条件，设计分别采用了天然地基、钻孔灌注桩、混凝土管桩、水泥土搅拌桩等多种处理方式，确保结构基础的安全性。

④雨排系统采用暗管及明沟相结合的方式，降低水池深度，减少设计施工难度和工程投资。

⑤根据地形地势、水文地质和功能进行平面布置。在保证设施安全、流程顺畅、交通运输、消防及人员疏散的同时，实现了有限区域的最优布局，有效降低施工难度及工程费用。

华北分公司通过在 EPC 过程中的精细化设计，严格进行过程和质量控制，实现了投产后各项关键技术经济指标满足要求，保障了项目运行安全平稳，污水、废气排放均符合或优于国家、行业标准。本项目成为国内外第三方客户在连云港及周边地区提供优质石化产品配送和仓储服务的基础，对当地经济发展起到了促进作用。

西气东输三线天然气管道东段干线（吉安—福州）工程

工程地点： 江西省、福建省

项目规模： 线路全长 830.52 km，管径 D1219/1016 mm，设计输量 150×10^8 m^3/a

设计 / 竣工： 2012 年 / 2017 年

设计单位： 中国石油天然气管道工程有限公司

所获奖项： 2019 年度河北省优秀工程勘察设计一等奖

设计人员： 郝宪国、李朝、董平省、高磊、刘刚、代小华、李钦、王春波、尤伟星、陈硕、王辉、刘中庆、霍崇运、郝振鹏、徐战强

西气东输三线天然气管道东段干线（吉安—福州）工程起自吉安联络站（西二线与西三线合建站），止于福建福州末站，线路总长度 830.52 km，年设计输量 150×10^8 m^3，设计压力 10 MPa。吉安—漳州段采用管径 1219 mm、L555（X80）级钢管，漳州—福州段采用管径 1016 mm、L485（X70）级钢管。全线设置 12 座输气站场，35 座线路截断阀室。

管道沿线穿越河流 35 处（大中型）、等级公路 66 处、铁路 20 处、山岭隧道 50 座。全线设置吉安、同安和福州 3 处维抢修队。

西气东输三线天然气管道东段干线（吉安—福州）工程是向福建、粤东供气的重要通道，可以有效填补福建省及粤东地区的天然气市场缺口，具有良好的社会效益及经济效益。本项目管道设计难度较大，技术攻关及创新均有较多的成果。

在整个设计过程中，设计项目组充分体现了绿色环保、安全第一的理念。本项目沿线周边环境敏感点较多，选线时充分考虑了这些敏感目标，尽可能进行避让。同时，大量采用非开挖技术，降低工程对环境的影响。

本项目首次在管道工程中采用锚杆挂网植物喷播等技术，借鉴公路建设的成功经验，采用浆砌石护坡 + 爬藤类植物、浆砌石拱形骨架种草等防护及复绿措施，保障植被快速恢复。

本项目充分利用《天然气管网工艺系统分析与优化设计研究》《西三线与西二线管道联合运行及工程建设工期优化研究》等创新课题成果，采用管网的建模思想，建立西三线东段、西二线南段以及支干线的联合管道模型，优化出适合环网特点的运行方案，并结合远期的规划，为向台湾供气做好压气站的预留。

本项目首次在长输管道行业采用水下钻爆隧道方式长距离穿越差异风化明显的花岗岩地层：九龙江穿越段采用"竖井+平巷+竖井"的设计方案，隧道水平长度约 1095.1 m，两岸竖井采用地下连续墙工艺。该方案的设计和实施为后续类似工程积累了丰富的经验。

本项目首次实现调控中心分输日指定功能：通过对 SCADA 系统的程序开发与组态，将调控中心日指定数据批量自动导入，利用自控系统完成对下游用户的自动分输控制，有效减轻调度人员的工作强度并提高数据准确性。

西气东输三线天然气管道东段干线（吉安—福州）工程是西三线的重要组成部分，是解决中亚新增资源的重要通道，对进一步构建我国天然气战略通道、提高我国天然气供应安全和灵活调配具有重要意义。

涉县—沙河煤层气管道工程

工程地点： 河北省
项目规模： 管道全长 144.63 km，年输气能力 9.774×10^8 m³，工程投资 5.8 亿元
设计 / 竣工： 2012 年 / 2017 年
设计单位： 中国石油工程建设有限公司华北分公司
所获奖项： 2019 年河北省优秀工程勘察设计一等奖

设计人员： 陈静、谢可凯、刘志田、陈冰、徐军同、哈田甜、张春晓、王郁、刘增浩、苏冀珍、王博凯、许立娟、段萌萌、戈新锐、杨雪茜

涉县—沙河煤层气管道工程的气源主要依托沁水盆地的煤层气和中国石化榆林—济南输气管道干线的天然气，接自山西长治—太原煤层气管线的黎城分输站，止于永年末站，然后与京石邯输气管道相连，沿线经过黎城县、涉县、武安市、永年县、沙河市共 5 个县市。管线全长 144.63 km，新建涉县分输站、武安清管站和永年末站，改造黎城首站 1 座，新建监控阀室 8 个。沿线穿越大中型河流 13 处（含穿越南水北调 1 处），小型河流 25 处；穿越铁路 10 处，高速公路 2 处，等级公路 41 处，其他三级及三级以下公路 25 处。

本项目由中国石油工程建设有限公司华北分公司于 2012 年 3 月至 2013 年 4 月完成设计，2014 年 3 月开工建设，2017 年 10 月建成投产。

本项目设计中严格执行国家和行业的标准规范，积极采用新技术、新设备，从设计到施工配合，得到了业主的好评。本项目的主要优点如下。

①在确定线路路由时，与地方规划、交通、水利等政府部门充分结合，听取地方管理部门的意见；并与沿线各县市沟通，对各县市规划进行了合理的避绕。

②河流穿越位置选择得当，符合穿越工程设计规范，并与周边人文环境相协调，力求取直，尽量缩短穿越长度，减少弯管，以降低运行过程中的能耗。

③水工保护设计结合河势情况及周边地形、地貌、地质及气候特点，因地制宜地选择水保措施，既保证管线的安全，又兼顾环保，同时考虑人文因素对工程的影响，采取适当的保护措施。

④优化水保设计，最大限度地保证了管道的安全。

⑤自动化系统采用 SCADA（监控和数据采集）系统。

⑥全线各工艺站场站设计达到"有人值守、无人操作、远程监控"的控制水平。

⑦工艺流程顺畅，平面布置集中紧凑，既能满足安全防火要求，又能与现有设施之间做到协调布局，并留出适量的发展余地。

⑧严格遵循环境保护、消防、抗震、灾害性地质防治、水土保持、职业卫生、安全设施等评价结论，处处体现安全与环保理念。

该设计整体达到国内领先水平。

二连高寒油田油气生产物联网建设

工程地点： 内蒙古自治区锡林浩特市

项目规模： 涉及 3 个油田、6 座站场、900 余口油水井的物联网建设，工程投资 9578 万元

设计 / 竣工： 2016 年 /2017 年

设计单位： 中国石油工程建设有限公司华北分公司

所获奖项： 2019 年河北省优秀工程勘察设计一等奖

设计人员： 梁明、曲虎、刘斌、黄健、邵艳波、刘福贵、芦程、刘磊、刘华、张鹏虎、牟燕、巩峰、李立文、王玉丰、张建信

二连高寒油田油气生产物联网建设项目是华北油田的重点推广项目，主要是为了实现关键生产数据的集中监控，减少岗位工人日常巡检的工作强度，提高站场运行安全性。建立全油田统一的生产管理、综合研究的数字化管理平台，实现"同一平台、信息共享、多级监视、分散控制"，达到强化安全、过程监控、节约人力资源和提高效益的目标。

本项目由中国石油工程建设有限公司华北分公司于 2016 年 3 月至 11 月进行设计，2017 年 11 月建成投产，工程投资 9578 万元。

本项目设计内容主要包括：数据采集与监控子系统完成了阿南、哈南、锡林油田所辖的 530 口油井、403 口注水井、11 口水源井、3 座联合站、3 座接转站、116 座阀组间的数据采集与监控系统的建设，以及 194 口油水井的数据接入，配套升级 1 座厂级生产调度中心，新建了 3 座作业区站控中心；数据传输子系统完成了 5 座 TD-LTE 通信基站建设，767 套 GPE 设备安装调试和 179.5 km 的光缆敷设。新建油井远程高清监控系统 6 套、场站监控系统 3 套、计配间监控系统 3 套，各种视频监控前端设备 272 套。

本项目主要优点如下。

①对井场、计配间、接转站及联合站进行实时监控。视频图像上传至作业区站控中心，生产管理子系统实现了生产过程监测、生产分析、报表管理、物联设备管理、视频检测、数据管理、系统管理等功能。

②实现了与油气水井生产数据管理系统（A2）、采油与地面工程运行管理系统（A5）、地理信息系统（A4）的数据交换。

③简化了管理层级，优化了管控模式。本项目提高了工作效率，服务于油田生产的精细化管理，最终达到"增产增效不增员、节能、节约运行成本"的目的。

④通过优化工艺模式、管理模式、生产组织模式实现较完备的自动控制功能及高效的模拟、分析和预警能力，提升风险管控及工艺技术水平。

中船重工（邯郸）派瑞特种气体有限公司
年产 5400 t 新材料项目

工程地点： 河北省邯郸市肥乡区

项目规模： 5400 t/a

设计 / 竣工： 2017 年 /2018 年

设计单位： 新地能源工程技术有限公司

所获奖项： 2019 年河北省优秀工程勘察设计一等奖

设计人员： 辛军、韩海波、王刚、张胜超、褚立志、杜世杰、朱建伟、武献春、何旭、安晶、尚红娥、张峰、侯伟杰、王惠春、徐奇伟

中船重工（邯郸）派瑞特种气体有限公司年产 5400 t 新材料项目位于邯郸市肥乡区，项目建设投资 7.6 亿元，一期占地 300 亩，总建筑面积 9.6×10⁴ m²，是 2018 年河北省唯一军转民重点项目。本项目产能包括高纯三氟化氮气体 3000 t/a、高纯六氟化钨气体 500 t/a、三氟甲磺酸及其系列产品 500 t/a、氘气 1 t/a 等。

本项目由新地能源工程技术有限公司总承包建设，于 2016 年 12 月取得《河北省固定资产投资项目备案证》，2017 年 4 月土建动工，2017 年 5 月完成施工图设计，2018 年 5 月竣工验收，2019 年 4 月取得安全生产许可证，自项目投产以来，各项指标均优于设计指标。

在工程设计过程中，依托业主提供的工艺包技术，新地能源工程技术有限公司发挥研发设计一体化优势，创新性地对三大主产品进行工艺模拟计算、节能、设备及厂房布置、安全、控制、环保等优化设计，实现工程放大设计后的低能耗、高能效，实现项目经济投资、先进控制、稳定生产。

本项目产品为高纯度电子特种气体，是发展光电子、微电子，特别是超大规模集成电路、液晶显示器件、半导体发光器件等制造过程中不可缺少的基础性支撑原材料，它被称为电子工业的"血液"和"粮食"，其纯度和洁净度直接影响电子元器件的集成度、特定技术指标和成品率，从根本上制约着生产的精准性。该类产品生产工艺复杂，生产过程要求严格，目前世界上的生产厂商主要集中在美国、欧洲、日本、韩国等国家和地区，形成了垄断。本项目实施后打破了外国企业十几年的垄断，结束了该领域相关产品的高价时代，改变了我国高纯特种气体长期依赖进口的"卡脖子"局面。

别伊涅乌—博佐伊—奇姆肯特天然气管道工程

工程地点： 哈萨克斯坦共和国

项目规模： 长度 1476.7 km，设计压力 9.81 MPa，干线管径 1067 mm；全线设 2 座压气站、4 座计量站、11 座清管站、60 座阀室

设计 / 竣工： 2011 年 /2013 年

设计单位： 中国石油天然气管道工程有限公司

所获奖项： 2019 年河北省优秀工程勘察设计一等奖

设计人员： 冷绪林、阳松、王玺、黄超、张成斌、吴兆鹏、刘佳、罗叶新、马皎男、王晓琳、甄景君、孙德静、苑宝金、李桂涛、刘忠昊

别伊涅乌—博佐伊—奇姆肯特天然气管道为哈萨克斯坦共和国境内史上最大的管道工程，项目于 2011 年 5 月正式启动，2012 年 7 月现场开工，2013 年 10 月在中哈两国元首共同见证下建成通气。管道起点为别伊涅乌，终点为奇姆肯特，后与中亚管道相连，线路总长度 1476.7 km，管道全线共设置压气站 2 座、计量站 2 座、清管站 6 座、阀室 60 座。

本项目具有管道系统复杂、敷设距离长、管道沿线地震烈度高、地震断裂带多、采用的法律法规和标准规范复杂、输量大等特点。本

项目建成后，达到国际先进技术水平，实现了"安全、先进、适用、经济"的建设目标，实现了哈萨克斯坦南部地区的天然气供给。此外，该管道末点与中亚管道连接，可以部分满足我国今后一个时期内天然气消费市场的需求缺口，对我国利用两国资源，改变我国的能源结构，保障我国能源安全，促进国民经济发展具有重大意义。同时，该管道把中亚地区多国紧密联系起来，建立了一个通向中东和里海地区能源的陆上能源通道，对于维护油气资源国和消费国的共同利益十分重要。

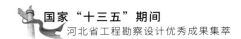
东莞市中油建兴仓储有限公司立沙岛石化仓储项目

工程地点： 广东省东莞市

项目规模： 占地面积 137333 m²，11 座储罐共 40×10^4 m³ 罐容，工程投资 4.4 亿元

设计 / 竣工： 2014 年 /2017 年

设计单位： 中国石油工程建设有限公司华北分公司

所获奖项： 2020 年度河北省工程勘察设计项目一等成果

设计人员： 王芸、宋义伟、尚增辉、杨智超、杨梅、高伟、左春晖、陈永久、杨健、张倩、王晓蕾、李景辉、张瑞兰、杨雪茜、王志甲

东莞市中油建兴仓储有限公司立沙岛石化仓储项目是中国石油股份公司销售分公司的大规模油库之一，是中国石油广东销售公司在广东省的重要成品油集散库，可通过公路辐射东莞、广州、深圳北部等地区，通过水路辐射佛山、中山地区，承担着广东地区分销油品的重任。该油库的建设投运是实现中国石油资源与市场有效结合，增加中国石油战略资源，提高区域竞争力的有力保障。

该油库位于东莞市立沙岛石化基地，区域地理位置优越，交通条件便利，占地面积 137333 m²。油库规模 40×10^4 m³，包括 6 座 5×10^4 m³ 的内浮顶柴油罐，5 座 2×10^4 m³ 的内浮顶汽油罐；汽车装车区建设汽车发油罩棚 1 座、发油岛 9 座，每座岛均为全油品设置。油库依托港区危险化工品码头，可保证 5×10^4 t 级油船停靠，满足油库水路装卸船的需求。

本项目由中国石油工程建设有限公司华北分公司负责设计、建设完成，于 2017 年 12 月建成投产。在项目设计中充分考虑地区油品的周转需求，合理确定建设规模，优化配套工艺，适应近远期发展需要。该油库具有高度自动化系统，采用多项华北分公司自主研发的撬装化设备，同时在设计过程中引入欧洲成品油库设计理念和先进技术，结合中国石油《成品油库建设标准》及国内外标准规范，在自控、安全、环保等技术方面达到国内领先水平，成为中国石油在国内的一座标杆性成品油库。

本项目建设以全方位创新为驱动，以精细化管理为抓手，大力推进科技攻关，取得了丰硕的创新成果。依托本项目的建设实施，通过研究总结，取得"储运发油系统泵机组与鹤管匹配技术""双壁罐设计建造及配套技术""罐底泄漏检测技术"等创新关键技术 10 余项和"一种撬装式添加剂加注装置""一种变频恒压自控发油生产线"等专利技术 7 项，并获得"全国化学工业优质工程奖""河北省工程勘察设计项目一等成果"等奖项 5 项，参编中国石油标准 2 部。

本项目自建成投产以来，运行安全稳定。它的建成弥补了中国石油在广东地区成品油的库容不足，使得广东销售分公司的调度更加灵活，同时周转次数合理，保障了生产的安全，为中国石油销售分公司在广东地区带来了巨大的经济效益和社会效益。

中缅原油管道工程（缅甸段）

工程地点： 缅甸联邦共和国马德岛、若开邦、马圭省、曼德勒省、掸邦

项目规模： 线路全长约 770.5 km，管径 D813 mm，一期设计输量 1200×10^4 t/a，二期设计输量 2200×10^4 t/a

设计 / 竣工： 2009 年 /2017 年

设计单位： 中国石油天然气管道工程有限公司

所获奖项： 2020 年度河北省工程勘察设计项目一等成果

设计人员： 桑广世、张文伟、李国辉、朱坤锋、王宝嵩、徐水营、徐俊科、高萃仙、刘建锋、范叔虎、西之华、裴军、柏春阳、刘军、杨嘉

中缅原油管道工程（缅甸段）起自缅甸西海岸的马德岛，与天然气管道并行敷设，途经缅甸的若开邦、马圭省、曼德勒省、掸邦，从南坎进入中国境内。管道沿线地形起伏剧烈、山高谷深，地质条件复杂。缅甸境内线路全长约 770.5 km，管径 D813 mm，设计压力 8 ～ 14.5 MPa，采用 X70 螺旋埋弧焊钢管和直缝埋弧焊钢管。干线设置 5 座工艺站场（4 座泵站、1 座计量站），31 座线路截断阀室。

中缅原油管道工程是中国四大能源通道之一，建成后将使中国部分中东进口的原油运输避开马六甲海峡及南海敏感地区，在缅甸西海岸的皎漂市马德岛码头上岸，经中缅原油管道将原油输送到中国西南地区炼油厂。

本项目首次进行大口径、高压力、高强度材质油气管道全线并行敷设及油气双管并行海底管道敷设；首次采用中低分辨率的 Landsat7TM、ETM 数据叠加 SRTM DEM 辅助的遥感技术优化管道路由选择。

针对缅甸境内无外电源或供电可靠性差的情况，专题开展输油泵非电力驱动方案研究，首次采用 3600 kW 大功率等级天然气发动机驱动输油主泵；综合考虑输油泵站天然气发动机驱动输油主泵的燃料需求、水力需求、大落差地形选址的困难性，首次采用输油泵站与天然气管道站场合建；根据马德岛首站背山面海的区域条件，并结合缅甸当地环保要求，优化首站 120×10^4 m³ 罐区总平面布置及竖向布置。

控制性工程采用定向钻穿越、桁架跨越、开挖穿越、海底管道等多种穿越设计技术，卡拉巴海沟定向钻穿越最大穿越深度 78 m，创世界油气管道定向钻穿越深度纪录；采用 AGA Level2 半动态分析方法进行海底管道侧向稳定性分析，确定海底管道混凝土配重层的厚度，保证了海底管道的稳定性，同时降低了工程造价；多次定向钻穿越缅甸第一大河——伊洛瓦底江，主河道穿越长度 1756 m；米坦格河跨越首次实现油气双管共用跨越工程，采用 3 跨桁架梁结构，单跨达到 65 m 超长跨越，并首次采用应力应变实时监控桁架跨越施工应力技术指导桁架牵引施工。

结合缅甸当地生态环境特点，就地取材，选用木桩篱笆坡面防护设计技术，既符合当地环保的要求，又便于施工，且降低了工程投资。采用自动化电源技术，结合当地电源条件，合理选取主供电源方案，首次实现输油泵站、天然气站场和油气计量站的集成统一供配电系统。

本项目的实施对优化西南地区能源结构、改善西南地区能源供应格局具有重要意义，也有助于为中国开辟新的能源进口通道，降低海上进口原油的风险，进一步保障国家能源供应安全，对我国政治、经济、军事战略格局的构建具有极其重要的意义。

泰国四号线压气站工程

工程地点： 泰国

项目规模： 4 台 30MW 燃驱压缩机组及配套设施，设计压力 10 MPa，管径 1016 mm, 设计年输量 $160×10^8 \, m^3$ 总投资 1.88 亿美元

设计 / 竣工： 2015 年 /2018 年

设计单位： 中国石油天然气管道工程有限公司

所获奖项： 2020 年度河北省工程勘察设计项目一等成果

设计人员： 张育晶、孙立刚、陈伟聪、宋悦、孙颀、高起龙、张永祥、牛占坡、长伟、殷鹏涛、林兴伟、陈伟晨、于永志、吴凤荣、张光伟

泰国四号线压气站工程业主为泰国国家石油公司 (PTT)，是中国石油管道局承建的首个海外压气站 EPCC 工程。本项目主要包括 4 台 30 MW 燃驱压缩机组及配套设施，于 2017 年 9 月现场一次性投运成功，2018 年 8 月完成业主验收，目前生产运行情况良好。中国石油管道局工程有限公司设计分公司承担本项目的设计工作。

泰国是海上丝绸之路的必经之地，泰国四号线压气站工程是泰国国家石油公司南北天然气管网中的核心环节。本项目的顺利建成，为中石油积累了宝贵的国际压气站工程设计经验，在外资市场的激烈竞争中树立了中国企业的良好形象，在合作中实现共赢，践行了国家"一带一路"倡议。

本项目具体以下特点。

①实现全专业数字化设计，有效指导了施工作业，使工程的工厂化预制水平由国际平均标准的 40% 提升至 70%，节约施工成本 50% 以上，缩减工期 2 个月。

②定制化设备采购节约大量采购成本，共计节约主要设备采购费用约 2000 万美元。

③首次在压气站工程中应用火灾危险性分析（FRA）和抗爆风险分析技术，从本质安全角度对站场发生火灾和爆炸的风险进行定量仿真模拟分析。

④多项国际新兴技术在压气站工程中首次成功应用。闭式地面火炬放空技术、噪声模拟计算技术、多种压缩机组负荷分配控制技术、CEMS 烟气监测技术、整站 MMS 机械故障诊断分析技术等，大量国际新兴技术成功应用于本项目，在国内长输管道甚至于国际长输管道压气站工程尚属首次。

⑤本项目站控办公楼是长输管道压气站项目获得的首个 LEED 认证建筑（金牌等级）。

⑥首次采用装配式建筑设计。大力发展装配式建筑是国务院"十三五""十四五"规划的重要组成部分，也是集团公司"五化"要求，是产业发展转型的国家战略。本项目在部分建筑物上成功实施。

泰国四号线压气站工程成功应用了大量先进国际油气工程技术，秉持"安全、绿色、环保"的设计理念，立足于打造中石油海外建设的标杆压气站工程。

水利篇

南水北调中线京石段应急供水工程
(石家庄至北拒马河段)渠道工程

工程地点: 河北省石家庄市至保定市 12 个县区市

项目规模: 渠线长度 227 km

设计 / 竣工: 1996 年 / 2008 年

设计单位: 河北省水利水电勘测设计研究院

所获奖项: 2016 年河北省优秀工程勘察设计一等奖

设计人员: 赵春锁、赵运书、高秀芳、董晓燕、赵文清、孙娜、王瑞芬、姚丽华、郝红英、董传红、田为民、宋亚卿、马建礼、范迎春、张利勇

南水北调中线干线工程由位于汉江中上游的丹江口水库向北方供水,总干渠全长 1432 km。京石段应急供水工程设计输水规模 220 ～ 50 m³/s,加大输水规模 240 ～ 60 m³/s,2003 年率先开工建设,2008 年 9 月建成后承担了由河北省向北京市应急供水任务,6 年间累计向北京市供水 16 ×10⁸ m³,极大缓解了北京市用水困难。2014 年南水北调中线工程全线通水,年设计调出水量 95×10⁸ m³。工程全线自流输水,与沿途河、渠、路全部立体交叉,渠道采用全断面衬砌、机械化施工,采取了防渗、防冻及排水措施,工程质量及输水水质优良。南水北调中线总干渠是一条清水走廊,也是一条绿色走廊,不仅助力于沿线省市经济的快速发展,也对受水区地下水压采及生态环境改善发挥了十分重要的作用。

乌兹别克斯坦共和国 AMU ZANG I 泵站改造和建设项目

工程地点： 乌兹别克斯坦共和国苏尔汉河州

项目规模： 泵站设计流量 137.5 m³/s，设计扬程 36 m，总装机 62500 kW

设计 / 竣工： 2010 年 / 2013 年

设计单位： 河北省水利水电勘测设计研究院

所获奖项： 2016 年河北省优秀工程勘察设计一等奖

设计人员： 杨铁树、张静、赵金亮、刘川、李健、刘雷、胡克刚、李连全、孙颖环、宋翠娥、李朝东、齐益达、姜凯、张伟刚、陈佳

乌兹别克斯坦共和国是农业灌溉大国，又属于双内陆国家，对水利基础设施特别依赖，灌溉面积达 425×10⁴ ha。乌兹别克斯坦 Amu Zang I 泵站位于乌兹别克斯坦苏尔汉河州境内，农业是该州经济的支柱产业。Amu Zang I 泵站建在阿姆河河畔，与阿富汗隔河相邻，担负着苏尔汉河州及附近几个州农业的主要灌溉任务。

Amu Zang I 泵站是乌兹别克斯坦共和国重要的大型灌溉泵站，泵站装有 5 台立式泵，单泵设计流量 27.5 m³/s，配套电机功率 12500 kW，且都属于同步电机。本次修复工程更换泵站内 2 台主机组，并且对所有辅助系统进行重新设计。

Amu Zang I 泵站建设于苏联时期，站内设备多已破损，存在大量的安全隐患。本次改造项目主要更换泵站内 2 台主泵机组、所有辅助系统及站内的高低压配电设备、防雷接地、照明及相关的电缆母线，并增加整体自动化系统。

由于本项目为老泵站修复工程，必须对原有泵站的现状、设备配置、设计原理、操作规程及运行习惯等进行充分的理解和掌握。在工程设计当中，不仅要以国际 IEC 标准为依据，还要满足乌方的设计标准和管理习惯，同时还需兼顾中方设备制造厂先进成熟的制造经验和设计人员优秀先进的设计理念，最终将中方提供的先进设备与乌方原有泵站的旧有系统实现了无缝链接和完美结合。

老泵站修复工程中的新旧设备的控制方式、操作水平、接口类型均不统一，通过先进的计算机融合技术，将硬件设备差别以软件融合技术解决，既节省了工程投资，还大大提高了系统的灵活性和可扩展性，统一了整个泵站的运行管理和控制水平。

设计图纸和文件在完成中英对照的同时，还在当地聘请中俄翻译完成图纸和文件的中俄对照，这样避免了中英俄三种语言的翻译误差，且三种语言各有应用，其中的中文用于国内设备制造及中国安装公司设备安装，英文用于监理工程师文件审查，俄文则用于当地运行管理与维护。

泵站更新改造后，设备状况大为改善，运行效率大幅度提高，安全抽水得以保障，加上采用计算机监控管理泵站，泵站管理转入少人值守管理模式，平均年可节约人员工资及管理费用 20 万元。

泵站改造工程投运以来，项目受益区农民人均收入相对增长率达 30% 左右，消费水平相应提高，灌区抗旱用水得到有效保证，灌区工程效益得以充分发挥，水兴农兴，百业兴旺，进一步带动了地方经济发展，灌区经济欣欣向荣。

南水北调中线石津渠暗渠工程

工程地点: 河北省石家庄市

项目规模: 大(I)型

设计 / 竣工: 2002 年 / 2012 年

设计单位: 河北省水利水电勘测设计研究院

所获奖项: 2016 年河北省优秀工程勘察设计一等奖

设计人员: 赵运书、牛桂林、梁信宝、于刘燕、郑德民、王贺利、王轶娟、王红菊、崔福占、康国强、杨凤栋、田燕琴、武永强、王远旺、张建强

南水北调中线工程是一项跨流域、跨省市的特大型调水工程,是优化我国水资源配置格局的重大战略工程。本项目的实施有效缓解了我国北方水资源严重短缺的问题,同时在控制地下水超采、改善生态环境、优化产业结构、提高城市品位、提升人民群众生活质量等方面发挥了重要作用。

石津渠暗渠工程是南水北调中线重要节点工程之一,位于河北省石家庄市新华区,交叉建筑物形式为穿河暗渠。工程等别为 I 等,主要建筑物级别为 1 级;设计流量为 170 m³/s,加大流量为 200 m³/s;设计洪水标准为 100 年一遇,校核洪水标准为 300 年一遇。建筑物总长 270 m,由进口渐变段、进口闸室段、洞身段、出口闸室段及出口渐变段五部分组成。其中,洞身段长 150 m,依次下穿引岗黄输水管线、石闫公路、石津总干渠及生产路。洞身断面为三孔一联的箱涵结构,单孔断面尺寸为 6.6 m×7.8 m(宽×高),为南水北调中线京石段、邢石段箱涵断面尺寸最大的一个。

河北省南水北调配套工程邢清干渠工程

工程地点： 河北省邢台市至清河县

项目规模： 大型

设计 / 竣工： 2012 年 / 2017 年

设计单位： 河北省水利规划设计研究院有限公司

所获奖项： 2017 年河北省优秀工程勘察设计一等奖

设计人员： 耿运生、马述江、靳翠红、王晨澍、周玉涛、丁卫岩、刘小波、杨建中、杨新、邵长乐、崔亚琼、鲁虎成、张延忠、顾山坤、王燕

邢清干渠是南水北调配套工程河北省段的重要组成部分，担负着向邢台东部 13 个供水目标供水的任务，受水区共配置水量 11957×10⁴ m³，渠首引水流量为 5.0 m³/s。供水目标分别是邢台市的沙河高新技术园区、沙河水厂、金百家水厂、南和、任县、平乡、巨鹿、广宗、威县、新河、南宫、临西和清河。

邢清干渠从总干渠赞善分水口分水，途经沙河、邢台市开发区、南和、平乡、广宗、威县、清河、南宫 8 个县市，末端为清河、南宫，沿线设沙河高新技术开发区、沙河水厂、金百家水厂、南和、任县、平乡、巨鹿、广宗、威县、临西、新河共 9 个分水口。邢清干渠采用有压管道输水，地下埋管的形式，管道总长 168.758 km。管材选用 PCCP、DIP 和 HDPE 管，管径 DN1200 ～ DN2200，PCCP

管道工作压力 0.6 ～ 0.8 MPa，DIP 管道等级 K8、K10、K12 级，HDPE 管道等级 SDR26、SDR21。

邢清干渠工程等别为 III 等，主要建筑物渠首连接段、调压井等按 3 级设计，次要建筑物阀井、防护工程等按 4 级设计。设计洪水标准按 20 年一遇，校核洪水标准按 50 年一遇。

根据《中国地震动参数区划图》(GB 18306—2001)，邢清干渠穿过地震基本烈度VII度和VI度区。抗震设防烈度取基本烈度。

邢清干渠设计单位为河北省水利规划设计研究院有限公司（原河北省水利水电第二勘测设计研究院），施工单位为河北省水工局等。

南水北调中线干线工程总干渠滏阳河渡槽

工程地点： 河北省邯郸市磁县
项目规模： 大型
设计 / 竣工： 2009 年 / 2014 年
设计单位： 河北省水利规划设计研究院有限公司
所获奖项： 2018 年河北省优秀工程勘察设计一等奖

设计人员： 施炳利、李书群、马述江、李树深、滑令、鲁虎成、王志斌、沈晓青、王亚奇、邱丁初、杨艳玲、崔亚琼、刘洪波、王志波、商东波

南水北调中线干线工程总干渠滏阳河渡槽位于河北省邯郸市磁县东武仕村南 0.5 km 滏阳河上，承担着向北京、天津和河北省输水的任务。2009 年 12 月，河北省水利规划设计研究院有限公司完成了施工图设计，施工单位为中国水电十三局有限公司南水北调中线直管工程磁县段二标项目部，于 2014 年 9 月 29 日竣工验收。

滏阳河渡槽为一等工程，大 I 型建筑物，设计流量 235 m³/s，加大流量 265 m³/s，渡槽总长 302 m，进口段长 80 m，槽身段长 120 m，出口段长 102 m。进口段包括渐变段、检修闸和连接段；出口段由连接段、检修闸、渐变段组成；退水闸、排冰闸布置在滏阳河渡槽上游左岸。槽身纵向为 4 跨简支梁结构，单跨长 30 m，渡槽段基础形式采用桩基础。槽身为三向预应力混凝土结构，横断面为三槽一联矩形槽。下部结构采用实体墩结构，基础为混凝土灌注桩。

本项目具有以下技术特点。

①渡槽进口渐变段前为南水北调总干渠弯道，为方便退水与排冰，将滏阳河退水闸、排冰闸布置在弯道的凹岸，利用现有总干渠左侧天然冲沟排至滏阳河，形成了正向退水排冰、侧向输水的形式，工程布置科学合理。

②在极端温升温降天气下，渡槽槽身会产生很大的温度应力，单靠增加预应力钢筋抵抗温度应力非常不经济，同时预应力施加工序复杂，稍有不慎，会导致结构扭曲开裂，直至破坏。本项目采用永久和临时相结合的外墙保温工艺，底部喷涂聚氨酯保温材料，外墙采用单面钢丝网架夹芯挤塑聚苯板现浇混凝土保温措施，解决了温度应力问题，节约了工程投资。

③槽身采用三向预应力大跨度梁式渡槽结构，横向多槽互联，纵向以墙代梁的结构形式，使自重大大减少，工程造价节约 25%。

④渡槽进出口段地基土为黄土状壤土，具有中等湿陷性，距离厂矿及村庄较近，采用复合载体夯扩桩处理。设计用挤密的方法破坏湿陷性土的松散、大孔结构，消除或减轻地基的湿陷性，同时提高地基承载力，地基处理效果显著。

⑤将纤维素混凝土应用于槽身工程设计，避免了混凝土浇筑早期由于收缩徐变导致的微裂缝问题，提高了结构耐久性。

⑥渡槽上部荷载巨大，单跨渡槽重量接近 10000 t，对支座承载能力、隔震性能等要求很高，在渡槽设计之初国内尚未有应用先例。项目组成员与中国水利水电科学研究院等单位展开了联合攻关，应用渡槽用阻尼型隔震支座，大大节约了工程投资。

⑦通过多次设计改进与模型试验研究，在压板式止水结构形式的基础上探究出以 U 形复合橡胶止水带为主体的全新渡槽伸缩缝止水结构。该止水装置在各向伸缩变形、剪切变形和水头的同时作用下，具有稳定可靠的止水效果，容易更换。

本项目完成后取得了以下成果和奖项：

①可更换止水装置获得专利一项；

②南水北调大型渡槽隔震技术研究获中国水利水电科学研究院科学技术奖特等奖；

③纤维素混凝土在渡槽、渠道中的关键应用技术获大禹水利科学技术奖三等奖。

南水北调中线沠河渡槽工程

工程地点： 河北省石家庄市高邑县

项目规模： 南水北调中线工程为 I 等工程，沠河渡槽为 1 级建筑物

设计 / 竣工： 2009 年 / 2015 年

设计单位： 河北省水利水电勘测设计研究院

所获奖项： 2018 年河北省优秀工程勘察设计一等奖

设计人员： 李会芬、牛桂林、景书达、袁浩、刘修水、赵军涛、王欢、佟亚龙、李钦哲、刘振宇、杨艳军、徐宝华、许一幢、李娥、刘志奇

南水北调中线工程总干渠为 I 等工程，沠河渡槽工程是南水北调中线工程总干渠上的一座大型河渠交叉建筑物，为 1 级建筑物。本项目位于河北省石家庄市高邑县南焦村西北约 1.5 km 的沠河上，桩号为 175+710 ～ 176+150。渡槽设计流量 220 m³/s，加大流量 240 m³/s，总水头 0.21 m。设计洪水标准为 100 年一遇，校核洪水标准为 300 年一遇，工程地震设防烈度为 6 度。

沠河渡槽由进口渐变段、进口检修闸、进口落地槽段、槽身段、出口落地槽段、出口检修闸和出口渐变段七部分组成，轴线长 440 m。其中，进口渐变段长 45 m，出口渐变段长 75 m，两侧为钢筋混凝土直线扭曲面结构；进、出口检修闸各长 10 m，采用三孔一联整体式钢筋混凝土结构，闸室内设 2 扇检修闸门，检修闸

门采用露顶式平面钢叠梁闸门；进、出口落地槽段各长 30 m，槽身断面为三槽一联多侧墙矩形槽，普通钢筋混凝土结构；槽身段长 240 m，槽身结构形式为跨度 30 m 的三槽一联三向预应力钢筋混凝土多侧墙简支结构，单槽过水断面尺寸为 7.0 m×6.6 m，槽身断面最大宽度 24 m，最大高度 8.9 m。下部结构采用重力式实体墩，根据岩层埋深情况，基础分别采用扩大基础和端承桩基础。

沠河渡槽工程初步设计于 2009 年 6 月通过有关部门的审批，批复投资 9598.03 万元，于 2010 年 5 月开工建设，2015 年 12 月完工，至今工程运行状态良好，完成了南水北调中线正常输水任务。

南水北调中线槐河（一）渠道倒虹吸工程

工程地点： 河北省石家庄市元氏县

项目规模： 南水北调中线工程为Ⅰ等工程，槐河（一）渠道倒虹吸工程为1级建筑物

设计 / 竣工： 2009 年 / 2016 年

设计单位： 河北省水利水电勘测设计研究院

所获奖项： 2018 年河北省优秀工程勘察设计一等奖

设计人员： 马静辉、牛桂林、王海峰、罗建刚、李会芬、刘晓艳、张晓威、崔福占、李钦哲、张伟、杨克昌、李淼、李斯杨、姜倩、李建伟

南水北调中线工程总干渠为Ⅰ等工程，槐河（一）渠道倒虹吸工程是南水北调中线工程总干渠上的一座大型河渠交叉建筑物，为1级建筑物。本项目位于河北省石家庄市元氏县车汪沟村东 0.5 km、赞皇县西高村北 2 km 的槐河（一）上，桩号为 187+326 ～ 188+200，倒虹吸设计流量 220 m³/s，加大流量 240 m³/s，总水头 0.385 m。设计洪水标准为 100 年一遇，校核洪水标准为 300 年一遇，工程地震设防烈度为 6 度。

为了改善行洪口门的流态，在行洪口门上游河道右岸布置梨形导流堤，河道左岸采用圆弧形导流裹头进行防护。

槐河（一）渠道倒虹吸轴线总长 874 m。其中，进出口渐变段各长 60 m，为了减小水头损失，进出口两侧翼墙采用直线扭曲面结构；

进口检修闸段长 12 m，出口节制闸段长 22 m，进口检修闸设检修闸门，出口节制闸设工作闸门和检修闸门，闸室均为开敞式钢筋混凝土整体结构；倒虹吸管身过水断面为三孔一联的钢筋混凝土箱形结构，单孔宽 6.5 m、高 6.7 m；进口斜管段长 45 m，管身水平段长 635 m，出口斜管段长 40 m。为了退水和排冰，在槐河（一）渠道倒虹吸进口前约 160 m 的总干渠右侧布置了一座退水闸和排冰闸，与渠道倒虹吸组成枢纽。槐河（一）渠道倒虹吸工程初步设计于 2009 年 6 月通过有关部门的审批，批复投资 15500 万元，并于 2010 年 5 月开工建设，2016 年 4 月完工，至今工程运行状态良好，完成了南水北调中线正常输水任务。

河北省邯郸市东武仕水电站增效扩容改造工程

工程地点： 河北省邯郸市磁县东武仕村
项目规模： 装机容量 2×3200 kW
设计 / 竣工： 2012 年 / 2014 年
设计单位： 邯郸市水利水电勘测设计研究院
所获奖项： 2018 年河北省优秀工程勘察设计一等奖

设计人员： 邰晓辉、刘彬、王亚坤、李志远、谢云芳、段爱国、路爱平、王小红、周莹、郭韦

东武仕水库位于河北省邯郸市磁县县城以西约 7 km 的东武仕村、子牙河系滏阳河干流上游，控制流域面积 340 km²，总库容 1.615×10⁸ m³，是一座以防洪和城市工业供水为主，兼顾灌溉、发电、养殖、旅游等综合利用的大 (2) 型水利枢纽工程。邯郸市东武仕水电站位于东武仕水库大坝下游右岸，是东武仕水库水利枢纽工程的一个组成部分，属坝后式电站。增效扩容改造工程实施后电站装机容量为 2×3200 kW，设计多年平均发电量为 1377.28×10⁴ kW·h，设计水头 30 m，最大水头 31 m，最小水头 24 m，设计发电流量 20.4 m³/s。电站电能经变压器升压至 35 kV 与当地电网并列运行，有两条并网线路，一路至羊二变电站，另一路至槐树变电站。

东武仕水电站 1975 年投产使用，经过多年运行，机电设备均已超过水电站设计使用年限、普遍老化，机组磨损、锈蚀、汽蚀严重，效率低，据多年运行数据统计分析，机组的综合效率只有 65.8% ～ 70.5%。附属电气设备自动化程度低，能耗高，故障多，大部分设备属于国家明令淘汰的产品，备品备件已无从购买，每年因设备故障损失的电量越来越多。为改变机组设备陈旧老化的现状，提高电站发电效益，增强电站发电能力，消除电站的安全隐患，电站的机电设备更新改造势在必行。

根据《水利水电工程等级划分及洪水标准》（SL 252—2017）规定，电站工程等别为 V 等，工程规模为小 (2) 型，相应主要水工建筑物的级别为 5 级，次要水工建筑物的级别为 5 级。

本次增效扩容改造工程主要建设内容：更新水轮机、调速器、机组自动化元件及辅助系统，更新励磁系统、高低压变配电设备、控制保护系统、直流系统及对厂房、厂区的修缮治理等。

东武仕水电站增效扩容改造项目的实施，不但使一个即将停运的电站起死回生，使之能够重新实现社会效益和经济效益，而且也十分有利于当地的生态环境改善。经济效益：工程实施后，自 2014 年 12 月 9 日 1# 机投入试生产运行起至 2018 年 5 月累计发电 3911.16×10⁴ kW·h，累计产生经济效益 2346.7 万元。社会效益：通过本次改造消除了工程安全隐患，保障了公共安全。环境效益：发展可再生能源、促进节能减排；工程实施完成后，每年可替代标准煤 4710.3 t，减少二氧化碳排放量 12091.3 t，减少二氧化硫排放 40 t，减少氮氧化合物排放 206.6 t，减碳粉尘排放 3746.2 t。

本项目主要的技术成果指标：增效扩容改造工程实施后，1#、2# 机组综合效率分别达到 86.8% 和 87.4%，满足"单机功率 3000 ～ 10000 kW，机组综合效率达到 81% 以上"的验收指标；按发电量计算的增效扩容能力达到 37.5%，满足"按发电量计算的增效扩容能力达到 20% 以上"的验收指标，满足财政部、水利部《农村水电增效扩容改造绩效评价暂行办法》（财建〔2013〕45 号）的通知要求。

王村分洪闸改建工程

工程地点：河北省廊坊市文安县

项目规模：王村分洪闸分洪流量 1380 m³/s，工程规模为大 (2) 型，工程等别为 II 等，闸室等主体建筑物级别为 2 级，次要建筑物级别为 3 级

设计 / 竣工：2007 年 /2017 年

设计单位：河北省水利水电勘测设计研究院

所获奖项：2019 年河北省优秀工程勘察设计一等奖

设计人员：孙丽、赵运书、佟亚龙、田云青、景书达、胡克刚、徐宝华、马宁、张亮、周婷婷、张金东、马洪飞、阎伟、刘晓艳、焦文龙

王村分洪闸是分减赵王新河洪水和控制向文安洼分洪的重要工程。王村分洪闸的运用直接影响着大清河系南北支洪水调度和各洼淀的联合运用。若分洪期间泄水不畅，将威胁天津市、京九铁路、津浦铁路、华北油气田、大港油田及下游广大地区人民生命财产的安全，在运用过程中一旦闸体出险，将给下游文安县城几十万人民生命财产造成不应有的巨大损失，其社会意义、经济效益十分重要。

王村分洪闸全长 147.9 m，包含闸室段、上游防渗段和下游消能防冲段。闸室采用开敞式结构，共 10 孔，单孔净宽度 12 m，为两孔一联整体结构。结构分缝合理，满足规范要求，中跨结构受力对称，有利于结构分析及配筋设计。同时，整体结构一联的变形不影响闸门启闭。

王村分洪闸改建工程设计之初就考虑了利用部分老闸结构的可能性，保留了原闸防渗板、闸室底板和部分消力池底板，在原闸下游选址重建新闸。这样利用已有结构延长闸室上游侧渗径，在减少拆除量的同时节约了新建防渗结构的投资。

王村分洪闸改建工程中消力池段两岸圆弧翼墙高度最大为 9 m，如按传统的重力式或半重力式挡墙结构，其承载力均远大于地基承载力允许值。为此对该段圆弧翼墙进行了一定的优化，在墙后填土中设置加筋土工格栅，减小翼墙土压力，降低挡墙地基不均匀系数，保证圆弧翼墙安全，在此基础上采用水泥土搅拌桩提高地基承载力以满足挡墙自身的要求。

王村分洪闸每孔设 1 扇工作闸门，采用直升式平面滚轮钢闸门。滚轮支承，轴承采用自润滑滑动轴承，封水为 P 型橡皮后封水形式，闸门采用双吊点。闸门操作方式为动水启闭，局部开启。启闭设备采用固定卷扬式启闭机，该机双吊点，集中驱动，左右机架间采用刚性轴同步。直升式平面滚轮钢闸门具有结构受力简单、安装简单、维护方便、造价较低等优点。

河北省南水北调配套工程石津干渠工程北庄至晋州西段

工程地点: 河北省石家庄市

项目规模: 石津干渠北庄至晋州西段工程等别有 I 等,建筑物级别为 1 级,渠线长 33.588 km,设计流量为 110 ～ 145 m³/s

设计 / 竣工: 2013 年 /2017 年

设计单位: 河北省水利水电勘测设计研究院

所获奖项: 2019 年河北省优秀工程勘察设计一等奖

设计人员: 刘大鹏、赵运书、杨会玲、王玉杰、郑文超、苗青、张晓光、王运涛、周满意、邱祥、冯涛、徐超、张杨、黄玲、田力争

石津干渠是石津灌区的骨干输水工程,从黄壁庄水库引水,途经鹿泉市、石家庄市、藁城市、晋州市、辛集市、深州市、武强县等县市。南水北调中线工程建成后,石津干渠作为向沧州、衡水送水的配套工程,将同时具有城市供水的功能。

石津干渠北庄至晋州西段是河北省南水北调中线工程向石家庄输水的配套工程,是南水北调工程的重要组成部分,是确保江水调得来、用得上的关键环节,也是促进河北省经济社会可持续发展的重大战略性基础工程,关系着河北省的国计民生和人民的长远发展。

石家庄市、衡水市、沧州市属于水资源匮乏区,随着经济的发展,需水量逐年增加,水资源量却日益减少,地表水匮乏,地下水超采严重,供需矛盾十分突出。本项目建成后受水区城镇生活和工业用水逐步以引江水为主,地下水源井全部改为备用水源,优化了城镇生活和工业水源配置,治污工程和水源保护有序推进,生态保护等综合效益初步显现,工程取得重要阶段性成果。

本项目运行以来,逐步优化了河北省水资源配置,既减少了地下水的超采,又利于该区地下水的恢复和环境保护,使周边生态环境有了大幅改善,由于干旱造成的农业减产问题也逐步缓解。本项目建设利国利民,大大促进了河北省经济社会全面发展。本项目的建成具有重大的经济效益、社会效益和生态环境效益。

沧州市肖家楼穿运倒虹吸除险加固工程

工程地点： 河北省沧州市

项目规模： 肖家楼穿运倒虹吸工程设计流量为 540 m³/s，校核流量为 740 m³/s，工程等别为 II 等；倒虹吸管身、闸室等主要建筑物按 2 级设计，其余次要建筑物按 3 级设计

设计 / 竣工： 2013 年 /2017 年

设计单位： 河北省水利规划设计研究院有限公司

所获奖项： 2019 年河北省优秀工程勘察设计一等奖

设计人员： 杨建中、杨新、靳翠红、毕程敏、王晨澍、景志杰、彭云卿、张延忠、惠立新、王燕、刘燕强、乔燕飞、王亚奇、谢志勇、武丽生

肖家楼穿运倒虹吸工程是黑龙港流域涝水入海通道的主要控制工程，在防洪调度中起着重要作用，工程地理位置十分重要。工程下游距津浦铁路 1 km，津沪高速公路 1.1 km，大港油田采油三场 8 km。

肖家楼穿运倒虹吸工程设计流量 540 m³/s。该工程分两期建成，右侧 8 孔倒虹吸于 1960 年开挖南排河时建成，其结构形式为混凝土底板、浆砌石墩墙、混凝土盖板，孔口尺寸为 3.5 m×3.5 m（宽×高）；左侧 14 孔倒虹吸于 1965 年建成，其结构形式为钢筋混凝土箱形结构，孔口尺寸为 3.5 m×3.5 m（宽×高）。

本次除险加固工程主要建设内容：右侧 8 孔倒虹吸进口闸室拆除重建，出口连接段拆除重建；左侧 14 孔倒虹吸进口闸室拆除重建，出口闸室混凝土表面处理，洞身混凝土裂缝及局部补强处理；倒虹吸上下游浆砌石护坡修补；完善管理设施。

肖家楼穿运倒虹吸除险加固工程自 2017 年 5 月验收后，运行状态良好。倒虹吸行洪过水安全、正常；金属结构、启闭设备运行灵活，安全监测设施及设备合理，倒虹吸各项监测数据及指标正常。本工程的实施改善了区域生态环境，综合效益显著。

伊逊河围场县城段河道治理工程

工程地点： 河北省承德市围场县

项目规模： 小型

设计 / 竣工： 2012 年 /2016 年

设计单位： 河北省水利规划设计研究院有限公司

所获奖项： 2019 年河北省优秀工程勘察设计一等奖

设计人员：刘树玉、李纲、李晓东、李新功、郝国红、孙静、王莉娜、李晓苗、吴宏军、白寅虎、吴亚娜、石泰、刘燕强、路文扬、彭云卿

本项目为伊逊河围场县城段河道治理工程，设计工作由河北省水利规划设计研究院有限公司完成，于 2012 年 8 月编制完成《伊逊河围场县城段河道治理工程初步设计报告》，2013 年 4 月完成伊逊河围城县城段河道治理一期工程施工图设计工作并开工建设，后续施工图分几个阶段完成，工程于 2016 年 10 月完工。

伊逊河是围场县的主要行洪河道之一，自北向南流经县城，治理段河道位于县城段，堤防级别为 4 级，橡胶坝等主要建筑物工程级别为 4 级，拦砂坝等次要建筑物工程级别为 5 级，治理段河道的防洪标准为 20 年一遇，相应的洪峰流量为 702 m³/s。

河道整治范围起始于伊逊河大桥上游 2.5 km，终止于惠通桥下游 0.7 km，治理段河道总长 7490 m，分沉砂区、蓄水区和下游连接段三部分。布置 2 处沉砂区，一处位于伊逊河主河道，另一处位于支流湖泗汰沟；蓄水区自伊逊河大桥上游 350 m 至惠通桥上游 80 m，长 4.52 km，布置 9 座橡胶坝，河底采取防渗措施，形成蓄水区。为使蓄水段与下游河道平顺衔接，在蓄水区末端设长 797 m 连接段，对现状河底进行清淤下挖。

治理段河道两侧修建挡墙形成主槽，墙后填筑亲水平台。为提高主槽的冲砂能力，主槽采用深浅槽布置，即主槽分为两部分，一侧为深槽，另一侧为浅槽，深槽设计高程比浅槽低 0.4 m，深槽宜布置在凹岸，该布置形式可提高深槽内的流速，利用高速水流冲砂，减轻河道淤积；根据现状河势，1～4 号蓄水区深槽布置在河道左侧，5 号蓄水区为过渡区，深槽由河道左侧过渡到右侧，6～9 号蓄水区深槽布置在河道右侧。

本项目共布置 9 座橡胶坝，坝高为 2.5～3.6 m，2 孔布置，为提升坝址的冲砂能力、减少河道淤积，结合河道深浅槽布置，橡胶坝采用了高、低坝结合布置的方式，一侧橡胶坝布置在深槽内，另一侧橡胶坝布置在浅槽内，深槽与浅槽相差 0.4 m；口门宽度 80～86 m，分上游铺盖、坝室、下游护坦三部分。橡胶坝运行时单侧坍坝，集中水流满足河道冲砂，可起到很好的冲沙作用，有效防止淤积。

本项目修建后，通过河道清淤，改善了河道的行洪条件，通过修建蓄水建筑物，营造水域，形成了一条河畅水清、蓝绿相间、岸绿景美、自然和谐的生态河流廊道。

唐山市环城水系新开河、青龙河工程

工程地点： 河北省唐山市
项目规模： 治理长度 17.5 km
设计 / 竣工： 2009 年 /2012 年
设计单位： 河北省水利水电勘测设计研究院
所获奖项： 2019 年河北省优秀工程勘察设计一等奖

设计人员： 宋宝生、刘卫东、李英、刘大鹏、杨铎、李久明、孙长庆、刘力鹏、蒋宝忠、王小龙、马建礼、孙晓真、陈宝清、张帅、赵亚如

唐山环城水系新开河、青龙河工程规划设计坚持"生态、自然、环保"的理念，线路总长 17.5 km，整个河段布置滚水坝 9 座、橡胶坝 5 座、倒虹吸 18 座、桥梁 8 座。

工程设计紧密结合周边环境，因地制宜，采用多种生态型驳岸形式。设计采用自然生态驳岸形式，以梯形断面为主，结合多变的微地形，形成景观湿地，设置亲水平台，种植水生植物，增加亲水性。河道建筑物设计强调功能性与景观性的统一，并将其与岸畔绿地、游憩设施和亲水空间一体化设计，成为水岸空间的延伸。

新开河建筑物形式多样化，9 座景观水坝样式独特，满足传统水坝功能的同时，融入了景观、人文等文化内涵，一坝一景。18 座倒虹吸成功地解决了工程施工与城市交通相互干扰的矛盾。结合景观进行外观结构设计，又可称为形象桥，上部结构采用栏杆、挑檐、立面起拱等形式，设计构思新颖。

沧州市 2015 年度地下水超采综合治理李家岸引黄工程穿漳卫新河倒虹吸工程

工程地点： 河北省沧州市

项目规模： 中型

设计 / 竣工： 2015 年 /2017 年

设计单位： 河北省水利规划设计研究院有限公司

所获奖项： 2019 年河北省优秀工程勘察设计一等奖

设计人员： 刘树玉、张鑫、韦亚琳、杨锋、赵斌、孟卫涛、王秋红、苏潇雅、白寅虎、杨文润、赵伟、张延忠、石泰、林兵、赵悦

沧州市李家岸引黄工程穿漳卫新河倒虹吸工程位于冀鲁交界，沧州市南皮县境内。李家岸引黄工程利用山东引黄水作为沧州市压减地下水开采的替代水源，可有效地缓解南皮、盐山、黄骅等 5 县1 市的地下水超采问题。本项目为李家岸引黄工程穿越漳卫新河的重要节点和控制工程，担负着该引水线路承上启下的重要任务，设计引水流量 30 m³/s，控制灌溉面积 35 万亩。漳卫新河是海河流域最南部的防洪骨干水系漳卫河系的重要一支，堤防级别为 2级，防洪标准为 50 年一遇。

本项目由河北省水利规划设计研究院有限公司设计，于 2015 年11 月开工建设，2017 年 10 月竣工。

本倒虹吸工程主要内容包含倒虹吸工程（含进出口闸）、跃丰节制闸、新凤翔干沟节制闸、漳卫新河主槽岸坡以及堤防堤坡防护工程等。倒虹吸工程自漳卫新河南堤现有跃丰涵闸东侧沿东北方向至北堤现有前王涵闸西侧，与河道斜交 65°，工程总长 1415 m，其中倒虹吸长 1344 m，倒虹吸采用钢筋混凝土箱涵结构，孔口尺寸为3.6 m×3.6 m×2 孔。在河道内主槽两侧管身段分别设置防汽蚀补气检修井。根据不同堤段堤身高度穿堤段管身基础采用非等间距水泥粉煤灰碎石桩（CFG 桩）进行地基处理。

阜城县 2015 年地下水超采综合治理试点地表水灌溉项目

工程地点： 河北省衡水市阜城县

项目规模： 渠道整治 24.4 km，扩挖坑塘 27 座，新建或重建引蓄水闸 7 座，拆除重建桥梁 9 座，新建田间灌溉扬水站 82 座，铺设低压管道 210 km；总投资 12930.34 万元

设计 / 竣工： 2015 年 /2019 年

设计单位： 河北省水利规划设计研究院有限公司

所获奖项： 2020 年度河北省工程勘察设计项目一等成果

设计人员：滑令、杨锋、张东生、杨文润、冯士龙、沈晓青、赵立峰、彭云卿、韦亚琳、吴亚娜、李晓雷、白寅虎、张荣、尤朝明、崔彦超

阜城县地下水超采综合治理主要任务是通过工程措施和非工程措施减少本地区地下淡水的开采量。本项目通过渠系连通、坑塘蓄水、节水灌溉等工程措施用引黄水替代受水区地下淡水进行灌溉，以实现减少地下淡水的开采，最终实现地下水开采的动态平衡。

2015 年度地表水灌溉项目实施方案涉及古城镇、阜城镇、蒋坊乡、建桥乡 4 个乡镇 28 个村庄，主要包括河渠整治工程、坑塘蓄水工程和田间工程。项目区内渠道整治总长 24.4 km，扩挖坑塘 27 座，新建或重建引蓄水闸 7 座，拆除重建桥梁 9 座，新建田间灌溉扬水站 82 座，铺设低压管道 210 km。通过以上工程措施，可实现蓄水 666.3×10⁴ m³，其中坑塘蓄水 294.8×10⁴ m³，河渠蓄水 371.5×10⁴ m³，灌溉地块面积 3.78 万亩。本项目使用引黄水量 1315×10⁴ m³，压采量 544.83×10⁴ m³，控制灌溉面积 3.78 万亩，工程投资 1.293 亿元。

渠道整治工程中基本维持河道原走向，河口宽度以满足引水要求兼顾排沥为原则，河道纵断面设计主要依据河道走势地形变化趋势，并结合控制性建筑物设计。坑塘扩容工程中在距离村庄房屋较近的位置，考虑长期蓄水对岸坡的不利影响，岸坡采用浆砌石防护，为收集雨水补充蓄水量，防止雨水冲刷岸坡，坑塘设 1～4 个雨水口。雨水口采用混凝土防护，厚度 0.25 m，下设 0.1 m 厚混凝土垫层。部分项目村原有田间低压灌溉管网保存完好，现有管道工程压力满足要求。除新铺由扬水点至现有机井之间的输水管道之外，不再新铺其他管道。本项目坑塘与河渠综合调蓄，坑塘规模根据坑塘控制灌溉面积所需净灌溉水量、坑塘蒸发与渗漏损失、坑塘位置及其他因素综合分析确定。河渠以现状实测断面为基础，考虑节制闸分段拦蓄作用，实现分段蓄水，就近灌溉邻河渠耕地。

现状项目区农作物综合灌溉净定额 144.2 m³/ 亩，净需水量 544.83×10⁴ m³，灌溉用水全部取自地下水，地下水超采严重，供需矛盾十分突出。本项目实施后，项目区净需水量 544.83×10⁴ m³，利用冬四月引黄补冀水源提供，考虑工程管网铺设，利用引黄入冀水后将减少地下水开采 544.83×10⁴ m³，同时封存机井 160 眼。本项目压采效果明显，能够有效遏制地下水超采，修复地下水环境，推动实现水资源的可持续利用，为加快节水型社会建设提供有力的基础保障。

河北省拒马河涞源县城防洪治理工程

工程地点： 河北省保定市涞源县
项目规模： 小型
设计/竣工： 2010 年 /2018 年
设计单位： 河北省水利规划设计研究院有限公司
所获奖项： 2020 年度河北省工程勘察设计项目一等成果

设计人员： 曹丽娟、徐宝同、刘建平、张静静、崔艳玲、周鹏程、纪俊双、尉晓松、李金涛、申静、黄建平、王燕、赵红芬、贾晓珍、张尧

涞源县城地处涞源盆地的拒马河源头，拒马河由西向东从县城南部通过，是县城主要行洪河道。结合"721"洪水灾后重建，通过新开挖 3.30 km 导洪沟、实施支沟封堵、关键河段防护及新建 3 座落差建筑物等工程措施，将涞蔚公路以西东、西界沟洪水导入沿村沟，解决东、西界沟洪水顺县城道路下泄及新辟洪水出路问题，达标沿村沟和拒马河上段排泄洪水，消除西北部洪水对县城的威胁，完善县城防洪体系，从而提高县城整体防洪标准。

结合城市规划路边林带布置导洪沟，节约集约利用土地，通过采取岸坡防护、堤岸加高等措施，将洪水顺畅导入拒马河。新建导洪沟交叉断面下游的支沟封堵是导洪工程成败的关键，结合城市建设和工程弃土，导洪沟与现状各支沟交叉处采用坝式封堵结构，保障下游县城防洪安全。

本项目位于涞源盆地西北边缘，现状地面坡度较大，东、西界沟现状南北高差达 80 m，平均纵坡 16.7 ‰，冲刷下切严重，断面呈"V"字形，张石高速以下沿村沟现状河底平均纵坡为 10 ‰，为"U"字

形断面，河底为卵石，断面形式趋于稳定。导洪沟河道防护设计考虑山区河流特点，类比临近段沿村沟纵坡及断面冲刷状况，设计按照轻重缓急近、远结合、分期实施的原则开展，近期仅对关键河段进行防护以固定河势，限制河道冲刷下切，待经历若干次洪水检验后再酌情采取相应防护措施。

入沿村沟跌水跌差大、级数多，具有一定的技术难度。导洪沟末端与沿村沟相交，总落差为 14.8 m。因工程落差较大，为保证工程安全并且经济合理，在陡坡坡面设置连续的内凹式阶梯跌坎，变集中消能为沿程消能，使水流能量沿陡坡流程空间消散，使下泄水流流速减缓，不易产生空蚀破坏，达到理想的消能效果。

工程的实施，使涞源城区的人民生命财产以及 108 国道等重要基础设施防洪安全得到保障，对保障国家经济发展成果、维持经济健康发展、维护社会稳定、改善生态环境等具有重大意义，经济效益和社会效益非常明显。

河北省洨河赵县段治理工程

工程地点：河北省石家庄市赵县

项目规模：洨河赵县段治理工程等别为IV等，左、右岸堤防防洪标准为 20 年一遇，防洪堤为 4 级堤防，排水涵洞为 4 级建筑物，排水涵洞排水流量按 10 年一遇设计。20 年一遇洪水标准堤防加高培厚 20.01 km、堤顶路面硬化 10.75 km、修建排水涵闸 4 座

设计 / 竣工：2012 年 /2018 年

设计单位：河北省水利规划设计研究院有限公司

所获奖项：2020 年度河北省工程勘察设计项目一等成果

设计人员：杨芳、邵长乐、毕程敏、耿运生、宋戈、杨新、刘丹、王辉、刘燕强、吴亚娜、王燕、张冰菌、张丽、张家璐、延凤茹

洨河赵县段治理工程位于洨河赵县境内龙门桥至赵辛线公路桥，工程实施前堤防不连续，不满足 20 年一遇设计标准，汛期洪水威胁着赵县县城及沿岸村庄的防洪安全；堤顶路大部分段未硬化，宽度较窄，凹凸不平，每到汛期，堤顶泥泞难行，严重影响了防汛物资运输和抢险交通；河道两岸涝水没有排水通道，排泄不畅。工程主要任务是通过采取河道堤防加高培厚、堤顶路面硬化、河道整修、排涝建筑物建设等措施，使治理段河道达到 20 年一遇防洪标准的同时，疏通河道两岸排水通道。工程主要建设内容包括对左岸 10.749 km、右岸 9.26 km 堤防按 20 年一遇防洪标准进行加高培厚，将左岸堤顶路面进行硬化，并修建 4 座排水涵闸（左堤 2 座，右堤 2 座）等。

洨河赵县段治理工程于 2014 年 9 月开工建设，2018 年 5 月 22 日石家庄水务局主持召开工程竣工验收会议，对工程进行了竣工验收，工程已按批准的建设规模、设计内容和标准完建，且竣工验收后运行已满 3 年，通过实地调查和群众反映，工程运行状况良好，防洪效益发挥显著，很好地保护了赵县县城及沿岸村镇人民财产安全，成为一条防洪保安、排涝顺畅的洪水防线。

河北省南水北调配套工程石津干渠工程
沧州支线压力箱涵

工程地点： 河北省衡水市、沧州市

项目规模： 箱涵进口至武强节制闸加大流量 17 m³/s，设计流量 14 m³/s；武强节制闸至阜城分水口设计流量 14 m³/s；阜城分水口至箱涵出口设计流量 13 m³/s

设计／竣工： 2013 年 /2017 年

设计单位： 河北省水利水电勘测设计研究院

所获奖项： 2020 年度河北省工程勘察设计项目一等成果

设计人员： 赵运书、王会梅、刘晓峰、边伟朋、杨峰、武丽娜、邱祥、赵鑫鹏、康丽、张华、韩李明、王运涛、史云青、王悦、苗青

石津干渠工程是河北省南水北调配套工程跨市干渠工程之一，主要供水对象为石家庄市、衡水市、沧州市以及干渠沿线周边县（市）。沧州支线压力箱涵是石津干渠工程的重要组成部分，箱涵起点为衡水市的大田南干一分干末端，穿过龙治河、滏阳河、滏阳新河、滏东排河、老盐河、清凉江、江江河等河道，在杨圈村附近穿越南运河，在后孔村北入代庄引渠，通过代庄引渠输水至大浪淀。工程等别为 II 等，主要建筑物级别为 2 级，次要建筑物级别为 3 级。

压力箱涵采用二孔一联的钢筋混凝土结构，箱涵进口设计水位 20.42 m，出口设计水位 8.70 m，箱涵全长 89.94 km，箱涵进口至武强节制闸加大流量 17 m³/s，设计流量 14 m³/s，单孔孔口尺寸 3.4 m×3.5 m；武强节制闸至阜城分水口设计流量 14 m³/s，单孔孔口尺寸 3.3 m×3.3 m；阜城分水口至箱涵出口设计流量 13 m³/s，单孔孔口尺寸 3.0 m×3.3 m。压力箱涵沿线共布设备类建筑物

42 座，其中进口检修闸 1 座，出口工作闸 1 座，武强节制闸 1 座，保水堰 1 座，防洪闸 4 座，退水检修闸 2 座，城市分水口 6 座，农业分水口 9 座，河涵倒虹吸 7 座，涵渠交叉工程 4 座，公路交叉工程 5 座，铁路交叉工程 1 座。

为确保箱涵安全运行并方便检修，箱涵约 2 km 左右设置一座排气井；为排出箱涵内沉积物或检修时放空管道，在箱涵穿越的河、沟等低洼处设置排水系统。

2013 年 12 月 17 日，河北省南水北调工程建设委员会办公室以冀调水设〔2013〕139 号文对《河北省南水北调配套工程石津干渠工程沧州支线压力箱涵初步设计报告》进行了批复，工程批复总投资 260039 万元；2017 年 3 月 16 日通过了沧州支线压力箱涵通水验收。

石家庄市南水北调配套工程水厂以上输水管道工程第三设计单元

工程地点： 河北省石家庄市

项目规模： 正定—无极—深泽输水线路取水口为南水北调中线总干渠上的永安分水口门，设计流量 5.0 m³/s；供水目标为石家庄正定新区以及正定、无极、深泽 3 个县共 5 个水厂，设计供水能力 3.76 m³/s，其中正定新区 2.18 m³/s，正定县城 0.61 m³/s，无极北苏工业区 0.305 m³/s，无极县城 0.305 m³/s，深泽县城 0.36 m³/s；工程于 2016 年 11 月 22 日顺利完成通水验收

设计 / 竣工： 2013 年 /2013 年

设计单位： 河北省水利水电勘测设计研究院

所获奖项： 2020 年度河北省工程勘察设计项目一等成果

设计人员： 赵运书、刘晓峰、王耀举、韩李明、唐瀚、支艳庆、张亮、孙金龙、王志鹏、代伟欣、史云青、赵金亮、赵亚维、朱根峥、蔡文龙

本项目是石家庄市南水北调配套工程的重要组成部分，肩负着向正定县城、正定新区、无极北苏工业区、无极县城和深泽县城等地供水的任务，工程线路总长 64.9 km。取水口至正定新区的输水管道工程等别为 III 等（设计洪水标准为 50 年一遇），其主要建筑物级别为 3 级，次要建筑物为 4 级；其他供水目标的输水管道工程等别为 IV 等（设计洪水标准为 20 年一遇），主要建筑物级别为 4 级，次要建筑物为 5 级。

输水方式为正定支线采用加压输水，其余管线自流输水。进口至桩号主 9+688.665 采用 2 排 DN1600 球墨铸铁管 (DIP)，桩号主 9+688.665 至正定新区分水口采用 2 排 DN1600 预应力钢筒混凝土管 (PCCP)，正定新区分水口至深泽支线末端采用单排 DN800 ～ DN1400 DIP，正定支线采用单排 DN800 DIP，正定新区支线采用 DN1800 PCCP，无极北苏和无极支线采用 DN700 DIP，

采用管道工作压力 0.4 MPa/0.6 MPa，最大引水流量 3.76 m³/s。

沿线设 4 个分水口，即正定县城、正定新区、无极北苏工业区、无极县城，干线分段流量依次为 3.76、3.15、0.97、0.66、0.35 m³/s。干渠沿线水平转点 59 个，穿越县级以上公路 11 条、铁路 2 条、河流 1 条，各主要穿越建筑物为京广和京石客运专线、老磁河、京港澳高速及京港澳高速改建段（在建）、107 国道、正南路、新赵线、无极北环路、无极东环路、正深路。

铁路、高等级公路穿越采用输水钢管加外套管形式，铁路穿越外套顶管采用单孔框架地道桥形式，高等级公路穿越外套管采用 DN1200 ～ DN2000 钢筋混凝土管或两孔一联现浇箱涵。

管道附属设施布置检修阀 41 处，旁通阀 5 处，调流阀 4 处，流量计 15 处，排气阀 122 处，排水阀 49 处。

冶金篇

福建联德企业年产 20×10⁴ t 镍铁项目一期除尘灰二次利用工程

工程地点： 福建省宁德市
项目规模： 除尘灰 30×10⁴ t/a
设计 / 竣工： 2012 年 / 2013 年
设计单位： 中钢石家庄工程设计研究院有限公司
所获奖项： 2016 年河北省优秀工程勘察设计一等奖

设计人员： 李雪兆、董丽霞、王新凤、赵刚、韩晓威、钟凌鹏、宫静静、左亚峰、郭亚妹、马玉升、展召、赵立宁、赵宝玉、田懿、丁豪

福建联德企业年产 20×10⁴ t 镍铁项目一期除尘灰二次利用工程由中钢石家庄工程设计研究院有限公司于 2012 年 12 月—2013 年 12 月设计，并顺利投产，且使用至今运行状态良好。

本项目生产过程中产生的粉尘具有数量多、粒度细、黏度大、含镍品位高的特点，同时除尘灰在生产往返的过程中不断地富集，灰量越来越多。针对以上镍铁除尘灰的特点，中钢石家庄工程设计研究院结合多年来在本行业的设计经验，对各种处理工艺的优缺点进行了综合比较和选择，最后采用了圆盘造球工艺进行处理回收，粉尘回收处理量平均按 40 t/h 计，折合年处理量约 30×10⁴ t。本项目主要生产工序有：粉尘回收配料仓—粉尘混匀—粉尘加湿—球盘造粒—配料皮带—回转窑。

同等生产规模下，圆盘造球工艺占地面积小，且运行成本远低于冷压球工艺，同时采用气力输送技术，全封闭式除尘灰输送，有效地避免了二次扬尘，圆盘造球工艺解决了入炉、电耗、二次扬尘和灰尘往返积累的问题，以较低的能源消耗取得了很高的资源回收利用价值。通过生产实践可以看出，圆盘造球工艺取得了圆满的成功，为 RKEF 除尘灰的综合利用提供了新的技术和发展方向，是钢铁行业迈向绿色、智能的发展环境的一个亮点。

徐州新华宏钢铁工业有限公司 1280 m³ 高炉工程

工程地点： 江苏省徐州市新沂市

项目规模： 炼钢铁 150×10⁴ t/a

设计 / 竣工： 2013 年 / 2013 年

设计单位： 中钢石家庄工程设计研究院有限公司

所获奖项： 2017 年河北省优秀工程勘察设计一等奖

设计人员： 王宜利、朱玉峰、刘占起、张俊峰、苏凤、罗琦、唐伟坤、郭亚妹、辛红艳、雷谦、马玉升、白东云、周春辉、刘欢、张涵

本高炉投产以来，炉况顺行、煤气利用率好，生产技术指标在国内处于领先地位。

现在日均出铁量在 4500～4600 t，最高时达到 4700 t，远远高于国内平均同级别高炉（4000 t）。

它的燃料比基本保持在 510 kg/t，优于国内平均水平（520 kg/t）。

它的平均风温基本保持在 1250 ℃，高于国内平均水平（1200 ℃）。

根据以上的生产指标可以看到：本高炉具有产量高、消耗低、炉况顺、适应性强的特点，使吨铁成本大幅降低，为企业发展带来良好的经济效益和社会效益。

本项目使用的新技术名称如下：

①采用软水密闭循环冷却；

②鼓风机采用 BPRT 机组；

③煤气净化输灰方式采用气力输送；

④采用高效顶燃式热风炉；

⑤采用平坦式出铁场。

与国内同级别高炉的生产技术指标对比

序号	单位名称	炉容	日产量	利用系数	燃料比	风温
		m³	t	t/（m³·d）	kg/t	℃
1	安徽长江钢铁有限公司炼铁厂	1250	3300	2.64	520	1183
2	宝钢集团梅山钢铁有限公司炼铁厂	1250	2412	1.93	526.36	1197
3	承德钢铁集团有限公司炼铁厂	1260	3900	3.12	544.72	1185
4	杭州钢铁集团公司炼铁厂	1250	3338	2.67	526.32	1154
5	常熟市龙腾特种钢有限公司炼铁厂	1250	3625	2.90	541.89	1204
6	陕西龙门钢铁有限责任公司炼铁厂	1280	2726	2.13	526	1135
7	山西中阳钢铁有限公司炼铁厂 1# 高炉	1280	3340	2.61	533	1183
8	四川德胜钢铁集团有限公司炼铁厂	1250	3062	2.45	594	1215
9	天津冶金集团轧三炼铁厂 2# 高炉	1260	2721	2.16	514.37	1191
10	徐州新华宏钢铁工业有限公司	1280	4550	3.55	510.5	1235

唐山鹤兴年处理 200×10⁴ t 废料综合利用项目一期工程

工程地点： 河北省
项目规模： $100×10^4$ t/a
设计单位： 中钢石家庄工程设计研究院有限公司
设计/竣工： 2017 年 / 2018 年
所获奖项： 2019 年河北省优秀工程勘察设计一等奖

设计人员：陈少卿、王宜利、刘占起、朱玉峰、张俊峰、辛红艳、张涵、耿靳翀、郭亚妹、杨金凤、周春辉、董江波、马玉升、刘明阁、杜琳倩

唐山鹤兴年处理 $200×10^4$ t 废料综合利用项目一期工程为我国首个大型化和规模化冶金废料综合回收利用项目，为河北省 2016 年重点开工项目，属于河北省战略新兴产业节能环保项目，并被工信部列为"京津冀及周边地区工业资源综合利用产业协同发展示范工程项目名单"。本项目采用的"熔融炉处理钢铁厂固体废料技术"被工信部列入《国家工业资源综合利用先进适用技术装备目录》。

钢铁厂含铁固体废料主要源自烧结、球团、高炉、转炉、电炉和轧制等各个工序，一般含有铁、碳和一定量的锌、铅等元素。由于现阶段国内还没有比较合适的方法来处理钢铁行业的粉尘，致使很多钢铁厂的粉尘堆积如山，造成严重的环境污染，也使占地和二次资源浪费问题日益严重。粉尘资源化利用的核心在于充分回收利用粉尘中的铁、有价金属、碳等，同时分离并综合利用不能在钢铁生产中循环的有害元素。

本项目是对钢铁厂粉尘集中处理及有价元素回收的新技术项目，采用"一种熔融炉处理钢铁厂固体废料工艺方法"及"一种熔融炉烟气磁化处理设备"两项专利技术，工艺技术达到国内先进水平。该技术利用高温火法提取有价元素，处理含铅、锌尘泥，对钢铁厂粉尘集中处理，实现钢铁厂零废弃物排放的目标。通过熔融炉和对炉顶设备进行改造升级和功能扩展，开发新型粉尘高温分离设备，实现锌资源的高效回收，氧化锌从原料中的 5% ～ 10% 含量增加到 40% ～ 60%，成为高附加值的工业提锌原料，本项目在处理冶金废料过程中，可回收硫酸锌 $3×10^4$ t/a。

本项目技术适用性及实用性较强，解决了钢铁行业粉尘废料难以回收利用、资源浪费、污染环境等问题，为钢铁行业循环经济和可持续发展提供了经验和借鉴。

医药篇

齐鲁安替制药有限公司无菌车间扩建项目(一期)

工程地点: 山东省济南市历城区董家镇

项目规模: 年产头孢类抗生素 491 t

设计 / 竣工: 2014 年 / 2017 年

设计单位: 天俱时工程科技集团有限公司

所获奖项: 2019 年河北省优秀工程勘察设计一等奖

设计人员: 蔡进、周兰霞、田凯华、古高锋、张云龙、常永峰、丁向奎、崔盛、路铁铮、李建国、顾振峰、杨博、马平、张玮、孙涛

本项目为山东省新旧动能转化试验样本工程。基于"绿色"发展理念,本项目采用了一系列创新的工程设计理念,实现了数个"全国首家":首次实现无菌原料药(API)生产全过程自动化控制;首次实现包装材料清洗、灭菌、转移、API 灌装系统联动;率先设计了全智能能源管理中心,实现了用冷、用气的智能化调节及冷、热、水、电、气的实时监管;创新了整条生产线物料输送的完全密闭系统;设计了除菌过滤器的全自动在线清洗、灭菌、润湿、测试系统;实现了真正意义上的可验证的全自动 SIP、CIP 系统设计;彻底实现了溶剂、氨气、生产用水的分级处理和回收套用,达到了尾气系统 VOC(挥发性有机物 / 挥发性有机化合物)进入了 RTO(蓄热式焚烧炉 / 蓄热式热氧化炉)近零排放。

本项目采用天俱时集团自主研发的专利技术和国外先进的智能化

管理控制技术,全力打造"绿色工厂"理念。新建的溶媒回收车间自控系统应用实用新型专利"溶媒回收全自动过程控制系统",结晶车间暖通空调系统应用实用新型专利"用于高效送风口装置中高效过滤器检漏的检测系统"和"一种 B 级洁净区节能空调系统"。

本项目于 2018 年 12 月顺利通过中国 GMP 认证和美国 FDA、欧盟 EDQM 等认证,头孢菌素原料药产量处于国内领先地位,产品远销美国、日本、韩国、英国等四十多个国家。

本项目荣获 2017 年中美合同能源管理示范项目、中国化学制药行业绿色制药特设奖、美国绿色建筑委员会颁发的 LEED-NC V4 金级证书、河北省优秀工程勘察设计行业奖一等奖等多项奖励。

浙江海正药业股份有限公司外沙制剂一期项目

工程地点： 浙江省台州市椒江区

项目规模： 年产 20 亿片固体制剂、4300 万支注射剂

设计 / 竣工： 2016 年 /2018 年

设计单位： 天俱时工程科技集团有限公司

所获奖项： 2020 年度河北省工程勘察设计项目一等成果

设计人员： 吴少华、彭婷、崔盛、杜阳、李福正、汪生宝、杨博、尹宇鹏、孙涛、张振昌、胡广敏、古高锋、田国法、马平、吴世雄

海正药业是国家火炬计划重点高新技术企业，是国家定点的抗生素、抗肿瘤药物生产基地。海正药业外沙厂区主要以发展制剂生产为主。本项目采用先进的制剂生产技术和工艺，引进具有国际先进水平的压片机、胶囊充填机、自动包装连线等进口设备，纯化水循环系统选用高端合资品牌设备，符合国家新版 GMP 和欧美等国际通行 cGMP 标准，产品量标准高，可实现出口的目标。天俱时集团承揽设计 QA/QC 研发楼以及制剂五车间抗肿瘤固体制剂车间。

工艺路线设计构建了一条可持续安全生产该类产品的生产线，在同行业该类产品生产线设计中起到了良好的示范作用。本项目采用微丸和软胶囊技术，提高小剂量抗肿瘤产品含量的精确度和均一性，提高光敏湿敏药物的稳定性，避免药品生产过程中药物粉尘对人员健康的危害。设计将抗肿瘤制剂生产废水经预处理解毒（氧化灭活）后同其他生产废水流和主物流分开，避免交叉污染。产尘岗位设隔离柜及粉尘回收设施，排风系统出口配高效过滤装置，避免抗肿瘤药物向环境中释放。空调系统设计排风能源回收系统，降低能耗 50%。车间供水采用分区供水方式，有效降低能耗。公用工程计量采用智能流量积算控制仪，直接在盘面显示补偿后参数。按工艺功能设置区域设计显示触摸屏，集中显示典型房间温湿度、压差等参数。

电信篇

2014 年中国联通河北 LTE FDD 试验网（第二阶段）无线主体工程

工程地点： 河北省
项目规模： 新增 LTE 基站 2223 个
设计 / 竣工： 2014 年 7 月 / 2014 年 12 月
设计单位： 河北电信设计咨询有限公司
所获奖项： 2016 年河北省优秀工程勘察设计一等奖

设计人员： 张跃腾、王双锁、阎伟然、张慧、尚森、王红江、费兴广、刘国才、刘昱、杨志、于晓培、魏红霞、孙永超、许永刚、米胜凯

中国联通河北 LTE FDD 试验网（第二阶段）无线主体工程设计工作从 2014 年 6 月开始，于 2014 年 7 月完成。

本项目 LTE FDD 网络重点选择 3G 高话务流量站点（连续七天"单扇区忙时平均综合下行吞吐率（含数据和语音等效）"≥ 1.8 Mb/s 的站点，70% 业务集中度站点，2 倍平均业务流量站点）和品牌影响力特别大的站点，同时以这些基站为基础考虑一定的连续性，组成成片的 LTE 连续面覆盖区域。针对容易产生口碑效应的孤立的品牌形象区域，如 AAAAA 级景区和重要的大学城、开发区、旗舰营业厅、交通枢纽、大型场馆、党政机关等进行点覆盖。

本项目共建设 LTE FDD 分布式基站 2223 个，新增载扇 6691 个。项目建成后，全省 11 个地市业务热点区域均实现了 LTE FDD 网络覆盖，为用户提供了一张具有先进技术、提供高速数据业务的数据网络，提升了用户体验，更好地满足了不同层次客户的需求，从而更好地实现了新联通在新时期的发展战略，对提高联通的品牌形象具有重要意义。同时，在工程设计过程中充分利用现网站址、电源、配套资源，降低工程建设造价，落实工信部共建共享、可持续发展和节能减排的相关政策。

2015 年中国联通河北 LTE FDD 无线网第二期工程设计

工程地点： 河北省

项目规模： 新增 LTE 基站 13496 个

设计 / 竣工： 2015 年 / 2016 年

设计单位： 河北电信设计咨询有限公司

所获奖项： 2018 年河北省优秀工程勘察设计一等奖

设计人员： 张跃腾、王双锁、阎伟然、张慧、尚森、张东风、孙永超、刘国才、米胜凯、刘昱、潘崇、王辰辉、杨艳菲、陈永永、甄占磊

在 4G 新技术的推动下，在移动互联网的趋势下，4G 时代的市场竞争将会更加激烈，面对竞争对手 LTE 网络情况，中国联通在 2015 年提出了聚焦 4G 的移动网发展战略，用户发展、资源将向 4G 网络倾斜，为实现 3G 向 4G 网络的平稳过渡，延续联通在 3G 时代的竞争优势，河北联通有必要进行 2015 年 LTE 无线网二期工程建设。

本项目设计工作从 2015 年 11 月开始，于 2015 年 12 月完成。

本项目共新增 4G 基站 13496 个，新增载扇 40044 个，新增天馈系统 39406 套。工程完工后河北联通 LTE FDD 网覆盖水平和覆盖能力得到极大提升，全省 11 个地市市区及县城城区均达到良好覆盖，乡镇、校园、高等级景区及交通干线基本达到连续覆盖，低等级交通干线及行政村实现有效区域覆盖。通过本项目的建设，进一步提高了河北联通 LTE 网覆盖水平和容量，促进了河北联通移动网业务发展，有效增强了竞争力。同时，在工程设计过程中充分利用现网站址及铁塔存量资源，降低工程建设成本及难度，落实共建共享、可持续发展和节能减排的相关政策。

2016 年中国联通河北 LTE FDD 无线网工程一阶段设计

工程地点： 河北省
项目规模： 升级 LTE 基站 25440 个，新建 LTE 基站 1357 个
设计 / 竣工： 2016 年 /2017 年
设计单位： 河北电信设计咨询有限公司
所获奖项： 2019 年河北省优秀工程勘察设计一等奖

设计人员： 段庆、张跃腾、肖楠、阎伟然、王双锁、张慧、孙永超、刘国才、许永刚、肖宇、潘崇、杨志、陈岳雷、杨艳菲、耿朋进

本项目首先介绍了提出的背景、网络现状，并对河北联通 4G 网络建设和运营情况进行了分析，结合中国联通在 2015 年提出的聚焦 4G（用户发展、资源将向 4G 网络倾斜）的移动网发展战略，河北联通决定在打造 4G 精品网络过程中整合、盘活现网的存量资源，打造一张高质量、低成本、低能耗、轻资产的语音及数据业务网。为更快实现 4G 网络聚焦，快速形成 4G 网络的核心竞争力，提出了本项目的建设方案，通过新增基站、升级 SDR 以及与电信深度合作等方式，快速形成 4G 网络的核心竞争力。

本项目通过对全省 11 个地市网络各站点逐站分析，在满足现有网络覆盖及质量的前提下，通过在 4G 网络开通 SDR 功能，腾退老旧设备 (G900/G1800)，降低网络运维成本，提升网络质量，河北联通全网共升级 SDR 基站 25440 个；同时为实现第二厂家落地，邯郸、

沧州、衡水三地市共新增 LTE FDD 基站 1357 个，载扇 4071 个。

通过建设本项目，邯郸、沧州、衡水区域实现了 LTE 网络第二厂家落地，并清楚地划分了厂家负责区域，在保证现有网络覆盖的同时提升了网络质量。全省实现了 20000 多部老旧设备下电，每年节约电费、维保费、铁塔租金等 1.5 亿元；通过 SDR 设备替换梳理厂家分布，实现了 2/4G 设备同厂家，使得网络建设及设备退网、规划占得主动。同时，2/4G SDR 改造后将有利于老旧传输设备的替换工作，进一步节省能耗，提升传输质量。

在工程设计过程中充分利用现网站址及铁塔存量资源，降低工程建设成本及难度，落实共建共享、可持续发展和节能减排的相关政策。

2016 年中国联通河北本地传送网扩容工程一阶段设计

工程地点： 河北省

项目规模： 新增设备 134 端、扩容设备 655 端

设计 / 竣工： 2016 年 /2017 年

设计单位： 河北电信设计咨询有限公司

所获奖项： 2019 年河北省优秀工程勘察设计一等奖

设计人员： 闫庆丰、段庆、栗诗、赵建鹏、刘蕴璋、陈亚繁、康世龙、宋雷、杨欣宇、刘克、王葆、赵玉平、李招、张华、杨清飞

本工程建设内容包括波分系统、分组系统、MSTP 系统三部分。OTN 系统解决固网大颗粒业务需求，通过相干技术实现远距离、大容量传输，扩大色散容限，采用实现支线路分离方式，基于 ODUk 交叉，实现 100GE、10GE、GE 业务灵活调度，提升波道综合利用率，采用 OCP、SNCP 等多种保护方式，提高网络安全可靠性。

分组系统满足基站回传业务承载，具备对分组数据流量统计复用功能，提供 TDM 业务（E1、CSTM-1）电路仿真、MPLS L2/L3VPN 业务的综合业务承载，满足 2G/3G/4G 各种业务承载传送的性能要求。

MSTP 技术成熟，在网设备完善，但总体容量小、承载业务量低、缺乏智能化，不适应未来业务高速发展趋势，原则上应充分挖潜现网资源，少量扩容。

本项目建成后，范围涵盖河北全省，极大地增强了河北联通本地传输系统带宽的供给能力，提高了传输网的业务适应性以及网络可靠性，以适应目前和将来全网通信发展的需要。

化工篇

河北辛集污泥资源化综合利用项目

工程地点： 河北省辛集市

项目规模： 2×35 t 循环流化床焚烧锅炉 +2×6 MW 中温中压抽凝式汽轮机，日处理污泥量 1744 t/d（含水率 85%）、1139.82 t/d（含水率 45%），年发电量 8400×10⁴ kW，年发电标准煤耗 490 g/（kW·h），年节约标准煤耗 490 g/（kW·h）

设计 / 竣工： 2017 年 /2018 年

设计单位： 河北能源工程设计有限公司

所获奖项： 2019 年河北省优秀工程勘察设计一等奖

设计人员： 王素花、唐玉平、李英杰、刘亚乾、李婷姣、闫静舟、尚柱帮、胡玉龙、李琳、冯世叶、张衡、田伟昆、闫丽涛、姚贝贝、任旭光

①污泥脱水技术：该系统采用高效节能螺杆式污泥挤压脱水机，采用锥形轴，且螺旋叶片为螺旋形变螺距叶片，在出料箱螺杆部位安装了背压出料环，利用螺杆内叶片间距的改变与螺杆相互产生压缩作用，随着螺杆的旋转污泥被挤压，污泥所含水分被分离并通过滤筒排出，使得泥饼含水率降低。

② AO 干法脱硫脱硝协同技术：国惠集团自主研发的一项新型干法协同脱硫脱硝技术，该技术通过协同反应剂同步对二氧化硫和氮氧化物进行脱除，实现二氧化硫与氮氧化物的近零排放。

③污泥焚烧发电除臭综合治理技术：污泥在泥棚内的恶臭气体可通过一次风机抽取，再经预热后送入锅炉高温分解；锅炉停运检修期间，采用排风扇后置除氧模块及污泥棚内设除臭装置的方式，高效净化后达标排放；AO 干法脱硫脱硝协同装置后设置吸附模块，进一步捕捉焚烧尾气中所含的 VOCs 和恶臭气体。

④采用燃烧中控制 + 燃烧后控制的措施管控。燃烧中控制：采用"3T+E"控制技术使污泥在锅炉内得以充分燃烧，烟气在焚烧炉中停留时间为 4～6 s，焚烧温度为 850℃以上。燃烧后控制：采用布袋除尘 + 活性炭吸附等方法对二噁英进行过滤和吸附。

⑤烟囱采用自立式套筒钢烟囱，内筒采用不锈钢，出口内径 2.4 m，烟囱高度 100 m，烟囱顶部加装阻尼器技术，采用黏滞型阻尼器，在线监测，实时报警，为国内首例 100 m 高自立式钢烟囱。

⑥泥棚围护结构采用阳光板，充分利用太阳能升高棚内温度，污泥在棚内储存期间蒸发水分、发酵，提高热值。

⑦生产系统补给水采用经深度处理后的污水处理厂中水，降低用水指标；采用梯级用水、一水多用，辅机循环排污水回收利用等节水原则，循环水的排水和锅炉补给水系统排水重复使用。

⑧改善污泥运输皮带、料斗粘料问题，研发了燃料棒、燃料颗粒，污泥与生物质颗粒挤压成型，生物质颗粒吸收水分，解决粘料问题，并降低了飞灰占比。

⑨飞灰掺加螯合剂进行固化，按照危废要求处置，减少环境危害。

沧州临港亚诺化工有限公司 12580 t/a 新型化工专用中间体技改项目

工程地点： 河北省沧州市临港经济技术开发区
项目规模： 12580 t/a 新型化工专用中间体
设计 / 竣工： 2014 年 /2017 年
设计单位： 福斯特惠勒（河北）工程设计有限公司
所获奖项： 2020 年度河北省工程勘察设计项目一等成果

设计人员： 赵丽霞、武晓明、于陆浩、刘恒亮、刘倩、张飒、李华君、刘克、张晓鹏、柳永刚、吕朋、郝欣欣、王子红、张满园、董超

沧州临港亚诺化工有限公司是河北亚诺化工有限公司的全资子公司，位于沧州临港经济技术开发区经三路路东。

本项目的技术依托单位是河北亚诺化工有限公司，该公司成立于1997 年，以研究、开发、生产医药、农药中间体及其他精细化工产品为主营业务，该公司取得了甲基磺酰氯、甲基磺酸、2, 3- 二氯吡啶等生产工艺技术的国家发明专利。

主要产品包括烟酸、乙酰丙酸乙酯、3- 氨基吡啶、4- 氨基吡啶、甲基磺酸、2, 3- 二氯吡啶、2- 氯 -3- 氨基吡啶、2- 氯 -4- 氨基吡啶、2-(2- 氨乙基) 吡啶、4- 溴吡啶盐酸盐、2- 氯 -3- 氰基吡啶、2- 氯烟酸等，合计产量为 12580 t/a。

本项目涉及的产品多达 13 种，为有机硫化物、吡啶衍生物中的卤代吡啶、氨基吡啶、吡啶羧酸等，该产品的工艺生产路线是河北亚诺化工有限公司经过几年研制、开发的生产工艺。生产工艺技术成熟、可靠，工艺流程合理，消耗指标和产品质量在国内处于领先地位。在氯化工艺过程中高温氯化后直接浓缩蒸三氯氧磷，氯化废水采用氢氧化钠中和，不但解决了蒸发问题而且回收的十二水磷酸钠还有较高的经济价值，完全可以抵消处理废水产生的费用，工艺安全且易操作。

1. 经济效益

本项目产品以吡啶衍生物为主，是农药、医药等领域的重要中间体，其下游产品多，产品链长，辐射面大。本项目设计产品 13 个，投产后可根据市场灵活安排产品品种和产量，适应市场，提高企业效益，同时向社会提供更优质的产品。装置建成后一次试车成功，生产稳定，产品质量提高，并且平稳运行至今。项目投产后，年销售收入约 5 亿元，年利润总额约 1.5 亿元，年上缴税金约 0.4 亿元，为企业带来了良好的经济效益。

2. 社会效益

吡啶衍生物生产技术含量高，产品附加值高，客户群体稳定，市场前景可观。本项目建成后，满足了国内市场的需求，且为当地提供了大量的就业机会，为地方经济发展起到了带动作用。

3. 环境效益

本项目符合国家的产业政策，符合渤海新区总体规划中关于环保及清洁生产的标准。产品后处理工艺方面基本实现了分离过程中不产生任何污染物，减少了尾气的大量排放以及污染和浪费。在环保方面，严格按照国家环保要求，采用清洁技术，减少污染，达标排放。本项目符合生态低碳、环境保护的可持续发展原则，顺应"十三五"规划发展绿色、低碳、节能型产品的目标。

抗震篇

景山学校大爱城分校一期项目教学楼（抗震专项）

工程地点： 河北省廊坊市香河县

项目规模： 地上 4 层，地下设置隔震层，建筑面积 15541.35 ㎡

设计 / 竣工： 2018 年 /2019 年

设计单位： 河北拓为工程设计有限公司

所获奖项： 2020 年度河北省工程勘察设计项目一等成果

设计人员： 赵青山、何文臣、马振、赵雨、李宁、邹鹏兵、谢国阳、邢瑞

本项目在建筑物上部结构与基础之间设置柔性隔震层，通过隔震层的变形和耗能，阻隔地震波输入给上部结构的能量，从而减少上部结构的震动。隔震层延长了结构的自振周期，使上部结构相对变形变得非常小，大大降低了上部结构所受到的地震作用。通过 5 条天然地震波和 2 条人工波计算分析，减震系数达 0.39，减小了地震作用对上部结构的影响，降低了上部结构的梁柱截面尺寸和配筋率，大大减少了上部结构的混凝土和钢筋含量，设备管线布置更加灵活。虽然土建总造价略有增加，但保证了设防地震烈度下功能的不间断，大大减少了震后修复费用。教学楼采用传统坡屋顶结合现代立面造型的手法，以屋顶的墨绿色、墙面的米黄色作为主色统一整个校区的用色基调，局部点缀鲜艳的颜色及装饰构件以丰富建筑的细节。

南北向的景观序列轴自北向南贯穿整个校园，控制了校园建筑和景观的秩序，将整个校园串联起来。

本项目通过采取隔震措施，提高了设防水准，保证了大震来临时建筑物的安全储备及广大师生的生命安全，具有良好的社会效益和经济效益。

暖通篇

石家庄万达广场——商业综合体(暖通专项)

工程地点: 河北省石家庄市

项目规模: 总建筑面积 325814 m²,地上 5 层,地下 2 层

设计/竣工: 2009 年/2011 年

设计单位: 河北建筑设计研究院有限责任公司

所获奖项: 2016 年河北省优秀工程勘察设计一等奖

设计人员: 宋志辉、侯建军、杨慧英、李晨、窦东蕾、李庭、张运、刘盛楠

本项目为集商业、娱乐、办公、商务、影视、酒楼、酒店于一体的超大型商业综合体,建筑功能主要由地下设备用房和大型汽车库,地上 1~5 层商业综合体,6 层以上五栋塔楼组成。

本项目建筑体量大、功能多样、平面进深大、周边交通流量大。项目设计基于对项目自然资源和气候资源的分析,建筑形态注重室外景观打造,结合建筑功能、使用者需求、建筑设计和技术经济水平的特点,以绿色建筑为设计目标,营造轻松、舒适、高效、富有情趣的商业步行街购物环境。通过自然通风、天然采光等手段,降低运营成本,重点营造室外立体景观和舒适的微环境;设计不同功能区域、不同设备运行分项计量,实现绿色运行管理。

勘察篇

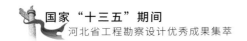
唐山市凤城国贸北区基坑工程

工程地点： 河北省唐山市

项目规模： 基坑近似长方形，南北长 175 m，东西宽 158 m，开挖面积约 28900 m²；开挖深度 19.45 ～ 20.25 m，局部达到 23.95 m。

竣工时间： 2015 年 6 月

勘察单位： 中冶地勘岩土工程有限责任公司

所获奖项： 2016 年河北省优秀工程勘察一等奖

参与人员： 刘戍辰、胡艳东、吴德明、周建军、张志军、张志轩、刘云军、于春磊、周杨、肖烨、都鹏远、李春晖、刘志刚、刘炜钢、左福鼎

唐山市凤城国贸北区基坑工程位于唐山市卫国路西侧，北新西道南侧，国安街北侧，天一广场东侧，原唐山啤酒厂院内。项目由住宅、办公楼、商业、公寓及地下车库等组成，总建筑面积 356335 m²。基坑近似长方形，南北长 175 m，东西宽 158 m，开挖面积约 28900 m²；开挖深度 19.45 ～ 20.25 m，局部达到 23.95 m。工程的难点：①地处繁华商圈，安全等级高；②基坑周边环境复杂。基坑北侧、东侧、南侧距市政道路近，特别是北侧，基础边线距红线只有 2.6 m 左右，最近的自来水管已经到了护坡桩边缘；西侧距离已建成的天一广场 15 m 左右，特别是地下车库入口，距离该基坑只有两米多。原天一广场护坡锚索有三道，全部深入到本项目场区内；③基坑水位很高，水位降深超过 10 m。

基坑支护采用桩锚结构，护坡桩直径 ø800 mm，间距 1.40 ～ 1.50 m，桩长 26.15 m 和 26.95 m 两种。设置 5 道锚索。

冠梁上部 2.3 m 为混合结构挡土墙。在基坑西侧天一广场 28 层主楼位置的预应力锚索采用大直径短锚索进行桩锚支护，预应力锚锁直径由 150 mm 加大到 250 mm，预应力锚索长 15 ～ 18m，这样就避免了支护结构对原 CFG 桩的影响。在天一广场车库入口部位采用植筋的办法把本基坑的冠梁和原基坑护坡桩连接在一起，起到加固作用。基坑西侧采用桩间高压旋喷桩和护坡灌注桩共同组成止水结构，其他位置采用管井降低地下水。还精心设计和加固了施工坡道。

这种近接建筑（构筑）物深大基坑工程，支护和降止水设计施工难度都很大。基坑在开挖和使用过程中，变形量均满足规范和设计要求，周边建筑物和道路管线没有发生过大沉降和开裂变形，工程质量优良。中冶地勘公司通过设计优化，保证安全的同时大幅降低了工程造价，减少了不必要的资源浪费，经济及社会效益显著。

中海石油中捷石化安全环保与清洁燃料项目地基处理 III标段、桩基工程 II 标段工程

工程地点：河北省沧州市渤海新区
项目规模：大型
勘察单位：中冀建勘集团有限公司（原河北建设勘察研究院有限公司）
所获奖项：2016 年河北省优秀工程勘察设计一等奖

参与人员：李友东、王国辉、王德亮、郭月亮、陈军红、熊文波、靳云龙、李杨

中海石油中捷石化有限公司安全环保与清洁燃料升级项目主要建设内容：在新厂区建设 4 套生产装置，包括 250×10⁴ t/a 常减压装置、80×10⁴ t/a 柴油加氢精制装置、60×10⁴ t/a 汽油加氢脱硫装置和 60×10⁴ t/a 芳构化装置；在老厂区改造 3 套生产装置，包括 120×10⁴ t/a 催化裂化装置改造、80 t/h 溶剂再生装置改造和酸性水汽提装置改造。同时，配套储运、公用工程及辅助生产设施等同步升级。

本项目的施工内容包括新厂区地基处理III标段、桩基工程 II 标段，共完成强夯处理面积 139389.91 ㎡；碎石桩试验 1525 m、CFG 桩 304 m³；工程桩施工方桩 JZHb-245 型 32416 m、管桩 PHC 400 B 型 323247 m、PHC 500B 型 3427 m、褥垫层 13600 m³。工程产值约 6600 万元。

石家庄城市轨道交通工程1号线一期涉及四处下穿、上跨石太、京广和石德铁路第三方监测项目

工程地点： 河北省石家庄市
项目规模： 大型
勘察单位： 中冀建勘集团有限公司
所获奖项： 2016年河北省优秀工程勘察设计一等奖

参与人员： 曹崇、刘洪涛、郝永攀、田力、荣亮、万良勇、曹猛、张树森、韩立洲、杨璐、国计鑫、袁淑芳、葛青茹、杜盼强、张彦红

1. 工程概况

石家庄城市轨道交通工程1号线一期涉及四处下穿、上跨石太、京广和石德铁路第三方监测位于石家庄市域，业主单位为石家庄市轨道交通有限责任公司。

监测内容包含地表沉降、轨道沉降、轨道轨距、接触网立柱倾斜、接触网立柱倾斜沉降、深层位移、桥桩沉降、周边桥梁墩台裂缝、桥墩（台）沉降、隧道监测、轨道裂缝、线杆沉降、线杆倾斜等。监测范围为工程周边环境监测，与施工相关的监测。

本项目工期自2014年10月28日至2015年11月17日，历时385天，合同总造价785.5605万元。

2. 工程简介

本项目共涉及四处下穿、上跨：①石家庄城市轨道交通工程1号线一期张营停车场至西王站区间第三方监测（下穿铁路部分）；②解放广场—平安大街区间解—平区间顶进段下穿八股铁路；③解放广场—平安大街区间解—平区间明挖段上跨六线隧道；④石家庄城市轨道交通工程1号线一期石家庄东站至南村站区间下穿石德铁路第三方监测。

第三方监测工程量：水平位移基准网观测6次、竖向位移基准网观测7次；地表路基沉降观测966次，轨道沉降观测4244次，桥墩沉降观测2778次，信号灯沉降观测769次，接触网立柱沉降1390次；桥墩倾斜观测769次，信号灯倾斜观测766次，接触网立柱倾斜观测102次；轨道轨距观测2549次，轨道水平超高观测2549次。

3. 工程特点、难点及成果先进性

1) 方案经济合理，测量手段先进，积极采用新技术，选用先进的自动化测量仪器

根据施工进度，制定适宜监测对象变形特点的观测周期。对监测建筑物及周边环境和危险性进行分析，制定适宜的观测方法和观测等级。监测六线隧道时，因隧道正在使用而采用静力水准仪自动化方法监测，系统定时将数据传输到服务器端，减少了人工监测的危险性和烦琐性。

2) 重复观测，精度要求高，数据处理要求严密

第三方监测需使用的仪器、观测方法、观测人员、观测路线尽量一致，每一周期都要重复观测。

监测精度最高要求达到1mm。进行数据处理和分析时，经常需要多学科知识的交叉配合，对变形体进行合理的几何分析和物理解释。

3) 时间紧、工作量大，不允许出错

上午监测数据下载后及时分析数据，确定是否报警，并上报监测数据中心，任务重、时间紧，监测时不允许出错。

4) 强化工程管理，工程优质高效

由于本项目技术要求高，施工难度大，因此根据ISO9001质量体系文件的规定，对本项目实行项目管理，成立了项目经理部，使项目管理科学化、规范化和法制化。强化质量意识，明确质量目标、质量标准和质量职责，严格按照规程规范、设计要求和ISO9001质量体系文件的规定进行施工，尊重业主对工程的要求，服从业主的质量管理，从而确保了整体工程质量。项目组精心组织，合理安排，从外业测量、内业计算，到成果的分析整理、工程预警等各个环节，都制定了严格的岗位责任制度、质量保证措施及安全保证措施，把"抓质量、促进度、保安全"贯彻于施工的全过程，施工期间未发生任何人身事故、工程质量事故。

5) 经济效益和社会效益显著

坚持国家、业主、施工方三者利益兼顾，本着对项目技术质量负责的宗旨，在测量方法和测量手段的选择上，以适当的工作量解决关键性的技术问题，积极采用新技术及先进手段，大大提高了生产效率，相应降低了消耗，创造了较高的经济效益，为石家庄市轨道交通有限责任公司提供了及时、可靠的监测资料，赢得了荣誉和信誉。

江苏华电句容电厂 2×1000 MW "上大压小" 新建工程桩基施工

工程地点： 江苏省句容市下蜀镇桥头村
项目规模： 大型
勘察单位： 中冀建勘集团有限公司
所获奖项： 2016 年河北省优秀工程勘察设计一等奖

参与人员： 胡建敏、王国辉、祁建永、陈军红、周进发、郑成果、陈佳锡、范晖红

本项目厂址东距镇江市约 28 km，西距南京市 45 km，濒临黄金水道，扩建空间大，条件优越。本项目由中国华电集团及江苏电力发展股份有限公司合资建设，规划容量为 4×1000 MW 超超临界燃煤发电机组，本期建设其中 2 台并同步建设脱硫脱硝装置，预留扩建条件。

本项目地基处理内容包括旋挖钻孔灌注桩、PHC 管桩、干振碎石桩、水泥搅拌桩、高压旋喷桩和压密注浆等。本项目共完成旋挖钻孔灌注桩 1058 根，PHC 管桩 2851 根，干振碎石桩 23623 根，水泥搅拌桩 5311 根，高压旋喷桩 2597 根，压密注浆 306 孔。工程总造价约 8894 万元。

天津南疆储运基地油库项目

工程地点： 天津市塘沽区南疆港区

项目规模： 总征地 450 亩，总建筑面积 5777.08 m²

勘察单位： 中冀建勘集团有限公司

所获奖项： 2016 年河北省优秀工程勘察设计一等奖

参与人员： 梁书奇、聂书斌、贾向新、李永强、张留栓、孔江伟、李晓丹、赵新博、刘云峰、牛坤、纪迎超、刘旭亮、谢永刚、梁冰心、刘涛

本项目为民航供油专业工程，位于天津市塘沽区南疆港区南侧，可保障北京、天津以及北京第二机场航空煤油供应。本项目总征地 450 亩，总建筑面积 5777.08 m²，勘察范围为 37×10⁴ m³ 储罐区域。

场地地表层为人工填土（Qml），其下主要为第四系全新统至上更新统部分沉积物，20.0 m 以内主要为流塑～软塑状态的淤泥质粉质黏土和粉质黏土、松散细砂层。根据拟建建（构）筑物特点、地层结构及其特性，本次勘察手段包括钻探、标准贯入试验、波速测试、静力触探试验、十字板剪切试验及室内试验等。

本项目勘察完成勘探点 322 个，包括取土试样钻孔、标准贯入试验孔、静力触探试验孔、十字板剪切试验等，勘探深度为 18.0 ～ 65.0 m，勘探总延米为 14104.6 m。试验采用了含水量试验、界限含水量试验、比重试验、天然密度试验、常规试验、固结试验（最大压力 1600 kPa）、先期固结压力试验、三轴剪切试验（CU 法、UU 法）、砂土筛分试验、粉土黏粒含量试验、有机质含量试验、渗透试验、地下水及场地土腐蚀性分析等。

通过综合的勘察试验手段，查明了场地软土的空间分布及特性，对场地饱和砂土的液化及软土的震陷特性给出了客观的评价；对场地地震效应、地基土均匀性进行了评价，提供了岩土工程所需的各项岩土技术参数；提出了合理的基础方案，明确了基桩持力层的选择；对试桩桩型及成桩可行性进行了分析评价，对地基基础方案、基坑开挖等提出了合理化建议。

本项目建成至今运行良好。

南水北调中线京石段应急供水工程
（石家庄至北拒马段）漕河渡槽工程地质勘察

工程地点： 河北省保定市满城县

项目规模： 建筑物工程等级为 I 等 1 级，漕河渡槽分配水头小，跨越的河流宽阔，同时跨越公路、铁路，以其槽身断面尺寸 (3 孔 6 m×5.4 m) 和总长度（2300 m）来看，属国内乃至世界上建成的最大的渡槽之一

竣工时间： 2008 年

勘察单位： 河北省水利水电勘测设计研究院

所获奖项： 2016 年河北省优秀工程勘察设计一等奖

参与人员： 陈宝玉、王建权、邱方胜、兰景岩、秦海峰、康国强、刘国华、郭印亮、何国全、郭建礼、杨光、王翀、袁增辉、张兴才、刘建才

漕河渡槽是南水北调中线工程总干渠大型河渠交叉建筑物之一，为南水北调中线总干渠上的地标性建筑物，立足于石家庄、北京及天津腹地，位于河北省保定市满城县神星镇以南 400 m，距保定市约 30 km，交通方便。

漕河渡槽是南水北调中线京石段应急供水工程上的重要渠段，该渠段内地形复杂，建筑物多，工程投资大、工期长，因此被列为先期开工项目。

漕河渡槽起止桩号 375+357 ～ 377+657，全长 2300 m，由进口渐变段、进口闸室段、落地槽段、渡槽槽身段、出口闸室段和出口渐变段等 6 部分组成。建筑物工程等级为 I 等 1 级，进口渠底高程

62.243 m，进口水位 66.743 m，出口渠底高程 61.522 m，出口水位 66.022 m，设计流量 125 m³/s，加大流量 150 m³/s。

南水北调中线工程是一项跨流域、跨省市的特大型水利工程，是优化我国水资源配置、关系实现全面建设小康社会宏伟目标的重大基础性战略工程，对国民经济全局和中华民族的长远发展具有重大而深远的意义。

本项目的实施不仅可有效缓解京津和华北地区的缺水状况，而且可改善区域生态环境，支撑该地区国民经济和社会的可持续发展，惠及子孙后代，其经济效益巨大，社会、政治影响深远。

南水北调中线京石段应急供水工程
釜山隧洞工程地质勘察

工程地点： 河北省保定市徐水县、易县

项目规模： 釜山隧洞工程设计流量 100 m³/s，加大流量 120 m³/s，建筑物全长 2664 m，为南水北调中线京石段应急供水工程最长的输水隧洞，建筑物工程等级为 I 等 1 级，地震设计烈度 7 度；隧洞工程由进口段、洞身段、出口段三部分组成，洞身段布置为两条平行的隧洞，洞身总长度 5018 m。隧洞洞内水流流态为无压流，洞室采用圆拱直墙型，断面尺寸为 7.3 m×7.81 m

勘察／竣工： 2016 年 /2018 年

勘察单位： 河北省水利水电勘测设计研究院

所获奖项： 2016 年河北省优秀工程勘察设计一等奖

参与人员： 康国强、陈宝玉、秦海峰、于奇、陈利、刘国华、王红菊、邱方胜、王翀、倪惠松、李启磊、王艳军、杨凤桂、李博超、杜巍

釜山隧洞为南水北调中线京石段应急供水工程干渠控制性工程之一，其位于河北省保定市徐水县和易县交界处。该隧洞工程为两条平行引水洞，单洞长 2450 m，两洞之间净间距为 18 m，引水洞断面形式为城门洞形隧洞，开挖断面尺寸为 8 m×10 m，混凝土衬砌。本项目工期要求为 18 个月投入使用，实际隧洞施工工期为 11 个月，附属工程包括闸门安装、控制系统安装等。工程于 2004 年 9 月 1 日开工建设，2008 年 9 月 28 日第一次向北京输水，2010 年 5 月 25 日第二次向北京输水。

从地质条件来看，釜山隧洞为地质构造复杂的全基岩隧洞，洞身穿越大小 12 条断层和破碎带，进、出口山体地形平缓且岩体风化强烈，地下水位高于洞顶，存在断层破碎带富水区涌水隐患。因此，釜山隧洞具有大断面、大流量、低水头、地质条件复杂等特点。针对项目特点，地质勘察采用了包括地质测绘、钻探、硐探、坑槽探、物理勘探、压（注）水试验、岩体变形试验、室内岩土试验等多专业、多方法的综合型勘察手段，并秉行一种方法检验多项指标的关联分析理念，使不同手段获取的地质参数相互关联、相互印证，从而确保了各类指标的客观性和准确性。例如利用压水试验指标不仅可以掌握隧洞周围岩体的透水特性，还可以了解岩体的完整性、破碎带或岩溶的发育程度、岩体溶隙及裂隙的连通性等。

面对釜山如此复杂地质条件的隧洞工程，设计能从地质角度给出比较合理的进出洞口位置建议，能根据岩土体物理力学性质、工程地质条件及水文地质提出可能存在的主要工程地质问题，能在施工过程中实事求是地根据实际情况调整相关地质参数适应工程设计、安全和施工的需要，能为保证南水北调中线应急供水工程 2014 年 12 月 12 日正式全线通水保驾护航，彰显了该项地质工作不可或缺的地位和其所产生的巨大经济效益和社会效益。

承德市 2014 年度山洪灾害分析评价（测绘）

工程地点：河北省承德市
项目规模：涉及承德市的兴隆县、平泉县和丰宁县域内 1591 个村落
竣工时间：2015 年
勘察单位：河北省水利水电勘测设计研究院
所获奖项：2016 年河北省优秀工程勘察设计一等奖

参与人员：王海城、张瑞卿、赵阳、孙创、崔绍煜、李博超、胡立波、李宁、刘晖娟、马晓丁、武卫国、马燕飞、姚焕文、赵会会、王雯涛

山洪灾害调查是山洪灾害防御必不可少的基础工作。山洪灾害调查的目的是通过实地调查、咨询、测量等方式，获取山洪沟的河道参数、基础设施等信息及历史山洪淹没情况。本次山洪灾害分析评价测量包括对影响重要城（集）镇、沿河村落安全的河道进行控制断面测量和危险区内居民住房位置以及基础高程测量，并以外业数据调查测绘成果为基础，按国家防总规定的数据格式进行数据入库，推算洪水淹没范围，编制山洪灾害分析评价报告。

项目组针对高程特点，提出了采用大地水准面精化和 GNSS 高程拟合技术，解决了深山区水准高程施测困难的问题，自主研发

了"山洪灾害调查测量内外业一体化数据处理系统"（软件著作权 2017SR421736），实现了数据采集、高程拟合、坐标转换、断面数据处理、成果整编入库一体化，大幅度提高了作业效率和产品质量，保证了工程进度，为我国其他省份开展此项工作奠定了良好基础。

利用调查测量成果，推算山区沟道的洪水淹没范围，编制了山洪灾害调查评价报告，为河北省山洪灾害预警与防治，保障山区人民生命财产安全发挥了重要作用，取得了显著的经济效益和良好的社会效益。

禹洲·中央海岸

工程地点： 福建省厦门市

项目规模： 673559.7 m²

勘察 / 竣工： 2010 年 /2015 年

勘察单位： 中国兵器工业北方勘察设计研究院有限公司

所获奖项： 2016 年河北省优秀工程勘察设计一等奖

参与人员： 张火焱、陈心兴、纪志伟、吴华、杨明亮、孙会哲、黄圣琳、候军军、林起烈、郭闽杰、吕炳炫、林小军、陈进辉、王官华、白冰

禹洲·中央海岸位于厦门市集美区杏林大桥桥头，杏东路以北，杏滨路东侧，交通较便利。本项目属超大型房地产开发项目，其工程总用地面积为 123239.937 m²，总建筑面积为 673559.7 m²，其中住宅建筑面积为 438459.48 m²，地下室面积为 134267.84 m²，主要由 14 栋超高层住宅建筑（高度约 120 m，层数 41）、2 栋高层住宅建筑（高度约 53 m，层数 17）和 3 栋多层住宅建筑（高度约 12.8 m，层数 4）组成，整个场地均布有地下室（层数 1，层高约 4.5 m）。本项目重要性等级为 1 级、场地等级为 2 级（中等复杂场地）、地基等级为 2 级（中等复杂地基）、岩土工程勘察等级为甲级。

场地邻近大海，为了查明场地地下水与海水的水力连通性，为基坑开挖和后期基础施工提供准确必要的水文地质参数，勘察期间，勘察技术负责人组织进行多孔抽、注水试验，以查清场地水量大小及各土层渗透性能；在场地内设置多个观测孔，采用花管、填砾方法进行水位观测，勘察期间根据涨、退潮情况进行反复的水位观测。观测结果表明地下水位随涨退潮的变化无明显规律，说明本场地地下水与海水无明显联系，为基坑降排水和后期基础施工提供了较为准确的结论和建议。本场地靠近海湾地段存在深厚软土层，且靠近海边地下水有一定的腐蚀性，福建省地方标准对预应力管桩有限制，考虑到冲钻孔灌注桩工期长、造价高的特点，业主单位建议尽量避免采用冲钻孔灌注桩。根据对周边城市调查，基础形式按相关规定和要求有推荐采用预制方桩。设计对复杂的地质情况提供了经济合理的基础形式，又满足了业主的工期要求，得到了业主单位和相关单位的好评。

邢汾高速公路邢台至冀晋界段（XFSJ-1）

工程地点： 河北省邢台市

项目规模： 路线全长 39.656 km，工程概算总投资 30.2 亿元

勘察 / 竣工： 2011 年 /2013 年

勘察单位： 河北省交通规划设计院

所获奖项： 2016 年河北省优秀工程勘察设计一等奖

参与人员： 高岭、母焕胜、曹正波、张卫、高辉、李建朋、冯明月、刘磊、刘树祥、廖志红、王珏、李智慧、赵娜、霍君英、曹书芹

本项目路线全长 39.656 km，采用双向四车道高速公路建设标准，设计速度 100 km/h，设特大桥 1 座（7092.776 m），大桥 17 座（3942 m），互通式立交 4 处，主线上跨分离式立交 2 座（2407.7 m），养护工区 1 处，管理分中心 1 处，服务区 1 处，匝道收费站 3 处。工程概算总投资 30.2 亿元。

全线勘察共进行工程地质调绘 45 km²，钻孔 349 孔（11102.45 m），工程物探 6059 m，取土样 4023 件、岩样 115 组，原位测试 3685 次，取水样进行水质分析试验 10 组。

针对本项目特点，在勘察过程中，除采用常规的地质调绘、钻探、物探、原位测试等综合勘察方法进行精细勘察外，还应用了新技术，以进一步提高勘察精度和效率。在勘探点位的测放以及地质填图过程中，采用全球定位系统及航空测量技术，并与国家三角点进行联测，高精度、高效率地完成了全线 1∶2000 地质填图。在工程地质调绘工作中，利用卫星遥感技术对大型构造物场地和不良地质范围进行宏观研究，大大提高了勘察成果的准确性及针对性。在特大桥、大桥、不良地质的勘察中，采用世界上先进的 EH4 电导率张量测量技术、瞬变电磁法以及高密度电阻率法进行工程物探，对特大桥、大桥布置多条测线，然后根据工程地质测绘、工程钻探综合分析，相互验证，查明区域内地层变化情况，将勘察成果由过去的单一剖面揭示提高到对地层的立体揭示。采用稳定系数法评价了岩溶区段的路基稳定性，采用冒落理论和碎胀充填理论分析评价了采空区路基稳定性。

本项目建成通车以来，使用情况良好，未发现因勘察原因造成的公路安全隐患。

承德至张家口高速公路承德段 CZSJ-3 合同段

工程地点： 河北省承德市

项目规模： 路线全长 99.099 km，工程概算总投资 104.9 亿元

勘察 / 竣工： 2012 年 /2015 年

勘察单位： 河北省交通规划设计院

所获奖项： 2017 年河北省优秀工程勘察设计一等奖

参与人员： 何勇海、高岭、母焕胜、曹正波、张举智、李长丽、冯明月、李军、孙康、李炜、廖志红、马壮、马弘毅、史婧、陈光

本项目合同段路线总长 99.099 km，设互通式立交 3 座，分离立交 3 座，特大桥 1 座，大桥 17 座，特长隧道 2 座，长隧道 5 座，养护工区 2 处，服务区 2 处，停车区 2 处。工程概算总投资 104.9 亿元。

本项目全线勘察共进行工程地质调绘 88 km²，钻孔 953 孔（23928.83 m），工程物探 17056.5 m，取土样 1877 件、岩样 748 组，原位测试 4649 次，取水样进行水质分析试验 22 组。

本项目区位于燕山山地与蒙古高原过渡地带，路线途经低山重丘区、中山沟谷区、坝上高原区，地形地貌复杂，地层岩性多变。上部主要为第四系洪坡积、冲洪积形成的粉土、砂土、卵石等，局部为风积黄土状土，下伏侏罗系岩浆岩及太古界变质岩，以花岗岩、凝灰岩、片麻岩为主。

在本项目勘察过程中，除采用常规的技术进行精细化勘察外，还应用了全球定位系统及航空测量技术、卫星遥感技术、先进物探技术，并针对千松坝特长隧道出口段风积沙问题，开展了"千松坝隧道风积沙地层修筑关键技术研究"专项课题，并在河北省内首次采用了水平旋喷桩超前加固方案，减少了植被破坏，保证了工程安全和施工进度。

工程建设单位、质量监督部门、养护管理单位以及设计部门对本项目的勘察设计质量均有高度评价。本项目勘察工作具有重大创新和突破，各项主要指标达到国内先进水平，经济效益、社会效益、环保效益显著。

中电四会 2×400 MW 级燃气热电冷联产项目桩基及溶洞处理 3#、4# 标段工程

工程地点： 广东省肇庆市四会市

项目规模： 大型

勘察 / 竣工： 2014 年 /2015 年

勘察单位： 中冀建勘集团有限公司

所获奖项： 2017 年河北省优秀工程勘察设计一等奖

参与人员： 聂庆科、刘晶晶、王伟、王修蛟、宋鹏波、闫先锋、冉善林、郑云峰、成现伟、李晨雁、郝东雷、丁伟、张迎春、吕琳、曹军波

中电四会 2×400 MW 级燃气热电冷联产项目位于广东省肇庆市四会市市城街道四会民营科技园之中，厂址按 6 台 400 MW 级（F 级改进型）燃气蒸汽联合循环热电联产机组规划建设，本期工程建设 2 台 400 MW 级（F 级改进型）燃气蒸汽联合循环热电联产机组及相应的公用设施。中冀建勘集团有限公司地下工程公司承担了本项目 3#、4# 标段的桩基及溶洞处理施工任务。

本项目场地基岩主要为灰岩，属于中强岩溶化地层，主厂区场地岩溶发育程度为极强烈发育，施工难度较大。

针对施工过程中出现的钻进难度大、漏浆、混凝土流失等施工难点，设计人员开展了相关的科研课题研究，依托于本项目，成功申请了 2 项施工工法（岩溶发育区旋挖钻孔施工工法和可控式充填岩溶裂隙注浆施工工法）和 1 项发明专利（一种穿过溶洞的钻孔灌注桩施工方法），取得了良好的经济效益和社会效益。本项目共完成钻孔灌注桩 1071 根、PHC 管桩 758 根。施工完毕后，经检测桩基承载力、桩身完整性、桩身混凝土强度均满足设计要求。本项目的成功实施为后续岩溶治理工作提供了借鉴意义。

山东东岳能源交口肥美铝业有限公司 1# 赤泥堆场勘察与加固治理工程

工程地点： 山东省交口县双池镇

项目规模： 大型

勘察 / 竣工： 2011 年 / 2013 年

勘察单位： 中冀建勘集团有限公司

所获奖项： 2017 年河北省优秀工程勘察设计一等奖

参与人员： 聂庆科、王英辉、梁书奇、贾向新、莫艳合、谢永刚、李晓丹、田鹏程、张留栓、李建朋、茆玉超、刘云峰、秦禄盛、王玉培、允志彬

1# 赤泥干堆场地处距氧化铝厂区东北部约 2.0 km，山沟呈西北—东南方向展布，库址位置沟长约 0.82 km，汇水面积约 0.42 km²。1# 赤泥干堆场设计总库容 689.9×10⁴ m³，有效库容为 551.9×10⁴ m³，可为氧化铝厂提供约 5.2 年的赤泥堆存服务。根据《尾矿库安全技术规程》(AQ 2006—2005)，1# 赤泥干堆场总库容 689.9×10⁴ m³，总坝高 77.0 m，属于三等库。工程重要性为一级，勘察等级为甲级。

本项目赤泥堆场采用干法堆存技术，初期坝采用在库内取土筑坝的方式，并在初期坝坝基设置排渗层，在上游坡设置防渗层。后期采用赤泥干法堆坝，赤泥经压滤机压滤后，采用自卸汽车运输至赤泥堆场堆存。

根据业主的规划，项目初级坝堆筑至 970.0 m 后继续修筑子坝，子坝将以部分堆场的赤泥作为坝基。中冀建勘集团有限公司于 2011 年 7 月对赤泥堆场场址进行了岩土工程勘察。在设计坝体 970 m 标高处子坝时，由于赤泥的状态与原设计有较大差异，对赤泥进行了专门勘察工作，并通过计算分析得出了确保坝基稳定时赤泥需要达到的强度值。

本项目实施时，国内并无相关的技术标准和成功案例，为了确保坝基的稳定，需要解决岩土问题、材料问题、空间分析、现场试验、过程监测等一系列问题。因此，设计团队对赤泥的改良技术进行了专项研究，找出了赤泥固化改良方法；开发了格构式赤泥加固技术，采用数值模拟分析方法，分析了加高子坝体的稳定性。设计监测方案，对子坝堆筑和运营过程中的稳定性进行监控。通过上述方法确保了赤泥堆场治理的成功。

布吉街道龙岗大道、西环路南片区雨污分流管网工程

工程地点：广东省深圳市龙岗区

项目规模：工程勘测费 389.808 万元

勘察 / 竣工：2016 年 /2016 年

勘察单位：中国兵器工业北方勘察设计研究院有限公司

所获奖项：2017 年河北省优秀工程勘察设计一等奖

参与人员：赖东杰、曹志德、王莉莉、许耀平、姜云亭、袁斌、陈海军、靳杨生、王长科、孙会哲、陆洪根、杨金雷、张卫良、赵浩婷、符倩倩

近年来，随着龙岗区经济建设的不断腾飞，全区城市化建设水平不断提高，龙岗区面临着新一轮大的发展机遇。与此同时，城市基础设施滞后的问题也愈发突出，尤其是全区落后的城市排水管网建设，在市、区"节能减排"目标等要求的压力下，建设任务仍十分繁重和艰巨。为此，龙岗区水污染治理办公室组织编制了《深圳市龙岗区污水支管网建设规划 (2014—2025)》，根据各街道社区排水特点，进行社区污水支管网建设，全面提高污水收集率，有效改善城市水环境。

本项目位于布吉街道，主要考虑对西环路南片区内的布吉村、前排村、凤凰山庄、龙岭村、草埔马鞍山新村、尖山排新村、一村东心岭、布吉一村工业区等居住区、无红线的村办工厂和有红线的工厂区外围道路进行雨污分流改造，并解决部分地区易涝问题，对无法实施改造的旧村进行外围截污，对有红线的工厂区进行督导，实现厂区内部完善的分流制改造。

本项目通过地形测量和地下管线探测，为业主提供详尽的、准确的、现势性强的、精度可靠的基础资料，满足了设计施工需要，为下一步管网建设提供了准确的管网资料，有的放矢，经济效益明显。

通过污水支管网完善工程的实施，将各截污管或干管向上延伸；改造不满足现状需要的管道；建设完善次、支管网，进入各小区、工业区内部，收集漏排污水，最大限度地截住污水，减少服务区内污水排入各河道的数量，从而改善各河道的污染状况，改善区域内居民的生活环境，建立新的城市水环境，改善流域上下游间水环境矛盾，提高龙岗区的环境质量，最大限度地提高污水收集率，将片区内大部分漏排污水通过污水次、支管道收集并送至污水处理厂处理后排放，实现各流域内污水二级处理排放的目标。

本项目采用内窥检测新技术、地质雷达探测的方法查明了各种疑难管线，并进行了科学的管理，不仅降低了作业人员的劳动强度，还极大地提高了探测的工作效率，为勘察单位创造了近 390 万元的产值，为勘察单位以及甲方单位创造了很好的经济效益。

本项目完成后，公司技术人员对业主、用户进行了回访，就项目的工期、质量及其成果应用等情况进行了全面的了解。

业主及用户对项目的实施及成果的应用情况给予了较高的评价，满意程度很高。

河北钢铁集团矿业有限公司田兴铁矿、大贾庄铁矿水文地质、工程地质补充勘探

工程地点： 河北省唐山市滦县
项目规模： 勘探调查范围 245 km²
勘察 / 竣工： 2012 年 /2013 年
勘察单位： 华北有色工程勘察院有限公司
所获奖项： 2017 年河北省优秀工程勘察设计一等奖

参与人员： 李淼清、刘大金、折书群、李贵仁、赵珍、宋启龙、袁胜超、李刚、祝应宏、王江龙、刘建文、刘玉龙、赵立涛、杨闪、张雪廷

田兴铁矿、大贾庄铁矿位于河北省唐山市滦县和滦南县交界处，为基建矿山，探明铁矿资源量 145868.80×10⁴ t，矿体赋存于太古界变质岩中，上覆厚度大的第四系砂砾卵石强含水层，属大水矿山。

本次勘探工作历时 1 年 8 个月，先后开展了区域水文地质补充调查 245 km²、矿区水文地质测绘 96 km²、地面物探、水文地质工程地质钻探、钻孔测试、抽水试验、点荷载试验、岩石力学试验、地应力测试、工程测量、水质分析、地下水数值模拟、工程地质模型等工作。勘探中采用多个关键技术：利用同一钻孔分层观测技术，避免了同一地点施工多个观测孔，降低了工程造价，缩短了工期；利用 FLAC3D 软件建立司家营铁矿开采条件下水岩耦合模型，进行应力场与渗流场的耦合，计算顶板围岩及点柱稳定性，推荐了基岩弱风化带的矿坑安全顶板厚度；采用 FEFLOW 软件模拟司马贾铁矿田地下水系统，在软件数据处理过程中，采用 ARCGIS 软件进行数据的预处理，使模型数据更加精密、准确，两种软件的结合使用在国内相关研究中应用较少，在整个司马贾铁矿区域尚属首次。

以往勘探误认为矿区变质岩含水微弱，开拓系统置于基岩内部即可避开第四系水的影响，但基建工程进入基岩后多次突水淹井。2012—2013 年，通过系统水文地质工程地质勘探，发现矿床地处唐山地震带，构造活动使变质岩遭受破坏，形成多条脉络状的断层破碎带，加强了矿床与第四系水之间的联系，第四系水为矿床充水主要水源，断层破碎带为主要充水通道，并首次将越流、黏性土释水理论应用于矿山水文地质勘探，提出对矿坑安全顶板处的断层破碎带注浆加固，最大限度减弱第四系水对矿床的补给，工程产值 2369 万元。目前，矿山基建工程迅速展开。本项目获 2017 年河北省优秀工程勘察设计一等奖、2017 年中国勘察设计协会优秀工程勘察二等奖。

南水北调中线一期工程总干渠邯郸市至邯郸县段工程地质勘察

工程地点： 河北省邯郸市至邯郸县

项目规模： 南水北调中线一期工程总干渠的一部分，全长 21.112 km；总干渠设计水深 6.0 m，设计流量 230～235 m³/s，加大流量 250～265 m³/s；渠段内分布有大型河渠交叉建筑物、左岸排水建筑物、分水口门、退水闸、桥梁工程等各类建筑物 49 座

勘察 / 竣工： 1990 年 /2013 年

勘察单位： 河北省水利规划设计研究院有限公司

所获奖项： 2018 年河北省优秀工程勘察设计一等奖

参与人员： 韩胜杰、阎传宝、刘晓琪、翟新典、杨小虎、何运龙、郭晓东、杨松、李鹏、郗国增、杨镇生、王栋、刘红霞、韩春雨、谢方媛

工程沿线总体地形西高东低，渠线自南向北穿过山区向平原过渡地带。渠段内岩相变化大，工程地质条件复杂，渠段的主要工程地质问题有：①膨胀土岩问题；②渠道边坡稳定问题；③湿陷性土问题；④地下水问题。

邯郸市至邯郸县段，全线分布膨胀土岩。不同膨胀等级的膨胀土岩空间分布随机性强。针对膨胀土岩问题，开展了膨胀土的自由膨胀率、膨胀力、不同压力下膨胀率、收缩等试验，以及三轴压缩试验、直剪试验、大尺寸中型剪切试验等多项土工试验，进行了化学分析、差热分析、电镜扫描、χ 射线衍射等多项测试。通过对膨胀土岩的特性进行专门研究，解决了号称"工程癌症"的膨胀土岩问题。

经过相关性分析研究，总结出了适用于现场快速鉴别膨胀土岩、估测膨胀等级的膨胀土"三看一摸"简易判别法。这一方法的应用，加快了膨胀土判别速度，为膨胀土场地快速开挖、快速覆盖创造了条件，保证了膨胀土岩渠坡、地基的安全性。

通过综合采用多种勘察技术手段，查清了工程地质条件及工程地质问题，保证了工程设计实施及后期运行安全。

本项目的建成有效缓解了北京、天津以及河北沿线城市的用水紧张状况，改善了当地环境，取得了巨大的社会效益、环境效益、经济效益。

西藏墨竹工卡县甲玛铜多金属矿区水文地质工程地质环境地质勘探

工程地点： 西藏自汉区拉萨市墨竹工卡县甲玛乡

项目规模： 勘探调查面积 313.5 km²，水文地质、工程地质钻探 4179.6 m

勘察 / 竣工： 2012 年 /2013 年

勘察单位： 华北有色工程勘察院有限公司

所获奖项： 2018 年河北省优秀工程勘察设计一等奖

参与人员： 折书群、王建国、董玉兴、王江龙、和峰铭、赵立涛、袁胜超、刘建文、祝应宏、杨闪、赵珍、唐哲、刘大金、杨圣安、宋启龙

西藏甲玛铜多金属矿床为我国已探明的大型铜多金属矿床之一，是西藏重点矿产资源开发项目。该矿山处于青藏高原隆起区，矿区海拔 3900～5735 m，主要矿体位于 4000 m 以上，属于"高寒、高海拔、断裂构造及岩溶"发育矿区，由于以往区内水工环地质研究程度较低，极大地制约了矿山的生产建设进度。

本次勘探工作以系统思想为指导，将水文、工程、环境问题统一为一个整体，基本查明了甲玛铜矿矿区水工环地质条件，正确预测了矿坑涌水量，矿坑排水及防治水措施有了明确的设计标准，对矿山未来开采可能遇到的水文、工程、环境地质问题提出了客观科学的建设性意见和建议。该成果正确指导了矿山下一步的生产建设，推进了矿山各项工程的进度，加快了矿山建设进展。对矿山酸性水的处理提出了科学的处理方法，节约了大量的矿山建设成本，保护了矿区一带脆弱的生态环境，取得了显著的经济效益及环境效益。

长春地铁 1 号线一期岩土工程详细勘察

工程地点： 吉林省长春市

项目规模： 中型

勘察 / 竣工： 2009 年 /2017 年

勘察单位： 中冶地勘岩土工程有限责任公司

所获奖项： 2018 年河北省优秀工程勘察设计一等奖

参与人员： 王庆文、刘永军、马玉成、陈章、白俊本、高有才、陈虎、赵玉瓒、贾为国、禹华、李瑞全、南美习、汤国刚、侯守志、武智强

长春地铁 1 号线一期工程线路北起北环城路，沿北人民大街向南，穿越城市繁华主干道人民大街，直达终点站红咀子站。全线为地下线路，共设车站 15 座，换乘站 7 座，线路全长 18.5 km。车站为双（三）层双跨岛式车站，采用明挖、暗挖、盖挖等工法施工；区间采用盾构、矿山等工法施工，左右线中心距 14 ～ 22 m，洞高 6.2 m。附属结构（出入口、风道、联络通道、紧急疏散口等）多采用明、暗挖相结合的方法施工。基底埋深为 22.4 ～ 31.5 m。本项目为长春市重点建设工程，工程总投资 107.5 亿元，勘察项目合同额约 3078 万元，最终结算总价款约 2874 万元。自 2009 年 11 月开始建设，于 2017 年 6 月通过竣工验收，历时 7 年零 7 个月。本项目为勘察单位首次承揽并顺利完成的地铁勘察工程。

河北北国奥特莱斯商城工程勘察

工程地点： 河北省石家庄市

项目规模： 总占地面积 $40.39 \times 10^4 \, m^2$

勘察 / 竣工： 2014 年 /2016 年

勘察单位： 中土大地国际建筑设计有限公司

所获奖项： 2018 年河北省优秀工程勘察设计一等奖

参与人员： 亢永强、李红运、柳玉朝、张树雄、杨德灿、赵金玲、魏红志、孙岩松、王献龙、谷淑亮、李子岩、胡瑞丰、张惠巧、羡可辉、李超超

本项目位于石家庄市鹿泉区铜冶镇石铜路与青银高速交会处西南角，西临碧水街，东临现代大街，南临虎踞路，北临青龙山大道，交通便利，商业建筑群由购物广场、综合餐饮（南、北）、多功能会议中心（单体）、户外体验馆（双体）、儿童活动（单体＋地下）中心组成，是集购物休闲、风味美食、户外体验、旅游观光等功能于一体的超大型、超完备一站式奥特莱斯主题购物公园。本项目主体采用"三横三纵"经典奥莱布局，使每个街区有效衔接，商机均等。各个街道根据欧洲国家来命名并加以区分，增加了购物区的可识别性。除商品购物区之外，还有餐饮美食街区、儿童城堡、北国水世界、多功能会议馆等多功能餐饮体验区。

针对建构筑物特点，在全面、科学分析的前提下，根据不同地质条件，分别采用工程地质钻探、人工挖井探、标准贯入试验和波速测试等多种勘察手段和测试方法，结合室内试验结果提供了科学、可靠的地勘参数，根据不同建筑物对地基承载力的要求不同及建筑物周边情况，分别提出了强夯处理和复合地基处理的方案建议。经综合考虑，对可能采用的地基处理方案进行了对比，分别对 5 种方案的优缺点及施工成本进行了对比分析，经过对比分析，强夯法处理地基施工成本为其他处理方案的 1/5 ～ 1/4，且通过了现场试验性施工及检测结果。强夯法处理能够满足要求，最终确定采用强夯法处理地基，比预计的复合地基方案节约成本约 1600 万元。本项目自 2016 年 12 月竣工验收投入使用以来，建筑物使用情况良好。本商城的开业为鹿泉区的发展和建设具有不可估量的社会效益和经济效益。

和华家园保障性住房住宅小区工程勘察

工程地点： 河北省石家庄市
项目规模： 小型
勘察 / 竣工： 2011 年 /2015 年
勘察单位： 中土大地国际建筑设计有限公司
所获奖项： 2018 年河北省优秀工程勘察设计一等奖

参与人员： 周保良、董胜伟、金硕、李貌、牛文杰、温波、李江楠、赵任龙、商雪格、杜春林、李占强、王晖、赵常洲、周文智

本项目位于石家庄市和平东路以北，建华北大街以东，盛世长安住宅小区以西，原为工业项目场地，勘察时地貌条件复杂。本项目类型较多，包括高层住宅、多层建筑、深基坑工程等，工程重要性等级为二级，岩土工程勘察等级为乙级。

本项目采用多种手段综合勘探方法，外业勘探包括钻探、井探、原位测试、剪切波速测试、工程测量等方法，室内试验包括常规试验、中高压缩试验、剪切试验、湿陷性试验、颗分试验、腐蚀性试验等多种试验项目。场地地层主要由人工填土及第四纪冲洪积相堆积物组成，特别是上部杂填土厚度较大、成分复杂，对基础工程及基坑工程影响较大，下部砂卵石层较厚，钻探难度大，是理想的桩端持力层。根据建筑物结构特征、基础形式及对地基承载力的不同要求，高层住宅楼采用长螺旋泵压素混凝土桩复合地基处理方法，多层建筑采用灰土换填法进行地基处理。本项目基坑深度多大于 5.0 m，为深基坑，由于上部杂填土厚度较大，基坑边坡支护采用分级放坡 + 土钉墙组合支护方案。

勘察报告提供了可靠的岩土参数，准确推断了地层的变化。根据场地地基土的工程特征、拟建建筑物的情况，并结合石家庄市以往基坑支护及地基处理经验，提出了合理的建议；降低了施工对周边环境的影响，有效地缩短了工期，节省了工程成本，取得了较好的经济效益。

江苏泰兴新浦化学 40×10⁴ m³ 轻烃仓储项目场平、降水、换填、试验桩及工程桩施工

工程地点：江苏省泰兴市

项目规模：完成场平 2.8×10⁴ m²、换填方量 7.5×10⁴ t、钻孔灌注桩 6.3×10⁴ m³、管桩 4.4×10⁴ m，完成产值 8000 余万元

勘察/竣工：2016 年/2017 年

勘察单位：中冀建勘集团有限公司

所获奖项：2018 年河北省优秀工程勘察设计一等奖

参与人员：刘晶晶、王伟、曹立国、赵丹、冉善林、韩剑波、乔永立、黄磊、张鹏、王振忠、郭军、曹军波、田立强、蔡纪川、李雪峰

江苏泰兴新浦化学 40×10⁴ m³ 轻烃仓储项目位于江苏省泰兴市，新建 40×10⁴ m³ 轻烃仓储装置，为岩土工程技术综合服务项目，包括场地平整、试验桩、降水与桩周土改良、工程桩施工等工作内容。本项目开工日期为 2016 年 10 月 5 日，竣工日期为 2017 年 9 月 26 日，2018 年 1 月 15 日验收。

针对本项目，勘察单位提出桩周土换填法改善基桩水平承载能力技术，并对换填厚度、换填料选择、施工参数等进行了现场试验确定；为保证降水效果，提出"外圈封闭，中间大十字，内外同时降水"的井点管布置原则；开发了适于长江三角洲冲积平原的旋挖钻机成孔工艺和绿色、环保钻渣资源化利用技术。

本项目实施过程中，积极推广新工艺、新工法，成功将公司自有专利工法"一种灌注桩钢筋笼孔口连接施工方法"（专利号 ZL 2014 1 0378895.2）、"一种用于软土地基排水固结的井点管"（专利号 ZL 2008 2 0077857.3）、"大直径钻孔灌注桩垂直度控制施工工法"（工法编号 HBGF082-2016）应用到项目中，取得了良好效果。

本项目收到了新浦化学仓储（泰兴）有限公司、上海宝钢工程咨询有限公司、上海梯杰易气体工程有限公司等单位的好评，取得了良好的经济效益和社会效益。同时，项目的成功实施为长江三角洲地区大直径超长灌注桩的承载能力改善、施工工艺选择提供了借鉴。

南水北调中线京石段应急供水工程（石家庄至北拒马河段）七里庄沟倒虹吸工程地质勘察

工程地点： 河北省保定市易县七里庄

项目规模： 主体工程建筑物级别为 1 级，河道口门防护等附属工程建筑物级别为 3 级

勘察 / 竣工： 2004 年 /2010 年

勘察单位： 河北省水利水电勘测设计研究院

所获奖项： 2018 年河北省优秀工程勘察设计一等奖

参与人员： 兰景岩、陈宝玉、杨光、郝红英、王翀、张磊、倪惠松、张兴才、王英豪、杨春伟、贾静、罗杰、郝振华、张建强、任长安

南水北调中线一期工程为 I 等工程，七里庄沟渠道倒虹吸为总干渠上的一座大型建筑物，主体工程建筑物级别为 1 级，河道口门防护等附属工程建筑物级别为 3 级。七里庄沟渠道倒虹吸设计防洪标准为 100 年一遇，以 300 年一遇洪水为校核标准。

七里庄沟倒虹吸建筑物区地质条件较复杂，进口渠底高程 58.315 m，进口水位 62.615 m，出口渠底高程 58.246 m，出口水位 62.546 m；管身段底板设计高程 44.4 m，建基高程 43.3 m；总干渠设计流量 60 m³/s，加大流量 70 m³/s。

倒虹吸工程由进口渐变段、进口检修闸室段、管身段、出口工作闸室段、出口渐变段和口门防护六部分组成。为两孔一联的钢筋混凝土箱形结构，单孔过水断面尺寸 5.5 m×5.6 m。

本项目的实施不仅可有效缓解京津和华北地区的缺水状况，而且可改善区域生态环境，支撑该地区国民经济和社会的可持续发展，惠及子孙后代，其经济效益巨大，社会、政治影响深远。

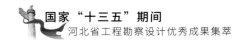
南水北调中线京石段应急供水工程（石家庄至北拒马段）水北沟渡槽工程地质勘察

工程地点： 河北省保定市涞水县

项目规模： 建筑物工程等级为 I 等 1 级，设计流量 60 m³/s，加大流量 70 m³/s

勘察 / 竣工： 2010 年 /2010 年

勘察单位： 河北省水利水电勘测设计研究院

所获奖项： 2018 年河北省优秀工程勘察设计一等奖

参与人员： 倪惠松、张兴才、李启磊、袁增辉、王斌、刘建坤、张海涛、高森、玄新月、王彪、谌军、李志刚、汤博、扈本娜、侯世昌

水北沟渡槽是南水北调中线工程大型河渠交叉建筑物之一，总干渠轴线与水北沟基本正交，水北沟渡槽距沟上游的青年水库约 1.5 km。水北沟渡槽位于河北省保定市涞水县西水北村东南，东水北村西侧，南距涞水县县城 8 km，交通较为方便。

水北沟渡槽为渠跨河渡槽，起止桩号为 (448+702.4) ～ (448+913.4)，全长 211 m，由进口渐变段、进口闸室段、槽身段、出口闸室段、出口渐变段等 5 部分组成。建筑物工程等级为 I 等 1 级，进口渠底高程 56.997 m，出口渠底高程 56.916 m，进口设计水位 61.297 m，加大水位 61.483 m，出口设计水位 61.216 m，加大水位 61.379 m，设计流量 60 m³/s，加大流量 70 m³/s。

水北沟渡槽为 1 级建筑物，勘察工作量大。该建筑物主要位于水北沟河床、河漫滩及两岸阶地上，地层复杂，岩性为脆硬的白云岩，且基岩中夹有破碎带、深厚强风化带等。

水北沟渡槽勘察期间对控制性钻孔采用目前国内对砂层、卵石层、全强风化等松散体取样的 SM 植物胶技术，并采用地球物理勘探、坑槽探、现场原位测试试验、室内试验相互结合、相互辅助、相互验证的综合勘探方法进行勘察，使工程区地层结构判断更加准确，提供的岩土物理力学指标更加合理，对工程区水文地质条件预测和评价更加客观，克服了单一的勘探方式对地层判断不准的不足，为工程设计提供了可靠的资料。详细准确的地质成果为桩基与扩大基础设计参数的选取提供了有力的保证，为安全施工提供了准确的地质依据。

本项目的实施不仅可有效缓解京津和华北地区的缺水状况，而且可改善区域生态环境，支撑该地区国民经济和社会的可持续发展，惠及子孙后代，其经济效益巨大，社会、政治影响深远。

河北省岗南水库地形测绘及库容曲线修测

工程地点： 河北省石家庄市平山县

项目规模： 大（Ⅰ）型

竣工： 2016 年

勘察单位： 河北省水利水电勘测设计研究院

所获奖项： 2018 年河北省优秀工程勘察设计一等奖

参与人员： 王海城、杨亚伦、张瑞卿、赵阳、高军平、孙创、崔绍煜、吕丽丽、刘晖娟、马晓丁、修冬红、李明喜、郭书彦、梁建萍、姚焕文

岗南水库位于河北省石家庄市平山县岗南镇，是滹沱河中下游重要的大（Ⅰ）型水利枢纽工程，是河北省第一大水库，对北京市、天津市和大港油田的安全度汛起到重要的作用。我国红色革命教育圣地——西柏坡坐落于水库左岸，地理位置十分重要。早在1989 年，对岗南水库库区测绘了 1：10000 地形图和淤积断面，修测了 1964 年的库容曲线。截至目前，期间经历了"968"等几次大的洪水，通过对历年来淤积断面的检测数据统计，库区淤积状况呈明显增强趋势。水库除险加固工程提高了水库防洪标准，安全性能进一步提升，但来自滹沱河上游夹带的泥沙依然持续不断地往库区内淤积，使库容减小、回水曲线抬高，影响下游河道水沙平衡，增加了水库管理的困难，为水库的安全运营带来潜在的威胁。因此，岗南水库管理局为了全面摸清水库现状，并对淤积趋势做出科学预测，提出了除险加固工程竣工后对库区进行淤积监测、修正

库容曲线的方案与设想，这对于提高管理工作效率、最大限度地发挥水库效益、科学地进行管理和调度具有重要的意义。

本项目采用低空无人机航飞、多波束全覆盖水下扫描和摄影测量工作站等多种先进设备和技术，建立了精细的水库三维 DEM 和DOM 模型，绘制了精准的库容曲线，测量成果已在岗南水库防汛、调度和运行管理中发挥了重要作用，节约工程维护成本近千万元，取得了显著的经济效益和良好的社会效益。

结合项目开发了"水利水电工程测量内外业一体化系统"（软件著作权登记号：2014SR101729），将平面控制、高程控制、断面测量、高程拟合、库容曲线生成等多功能模块有机集成，实现了水库地形测绘与库容曲线修测的一体化。在国内同类项目中推广应用该技术，取得了显著的经济效益。

河北省茅荆坝（蒙冀界）至承德公路（CCSJ-1 合同段）

工程地点： 河北省承德市

项目规模： 路线全长 68.988 km，工程概算总投资 57.04 亿元

勘察 / 竣工： 2010 年 /2013 年

勘察单位： 河北省交通规划设计院

所获奖项： 2018 年河北省优秀工程勘察设计一等奖

参与人员： 何勇海、高岭、曹正波、张举智、李炜、李敬东、王赫、崔晟东、马壮、叶圣华、高磊、冯明月、刘磊、史彦照、李银璞

本项目路线全长 68.988 km，起点位于茅荆坝附近蒙冀交界，终点通过东营子枢纽互通连接承朝高速公路，采用全封闭、全立交、双向四车道高速公路标准，设计速度 100 km/h，整体式路基宽度 26 m，分离式路基宽度 13 m。桥涵设计汽车荷载采用公路 - I 级，特大桥设计洪水频率为 300 年一遇，大中小桥涵及路基设计洪水频率为 100 年一遇。

全线设互通式立交 5 处，分离式立交 2 处，特大桥 6 座（8563 m），大桥 17 座（4730 m），特长隧道 1 座（2883 m），长隧道 3 座（6524 m），服务区 1 处，养护工区 1 处，主线收费站 1 处。工程概算总投资 57.04 亿元。

本项目全线勘察共进行工程地质调绘 73 km²，钻孔 349 孔（11102.45 m），工程物探 6059 m，取土样 4023 件、岩样 115 组，原位测试 3685 次，取水样进行水质分析试验 10 组。

为提高勘察设计质量，开展了"高速公路隧道底部围岩施工勘测及分级技术研发""高填方路基稳定长期监测技术研究""山区高速公路路基稳定与灾害防治技术研究"等多项专题研究，有效避免了重大设计变更和因地质灾害造成的工程人员伤亡事故。

石家庄新客站下城市轨道交通预留 3 号车站（地铁）岩土工程勘察

工程地点： 河北省石家庄市
项目规模： 建筑面积 8424 m²
勘察 / 竣工： 2011 年 /2017 年
勘察单位： 河北水文工程地质勘察院
所获奖项： 2018 年河北省优秀工程勘察设计一等奖

参与人员： 刘国华、贾兰举、贾晓卓、杨小军、刘国伟、常雪全、邢岩、王美丽、吴铭哲、王瑞华、宋会图、甄彦敏、刘永涛、王杰、尹红云

石家庄新客站下城市轨道交通预留 3 号车站（地铁）工程位于石家庄新客站东广场地下第 3 层，是河北省第一个地铁项目。

3 号线车站东西向长约 156 m，南北向宽约 54 m，基底标高 -21 m，勘察等级为甲级。为取得可靠的岩土设计参数，采用了多种测试手段，有标准贯入试验、重型动力触探、波速测试、旁压试验、电阻率测试等原位测试方法；采用先进的取样技术，用取砂器取原状砂样，对砂土进行了砂土固结试验等研究；测试了土的热物性参数，于 2011 年 8—9 月进行勘察，并提交了岩土工程勘察报告。

此报告是石家庄市第一本地铁勘察报告，具有鲜明的示范性和先进性，对今后石家庄市地铁工程勘察具有一定的指导和借鉴作用，此工程标志着石家庄市进入地铁时代，具有里程碑意义。

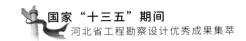
石家庄市城市轨道交通 3 号线一期工程市庄站工程桩试桩工程

工程地点： 河北省石家庄市

项目规模： 大型

竣工： 2016 年

勘察单位： 中冀建勘集团有限公司

所获奖项： 2018 年河北省优秀工程勘察设计一等奖

参与人员： 张开伟、韩文永、曹立国、郅正华、杨海宾、张召彬、赵钢、牛禾、马清洲、郝佳福、李汇丽、袁鹏举、王亮、郅立员、李志勇

1. 总体介绍

石家庄市城市轨道交通 3 号线一期工程市庄站工程桩试桩项目位于石家庄市中华北大街上。车站为地下双层岛式站台车站，站台宽 13.0 m，车站北端双线均设有 30 ～ 33 m 缓和曲线进站，车站全长 210.0 m。本项目试桩桩端皆进入卵砾石层，试桩有效桩长 15.0 m，总长 31.94 m，本次试桩数量为 2 根。锚桩采用 ϕ1500 mm 钻孔灌注桩，锚桩桩长 35 m，采用桩侧注浆。本次试桩试验方法包括低应变桩身完整性检测、声波透射法桩身完整性检测、单桩竖向抗压载荷试验、桩身内力测试。

2. 工程特点

①项目设计要求承载力试验按双控，即承载力特征值应满足沉降不大于 20 mm，另一要求就是提供桩身阻力及其对应沉降值，对桩的承载性状及阻力分配进行评价，并要求承载力分析务求全面、彻底。市庄站试桩预估加载量为 37 MN。

②项目场区狭小，约 200 ㎡的区域，无法进行开挖和大型设备作业，施工难度大。项目要求的有效桩顶位于地面以下 -16.94 m，检测试桩极限承载力，常规方法无法实现，因此提出混合反力装置进行载荷试验。

3. 工程新技术

本项目属河北省重点工程，结合项目特点，充分发挥自身实力，将多年的研究积累应用到本项目中，取得了丰硕的技术成果，现对两项主要技术进行介绍。

①本项目在测试技术手段完全不变的前提下对现有检测方法标准《建筑基桩检测技术规范》（JGJ 106—2014）中的单一摩阻分析原理进行了拓展，引入桩身压缩量参数，大大丰富了桩身应力测试成果。基于桩身应力分析技术新方法，结合本项目主编了河北省工程建设标准《基桩内力测试技术规程》（DB13(J)/T301—2019），该标准已于 2019 年 7 月 1 日发布，依托本项目申请了"一种定量分析桩的承载性状的方法"国家发明专利，专利申请号：CN201810088416.1，公告号：CN108062455 A。

②混合反力装置载荷试验方法严格模拟了工程桩的工作状态，解决了城市地铁试桩因场地狭窄、设计桩顶标高在数十米的地下、不能开挖基坑、单纯自平衡法和传统载荷试验法难以实现试桩目的的难题，是一种较单纯采用自平衡法和传统反力装置的更可靠、更合理、更安全、更环保节能的试验手段。

结合本项目基于混合反力装置技术编制了"混合反力装置抗压静载试验工法"，该工法证书编号为 HBGF069—2017，该工法获得了河北省建设行业科学技术进步奖一等奖。依托本项目申请了"一种灌注桩的抗压静载试验方法"国家发明专利，专利申请号：CN201810268879.6，公告号：CN108532649 A。

伊朗南方铝业 30×10⁴ t/a 电解铝厂项目全场地基处理与铸造井设计施工工程

工程地点：伊朗 Lamerd
项目规模：大型
竣工时间：2019 年
勘察单位：中冀建勘集团有限公司
所获奖项：2019 年河北省优秀工程勘察设计一等奖

参与人员：李友东、王国辉、陈军红、刘双辰、熊文波、王龙、庞冬伟、王庆军、杜阳宏、谷志超、刘帅、王新涛、陈玉国、林明赫、张川

伊朗南方铝业 30×10⁴ t/a 电解铝项目位于伊朗境内，距 Lamerd 约 10 km，建设单位为 Iran South Aluminum Corporation（伊朗南方铝业公司），总包单位为中国有色金属有限公司。

本项目完成的主要工作如下。

①铸造车间 1#、2# 铸造井基坑支护设计、施工，铸造套管油缸的下设、定位工艺设计、实施，井壁混凝土浇筑。

②地基处理试桩及全场工程桩检测服务：试桩包括钻孔灌注桩和 CFG 桩复合地基，工程桩检测包括钻孔灌注桩 1220 根和 CFG 桩 32565 根的抽样监测，检测项目包括单桩竖向承载力、桩身完整性、桩身应力、单桩复合地基承载力、基床系数等。

③氧化铝贮运、焙烧碳块库、生阳极车间及天车加料部位的混凝土灌注桩，桩径 800 mm，桩长 30 m，混凝土等级为 C40P10，共 1220 根；电解车间、槽大修、碳素区及厂前区的素混凝土桩复合地基，桩径 500 mm，桩长 14 m，混凝土等级为 C25P8，共 32565 根；合同总价 15758.6 万元。

彝良驰宏矿业有限公司毛坪铅锌矿南部帷幕注浆试验工程

工程地点：云南省昭通市

项目目的：通过多种新技术、新方法解决高倾角岩溶裂隙中水泥浆液"扩散难、搭接差"的问题

勘察／竣工：2016 年 /2017 年

勘察单位：华北有色工程勘察院有限公司

所获奖项：2019 年河北省优秀工程勘察设计一等奖

参与人员：袁胜超、韩贵雷、刘大金、赵晓明、薛晓峰、史建松、章爱卫、石佳宾、邬坤、冯建亮、石萌、田博、马英俊、刘雷、张晶

云南彝良毛坪铅锌矿为投产多年的井下矿山，矿坑排水量 20000～40000 m³/d，通过对矿区水文地质资料的全面研究及分析，需采用帷幕注浆技术封堵矿坑来水通道。由于矿山地处地形陡峻的长江上游高原峡谷区，"V"形河谷发育，比降达 25.2%。另外，受矿区构造影响，地层围岩高角度裂隙发育，裂隙发育倾角大多在 60°～ 85°范围内。相关单位前期在 901 帷幕注浆巷道开展了传统矿山注浆试验，钻孔揭露南部地层透水性弱，注浆量小，试验效果差。结果证明传统矿山止水帷幕钻探、注浆等施工工艺不能解决深埋矿体和井巷工程等特殊条件下帷幕注浆施工。

华北有色工程勘察院有限公司受彝良驰宏矿业有限公司委托，于 2016 年 8 月接手毛坪铅锌矿南部帷幕注浆试验工程项目。由于注浆施工必须在巷道中进行，工程团队大胆提出"直孔＋鱼刺形分支孔"注浆孔综合钻探方式，并对"鱼刺形"分支孔造斜钻进和稳斜钻进的钻探设备以及为分支孔定向的定向设备和定向方法进行了研究，保证了项目实施。

通过"直孔＋鱼刺形分支孔"注浆孔综合钻探方式，有效减少了钻窝修建数量，保证了围岩稳定性和施工安全，同时有效解决了高倾角岩溶裂隙中水泥浆液"扩散难、搭接差"的问题。本项目施工工艺获得多项发明专利，指导了后期帷幕主体工程的实施，同时为同类型大涌水矿山提出了治理方向。

浙江舟山液化天然气（LNG）接收及加注站项目一期工程 LNG 储罐设施岩土工程勘察与桩基工程

工程地点： 浙江省舟山市
项目规模： 大型
勘察／竣工： 2015 年 /2016 年
勘察单位： 中冀建勘集团有限公司
所获奖项： 2019 年河北省优秀工程勘察设计一等奖

参与人员： 聂庆科、刘晶晶、梁书奇、王伟、贾向新、谢永刚、郝东雷、冉善林、张鹏、张松、乔永立、郅正华、曹晓磊、刘哲炜、王亮

浙江舟山液化天然气（LNG）接收及加注站项目一期工程，位于舟山市经济技术开发区新港工业园区东南角。本次储罐区域建设 2 个 160000 m³LNG 储罐，采用大直径灌注桩与筏板组成的高承台桩筏基础，钻孔灌注桩采用嵌岩桩。勘察单位地下工程公司承担了岩土工程勘察、4 根试桩及 T-02-02 储罐 319 根工程桩施工任务。本项目开工日期为 2015 年 10 月 10 日，竣工日期为 2016 年 5 月 11 日。

本项目共完成试验桩 4 根，工程桩 319 根。施工完毕后，经检测桩基承载力、桩身完整性、桩身混凝土强度均满足设计要求。

本项目勘察厂区分布碎石填土层及吹填砂层薄厚不均，淤泥质软，土层厚度大，为勘察工作造成了一定困难。在桩基施工过程中，钻孔深度一般都大于 90 m，不同地段钻探工艺的选择、钢筋笼制作和护筒起拔是本项目桩基施工的重点和难点。

施工前期对地层条件、勘察手段、土层评价方法、大型旋挖钻机施工效率、岩层钻进难度、钢筋笼制作方法和护筒安全起拔方法等进行了充分的分析与研究，找出了施工各个环节存在的难点与控制关键点，有针对性地提出了新的、切实可行的方法和措施，并依托本项目开展了 5 项"小改小革"活动。塘渣层中"双护筒法"下设长护筒技术的应用、"门式"钢筋笼制作工装的应用、"碗式"导正块的应用、护筒起拔装置的研制和使用、钢筋笼"八点起吊"方法的应用，这些施工方法与措施在本项目中得到了很好的应用，保证了钻孔灌注桩的施工质量，取得了良好的经济效益和社会效益。

阳光城翡丽湾（03 地块、04 地块）

工程地点： 福建省厦门市

项目规模： 363639.99 m²

勘察 / 竣工： 2012 年 /2015 年

勘察单位： 中国兵器工业北方勘察设计研究院有限公司

所获奖项： 2019 年河北省优秀工程勘察设计一等奖

参与人员： 张火焱、孙会哲、吴华、陈心兴、侯军军、杨明亮、吕炳炫、罗学盛、沈孟兴、庄方盛、王官华、陈进辉、余海东、叶露、黄传芳

阳光城翡丽湾（03 地块、04 地块）总用地面积 113036.07 m²，总建筑面积 363639.99 m²，主要由 10 栋高层（高度 93 ～ 119 m，层数 31 ～ 39）、4 栋商业（高度 7 ～ 8 m，层数 2）、10 栋六联排别墅（高度约 10 m，层数 3 ～ 4）及裙楼（层数 2）组成，整个场地均布有地下室（层数 1，层高 3.9 m）。本项目重要性等级为一级、场地等级为二级（中等复杂场地）、地基等级为二级（中等复杂地基），岩土工程勘察等级为甲级。本次勘察总计完成钻孔 277 个，完成钻孔总进尺 10268.10 m。

本项目勘察过程中，勘察期间查明了场地地下水量大小及各土层渗透性能，为基坑降排水和后期基础施工提供了较为准确的结论和建议，节省了基坑施工降水费用，降低了基坑支护施工造价。在常规勘察手段的基础上，增加了旁压试验内容，勘察报告在土工试验、常规标准贯入试验的基础上结合旁压试验成果提供了更加可靠的岩土层设计参数，相对于一般的地区经验岩土层的承载力参数都有所提高。商业、裙楼、六联排别墅及纯地下室大部分推荐采用天然地基。不保守及合理的设计参数可以减少基础尺寸，节约基础造价。本项目高层及部分商业、裙楼、六联排别墅推荐采用冲钻孔灌注桩、预制管桩及大直径沉管灌注桩。本项目基底土层具有较高的承载力，根据厦门区域多个项目采用变形调节器的可靠经验，在此基础上建议桩基设计时可充分利用桩间土的承载力，采取相应的措施（如厦门地区经常采用的可控刚度桩筏基础）达到桩土的共同作用，则可节约桩基施工造价和加快桩基施工工期，得到了业主单位和相关单位的好评。

晟佳·滨河公馆住宅小区

工程地点： 河北省张家口市

项目规模： 总建筑面积约 19.5×10⁴ m²，含 10 栋高层、6 栋多层、1 栋会所及地下车库

勘察/竣工： 2013 年 /2017 年

勘察单位： 张家口市金石岩土工程技术有限公司

所获奖项： 2019 年河北省优秀工程勘察设计一等奖

参与人员： 孟玉山、赵大威、刘畅林、陈亮、亢泽、阎强、陈绍康、李修洁、董涛、姜广州、蔡在宁、马函、王在林、胡亚乐、曹敏

晟佳·滨河公馆住宅小区地处张家口市桥西区，西苑南路以东，国华路（西泽路）以西，长治西街（惠通街）以南，市府西大街（惠安街）以北地段，地理位置优越。场地总体呈梯形布局，占地面积约 90.0 亩，包括 10 栋高层住宅楼、6 栋多层商业楼、1 栋会所及地下车库。 本次勘察外业过程中分别采用了物探（GP）、静载荷试验（PLT）、旁压试验（PMT）、波速试验（WVT）、标准贯入试验（SPT）、重型动力触探试验（DPT）等多种原位测试手段测定场地岩土特性，共布置勘探点计 163 个，总进尺约 2603.4 延米。 场地处于山前坡洪积裙与清水河冲洪积扇中部地段交互地貌单元，上部岩性以灰～黄褐色的山前坡洪积粉质黏土为主，局部混角砾及细砂层透镜体，层厚 3.5～6.1 m；中部为灰～黑褐色的河流冲积粉质黏土，局部缺失，最大层厚 5.1 m；下部为稳定的清水河冲洪积卵石层，属巨厚层，最大揭露厚度为 27.4 m。 由于地下水埋藏较深，可不考虑其对本项目的影响。场地内粉质黏土层具轻微～中等湿陷性，地基湿陷等级应按 I 级考虑。根据场地内实测波速资料可知场地类别定为 II 类。 地基方案中，高层部分采用天然地基，以卵石层作为基础的持力层，同时对沉降变形和软卧下卧层承载力进行了估算；多层部分采用桩基础或灰土换填处理。在基坑评价中，通过在同一地质模型下分别采用理正软件、Midas 软件、非饱和土计算软件等三种软件进行对比分析，最终给出兼顾安全和经济的基坑支护方案建议。

山东海阳核电厂一期工程岩土工程勘察

工程地点： 山东省烟台市海阳市

项目规模： 大型

竣工： 2008 年

勘察单位： 河北中核岩土工程有限责任公司

所获奖项： 2019 年河北省优秀工程勘察设计一等奖

参与人员： 孙立川、李金、王红贤、张海平、陈小峰、李玉良、张先林、张昊、宁宝燚、李永强、牛胜军

1. 概况

山东海阳核电厂工程规划容量为 6×1000 MW 核电机组，并留有再扩建的可能性。厂区一次规划，分期建设。一期工程建设 2 台 AP1000 核电机组。

2. 勘察目的与任务

①查明厂区的地形、地貌形态特征及微地貌特征；②查明厂址区地质构造特征，断层性质、发育规模、断层产状、破碎带宽度及充填胶结情况，节理裂隙性质、产状、延伸长度、裂隙宽度及胶结性质等特征；③查明厂址区地层岩性、成因、时代、分布，岩石风化程度、坚硬程度、岩体完整程度和岩体基本质量等级，厂区岩层中软弱夹层的分布及其特征，提供核岛区建（构）筑物设计所需岩土体的动态和静态力学参数，划分地基类型，对地基处理方案提出建议；④提出岩土体的电传导性能参数，为核电厂接地、地下电缆系统设计提供有关参数；⑤查明危害厂址的不良地质作用及其对场地稳定性的影响；⑥判断抗震设计场地类别，划分对建筑物有利、不利和危险地段，判断地震液化的可能性；⑦查明厂区的水文地质基本条件和基本特征，分析评价厂址区地下水的埋藏、分布、补给、径流、排泄条件，提出岩土体渗透性能参数，为基坑开挖降水设计提供参数，对海水对基坑开挖的影响做出评价，提出基坑开挖降水方案建议；⑧分析评价核岛基坑负挖边坡稳定性，对基坑开挖支护提出建议。

3. 工作方法

为了全面真实地反映场地实际工程地质条件，在充分利用已有资料的基础上，采取了工程地质测绘、水文地质试验及水位观测、工程物探、工程地质钻探、原位测试（波速、声波、电法、激振试验等）、野外试验以及室内试验等多种方法。

4. 完成的工作量

共完成钻孔 221 个，最大深度 100.0 m，最小深度 1.14 m。其中，核岛区钻孔 77 个，常规岛及其附属建筑物区钻孔 98 个，取水泵房及排水区（海域）钻孔 46 个。完成 1：500 测绘面积 0.56 km²，1：1000 测绘面积 2.154 km²，选取地质点 1335 个，开挖探槽 5 条。采取岩样 41 组，原状土样 48 组，扰动土样 192 件，水样 29 件。完成声波测井 8069 点，深度 1617.8 m，标贯试验 166 次，点载荷试验 606 点，地表电阻率测量 58 点，钻孔测斜 1260 点，抽水试验 18 孔 21 段，压水试验 16 孔 46 段，注水试验 2 孔 2 段等。

5. 项目难点

山东海阳核电厂厂区主要为中生代早白垩世莱阳群水南组地层，为一套细碎岩屑沉积岩，在勘探深度内揭露岩性为中薄层状粉砂岩、细砂岩及薄层状页岩。其中以粉砂岩和细砂岩为主，厚度较大，页岩在钻探深度范围内揭露厚度一般较小，以夹层状出现居多。且区内脉岩十分发育，岩体的强度差异很大，地质条件非常复杂，给钻探、试验、评价增加了很大的难度。

新建承德民用机场勘察项目

工程地点： 河北省承德市

项目规模： 总征用地面积 230.7553 ha

竣工： 2017 年

勘察单位： 承德水文地质工程地质勘察院

所获奖项： 2019 年河北省优秀工程勘察设计一等奖

参与人员： 王雪飞、刘杰、苟自强、任振兴、孟祥凯、何明、王玉杰、孔凡龙、孙安然、高强、刘小平、蒋大宇、王宇、孙鑫、马志军

本次勘察采用工程地质测绘、调查、钻探、挖探、标准贯入试验、重型动力触探试验、波速测试、现场载荷试验及室内试验等手段综合开展工作，结合承德地区地质情况布设勘察工作。

①工程地质调绘以业主提供的 1：2000 承德民用机场地形图为底图，采用顺层追索和路线穿越相结合的工作方法，按所划分的地层单元界线，定点作详细的工程地质调绘，同时还对泉点、井点等进行调查访问。通过调绘获取了较多的第一手资料，满足了精度和质量要求。

②勘探以钻探为主，辅以坑探、物探。场区共布置 33 条勘探线。勘探线分布在轴线及两侧，轴线勘探点的间距按 40～60 m 控制，填方高度大于 20 m 的点在距离中心线两侧 40 m 处布置勘探点，勘探点间距按 100 m 控制。地质条件较差、变化较大的地区作适当加密。控制性钻孔深度至中微风化基岩内 1～3 m；基岩埋藏较深时，至较硬的稳定土层内 3～5 m 且不小于 15～20 m。一般性钻孔深度可至基岩内 1～2 m；基岩埋藏较深时 10～15 m 终孔。孔深和钻孔质量符合有关规范要求。

③根据钻孔揭露的地质情况，对每类岩土均进行了取样试验。对土样除常规试验外，还进行了三轴剪切试验等工作；对岩样进行物理性质、干湿抗压、抗剪试验、抗拉试验、崩解试验、岩矿鉴定等工作，符合有关规范规程及本机场勘察要求。本次勘察采用的现场试验包括载荷试验、重型（2）动力触探、标准贯入试验、现场密度试验。

④挖方区的土石比勘察，应优先采用综合的物探手段，查明岩石面分布情况，本次物探工作投入使用的仪器为重庆地质仪器厂产 DUK-2B 高密度电法测量系统及北京市水电物探研究所生产的 SWS-5 型多波列数字图像工程勘探和工程检测仪，查明岩石面分布情况，并在具有代表性的地段有针对性地布置钻孔，布孔网点间距不宜大于 80 m。

⑤高填方挖方区除沿高边坡主要典型断面布置勘探线外，在其两侧根据实际情况布置一定数量勘探线。一般在坡顶、坡脚及其中间布置勘探点，勘探点间距不大于 50 m，高填方区所有勘探孔应穿过相对软弱层并穿过最深潜在滑裂面进入稳定地层一定深度。

承德机场为山区机场，勘察主要解决高填方及深挖方等问题，该工程土石方处理量大（全场完成挖方 2244.8×10⁴ m³，填方量共计 2714.9×10⁴ m³，填挖总量将近 6000×10⁴ m³，道面区填方 113.9×10⁴ m³，挖除草皮土共计 69.8×10⁴ m³），填方垂直高度约 125 m，其中高填方地基处理和柔性挡土墙技术列入国家 973 重点科研项目（采用柔性挡土墙 8 级，每级高 5 m，是目前国内采用该技术修建的高度最高的挡土墙）。主要采用工程地质测绘、钻探、物探、原位测试、土工试验等多种方法，详细地查明了场区的区域地质情况、地层分布情况等，提供了较为准确的设计参数。其中跑道东段采用电法及瑞雷波法物探相结合，并参照钻孔实际情况，准确查明了岩石与覆盖层界线，通过现场载荷试验及渗透试验准确查明了填方区地层参数。本勘察工程通过了专家审查，提供的设计参数被设计单位采用。

通过承德民用机场项目的实施，使承德综合交通枢纽作为城市内外交通的衔接点，正逐步由相对单纯的对外交通集散地向多功能的城市活力中心转变。本项目的实施促进了当地的社会稳定和地方经济的发展，对和谐社会的构建具有积极的意义，促进了社会和谐发展。

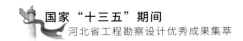
南水北调中线京石段应急供水工程（石家庄至北拒马河段）雾山（一）隧洞工程地质勘察

工程地点： 河北省保定市

项目规模： 雾山（一）隧洞为南水北调中线京石段应急供水工程（石家庄至北拒马河段）一座大型输水隧洞，设计流量 135 m³/s，加大流量 160 m³/s，隧洞主体建筑工程及进出口连接段为 1 级建筑物；工程全长 825 m，由进口段、洞身段、出口段三部分组成，洞身段采用双洞线平行布置，双洞总长 1310 m；洞内水流为无压流，洞室采用圆拱直墙型断面，单洞断面尺寸为 7.5 m×8.365 m

竣工： 2008 年 5 月临时通水验收，2010 年 5 月合同验收

勘察单位： 河北省水利水电勘测设计研究院

所获奖项： 2019 年河北省优秀工程勘察设计一等奖

参与人员： 王斌、兰景岩、王彪、谌军、张磊、王英豪、李志刚、潘新欣、孟慧娟、贾静、顾维举、王维、齐香文、李炳辉、孙超

雾山（一）隧洞具有输水流量大、洞线长、断面大、地质条件复杂等特点，它的建成和运行使京石段应急供水工程产生了巨大的经济效益和社会效益。

雾山（一）隧洞地处太行山东麓丘陵区与山前倾斜平原过渡带，洞线穿越山体最大高程 229.0 m，山坡坡度 20°～30°，山体表层多被薄层坡残积碎石土及植被覆盖。进出口地带地面高程 75.0～95.0 m，区内冲沟发育，冲沟宽度一般 30～100 m。山前多坎状梯田，坎高一般 1～1.5 m。山体岩性为蓟县系雾迷山组含燧石条带、燧石团块白云岩。

建筑物区地处二级构造单元山西断隆中太行山隆起（三级）的东部边缘。建筑物区地震动峰值加速度为 0.05 g，相当于地震基本烈度 VI 度区。

前期勘察及施工期间采用地球物理勘探、钻探、坑槽探、现场原位测试、压（注）水试验、大型岩体变形试验及室内试验等多种方式相互结合、相互辅助、相互验证的综合勘察方法，查明了工程区地质结构、地层岩性分布特征、岩土物理力学指标及水文地质条件，为雾山（一）隧洞的精确设计提供了可靠、翔实、准确的地质资料及合理的地质参数，为"早进洞、晚出洞"等优化设计、新奥法进行洞室开挖及支护提供了极为合理的地质建议和地质依据。

面对雾山（一）隧洞复杂的地质条件，能从地质角度给出比较合理的进出洞口位置建议，能根据岩土体物理力学性质、工程地质条件及水文地质提出可能存在的主要工程地质问题，能在施工过程中实事求是地根据实际情况调整相关地质参数以适应工程设计、安全和施工的需要，能为保证南水北调中线应急供水工程按时全线通水保驾护航，都彰显了在本项目中地质勘察工作不可或缺的地位。

雾山（一）隧洞的设计理念和验证方法先进合理，经专家审查，认证计算手段可靠，体现了较高的勘察设计水平，项目运行以来，情况良好。

荣鼎天下

工程地点： 河北省石家庄市
项目规模： 总建筑面积 13×10^4 m²
勘察 / 竣工： 2013 年 /2018 年
勘察单位： 中土大地国际建筑设计有限公司
所获奖项： 2019 年河北省优秀工程勘察设计一等奖

参与人员： 亢永强、王健、汪飞、孔江伟、郑学元、左新明、汤勇、赵金玲、张鼎臣、王献龙、李子岩、胡瑞丰、郭晓晨、张惠巧、袁才峰

本项目位于石家庄市中华北大街与联盟西路交会处西南角，总占地面积 1.87×10^4 m²，共由 3 栋主楼与裙房商业组成，西侧为高层住宅，地上 30 层，地下 4 层；东侧为公建及商业。公建部分由 2 栋建筑组成，A 座为 5A 智能甲级写字楼，B 座为轻型商务公馆，均为地上 23 层，地下 4 层，框架核心筒结构，桩基础，核心筒底板埋深约 18.8 m；商业部分，地上 4 层、地下 2 层。

本项目采用多种勘察手段，查明了地基各岩土层的分布及其物理力学参数。根据建筑物特点及场地地层岩性特征，对可能采用的地基处理方案进行了对比分析，对高层住宅建议采用复合地基方案，并根据地层特点，对长螺旋钻机的施工可行性进行了分析，提出了旋挖钻机成孔灌注混凝土桩的复合地基施工工艺，既解决了卵石对长螺旋钻机施工的限制，又确保了充分发挥复合地基的经济性。

所建造的两栋写字楼为核心筒结构，基底压力较大，复合地基不能满足要求，提出了采用泥浆护壁旋挖钻孔灌注桩的方案。为了提高钻孔灌注桩的单桩承载力，减少沉渣引起的过大沉降，提出采取后压浆工艺，最大限度提高桩的经济性。以上地基处理方案均被设计单位充分采用并给予了高度评价，为本项目节省了工期及施工成本。

本项目自 2018 年竣工验收投入使用以来，建筑物使用情况良好，变形观测资料显示建筑物已经沉降稳定。目前荣鼎天下已成为石家庄北部区域最高端的商务综合体项目之一，对新华区的发展和建设具有显著的社会效益和经济效益。

东方希望晋中铝业有限公司原料边坡地质灾害勘察项目

工程地点： 山西省晋中市

项目规模： 大型

竣工： 2018 年

勘察单位： 中冀建勘集团有限公司

所获奖项： 2019 年河北省优秀工程勘察设计一等奖

参与人员： 聂庆科、梁书奇、王英辉、贾向新、李永强、张健、茆玉超、郭亚光、谢永刚、李炜、梁栋、吕旭、于俊超、姜作栋、张健

东方希望晋中铝业有限公司原料边坡地质灾害勘察项目位于山西省晋中市灵石县南关镇仁义村西南侧（原逍遥村），为在原地貌基础上形成的填方边坡，边坡坡顶厂区运行约 1 年后，在边坡坡顶道路及建（构）筑物中发现一系列的裂缝，边坡变形主要表现为坡顶道路的拉裂缝及下错裂缝。建设单位委托中冀建勘集团有限公司进行本项目的勘察工作。

本项目勘察区边坡高 30～40 m，是"L"形，坡比为 1∶1.85～1∶1.35，北侧及西侧边坡长度约 450 m，填方面积约 50000 m²，填方厚度 0～40 m，总计填方量约 69×10⁴ m³，填方材料主要为碎石、黄土状粉土，填方过程采用强夯法进行了夯实处理。本项目边坡变形严重威胁厂区员工通道、坡脚河道、厂区生产及办公设施，一旦边坡发生滑动，将导致厂区停产，并给员工带来严重的生命安全威胁。

本项目安全等级为一级，边坡地质环境复杂程度为二级，综合确定勘察等级为甲级。勘察共完成工程地质测绘与调查面积 55000 m²；物探测试长度 2870.0 m，钻探总进尺 1322.78 m，土工试验采用三轴（CU、UU）试验、湿陷性试验、天然及饱和状态下的残余强度试验及渗透试验等测定岩土物理力学参数。

本次勘察采用物探和勘探综合对比分析，异常区探槽及探井验证，宏观的卫星图片分析和微观的工程地质测绘，结合边坡地质、地貌及边界条件、变形破裂特征确定了边坡的坡体结构、岩土组成及分布、坡体破坏模式、致灾因素及边坡变形区，建立填方前、后三维地质模型及变形分区图。通过试验获取岩土体的力学属性、变化情况、湿陷性、残余强度等力学指标，为建立有限元三维模型、分析边坡破坏模式下的受力状态提供数据基础，提出边坡的稳定状态及变形的量化分布，证实了边坡的破坏机理。

结合稳定性分析评价结果及各边坡可能的破坏形式，按照变形控制及整体稳定性双重控制思路，提出了锚索锚固、抗滑桩（钢管桩）支挡、堆载反压的综合整治建议。

本项目提交报告后，于 2018 年 6 月 30 日进行验收并通过。

霞光大剧院（演艺中心）

工程地点： 河北省石家庄市
项目规模： 总建筑面积 52740 m²
勘察 / 竣工： 2013 年 /2018 年
勘察单位： 河北建筑设计研究院有限责任公司
所获奖项： 2019 年河北省优秀工程勘察设计一等奖

参与人员： 关鹏、王占永、许翠霞、孙飞飞、蔡鸿洁、张家川、邓玉龙、王海周、贾彦龙、张淑聪、张宗会、王立辉、郭堃、蔡蕾、王尧松

霞光大剧院（演艺中心）项目是新中国成立以来石家庄市最大的文化项目，项目的建筑风格体现"盛世和歌，金声玉振"之意，在彰显文化标志性的同时，与城市周边建筑和谐地融为一体。

本项目勘察范围包括院团办公楼、招待所、中心剧院、多功能厅、平台及地下车库等，建筑物地上 4 ～ 7 层，地下 1 层，框剪或框架结构，筏板基础或独立基础，基础埋深 8.5 m。本次勘察在勘探点布置时，充分考虑建筑物特征及国家和河北省现行规范、规程要求，合理布置勘探点，勘察工作量经济合理，勘察手段齐全。勘察过程中主要采用了钻探、深层平板载荷试验、剪切波速测试试验、标准贯入试验等多种勘察手段，勘察技术先进，试验手段齐全。为了判别土层均匀性和划分土层、估算地基土承载力和压缩模量，进行了标准贯入试验；为了确定地基持力层承载力、计算土的变形模量，进行了深层平板载荷试验；为了确定建筑场地类别，采用单孔

检层法进行了剪切波速测试。

在室内试验中，黏性土及粉土原状土样除作常规物理试验项目外，还进行了直剪试验、三轴剪切试验、压缩—固结试验、回弹试验、颗分试验、筛分试验等。 成果资料对主要持力层地基土描述详细，提供了载荷试验指标、抗剪强度指标及变形参数指标；提供了基坑开挖和支护设计所需的岩土技术参数，对基坑的稳定性进行了详细的评价；提供了地基处理设计的技术参数，并建议了合理可行的工艺，尤其分析论证了采用天然地基的可行性。提供的地基土承载力特征值、变形参数建议值准确，对地基土的工程评价全面、客观，建议合理，勘察工作满足强制性条文规定，勘察效率高，提供技术资料齐全、及时，勘察技术成果达到了同期河北省内领先水平，创造了良好的经济效益和社会效益。

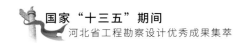
锡盟—泰州 ±800 kV 特高压直流输电线路工程线路测量

工程地点： 河北省遵化市

线路长度： 81 km（全长 1616 km）

勘察 / 竣工： 2014 年 /2017 年

勘察单位： 中国电建集团河北省电力勘测设计研究院有限公司

所获奖项： 2019 年河北省优秀工程勘察设计一等奖

参与人员： 刘安涛、任立华、田朝刚、张弘翊、郝建奇、张焕杰、黄真辉、周凯、赵秋元、刘寅申、毛玉丽、尹亚东、彭磊、李超、柴春鹏

锡盟—泰州 ±800 kV 特高压直流输电线路起于内蒙古自治区锡林浩特市境内锡盟换流站（毛登站址），止于江苏省盐城市泰州换流站，线路全长约 1616.7 km（含黄河大跨越 3.7 km）。锡盟—泰州 ±800 kV 特高压直流输电线路工程分标 1 包 7（鲁家峪村西南—齐庄子南（冀津省界）），本段线路起自遵化市鲁家峪村西南，止于齐庄子南（冀津省界），线路位于河北省遵化市和玉田县境内，线路长 81 km，曲折系数 1.24。本项目依据先进可靠的原则开展终勘定位测量，采用了奥维导航定位、塔基地形处理系统、输电线路测量内业一体化处理系统、单基站与网络 RTK 技术、免棱镜全站仪测量、三维激光扫描技术等多种技术手段。通过新技术的运用，大大提高了作业效率以及测量成果的精度和数据的可靠性，保证了线路路径的经济性，同时也符合了绿色勘察的理念，确保了工程质量。

河北省西大洋水库等四座大型水库淤积测量及库容曲线修测

工程地点： 河北省太行山脉、燕山山脉

项目规模： 大 (1) 型水库

竣工： 2018 年

勘察单位： 河北省水利水电勘测设计研究院

所获奖项： 2019 年河北省优秀工程勘察设计一等奖

参与人员： 王海城、王海、杨亚伦、张瑞卿、周世龙、赵阳、孙创、崔绍煜、刘晖娟、李明喜、武卫国、赵会会、徐婷婷、王雯涛、柳东亮

河北省现有西大洋水库和岗南水库等 18 座大型水库和 43 座中型水库，分布于河北省境内的太行山脉和燕山山脉。多年来，这些水库在河北省防洪抗旱、城市供水、农业灌溉、发电养殖等多个方面发挥了重要作用。本项目实施前，水库防洪调度采用的库容曲线多数是 20 世纪八九十年代的成果，库容曲线产生变化，水库调度和防汛管理存在较大的盲目性。河北省水利水电勘测设计研究院采用多项先进技术，于 2016—2017 年完成了西大洋、岗南、朱庄和云州 4 座大型水库的淤积测量和库容曲线修测工作。其中，共布设 D 级 GNSS 控制点 39 点；E 级 GNSS 控制点 212 点；测绘 1：2000 地形图 226.2 km²；测量淤积监测断面 116 条共 143 km。

利用测量成果，分析了水库淤积成因，科学掌握了水库运行现状，更新修测了多年来一直沿用的库容曲线，复核修正了西大洋等 4 座大型水库的特征值，全面摸清了水库现状，掌握了淤积变化规律，为水库防汛调度提供了可靠的基础成果。制作的数字高程模型 DEM 与数字正摄影像图 DOM，真实再现了水库的三维场景，为水库可视化运维管理平台建设奠定了基础。

结合本项目开发的"基于 TIN 的水库库容计算和断面数据处理系统"取得软件著作权（登记号：2019SR0517522)，并在河北省其他大中型水库中取得良好应用效果，具有较强的推广价值。

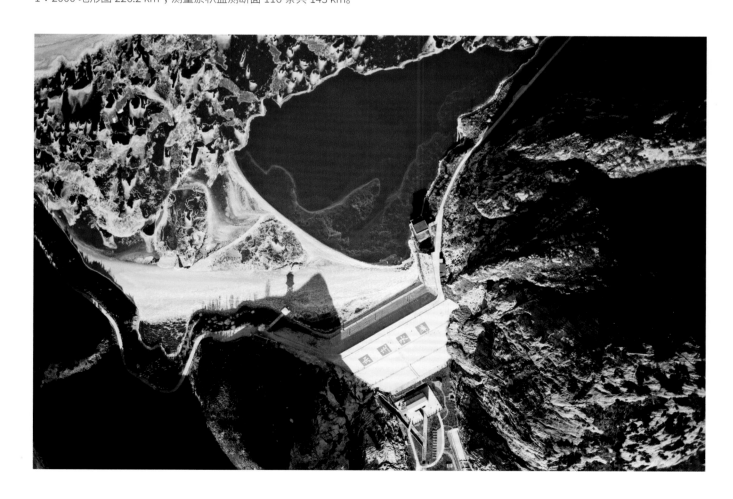

沾化氧化铝二期吹填区域软基处理工程（C区）

工程地点： 山东省滨州市沾化县

项目规模： 施工面积约 70×10^4 m²

勘察／竣工： 2016 年 /2016 年

勘察单位： 中冀建勘集团有限公司

所获奖项： 2019 年河北省优秀工程勘察设计一等奖

参与人员： 聂庆科、刘晶晶、王伟、张鹏、乔永立、李晨雁、宋烨、孔凡星、成现伟、智学美、董树巍、薛明义、杨会龙、刘朋、王二宝

沾化氧化铝二期吹填区域软基处理工程位于山东省滨州市沾化县滨海镇，施工面积约 70×10^4 m²。本项目软基处理共划分为A、B、C 三个区域，勘察单位地下工程公司承担 C 区软基处理的设计和施工任务。C 区总面积 21.5×10^4 m²，其中非泥浆区域 17.5×10^4 m²，泥浆区域 4×10^4 m²，C 区以外新增区域 1×10^4 m²。本项目开工日期为 2016 年 2 月 6 日，竣工日期为 2016 年 12 月 10 日。

根据地层条件的分析结果，本次软基处理计划分区采用不同的软基处理方法。非泥浆区域采用"预排水动力固结法"加固；泥浆区域采用真空预压＋翻晾晒、强夯的加固方法进行软土地基处理。为确保软基处理效果，结合现场实际地质情况，本项目实施过程中对设计方案、设计参数进行了调整。

通过项目技术人员的不断探索，成功申请"预排水动力固结加固软土地基的方法"（专利号为 ZL 2008 1 0055390.7）专利 1 项，并成功将该技术应用到本项目中，明显缩短了工期，降低了成本，取得了良好的效果。

根据本项目实际情况，"因土制宜"不同地层采用不同的软基处理方法，并在工程项目实施过程中采用了"动态设计"方法，确保设计方案和设计参数的合理性。本项目共计完成地基处理约 22.66×10^4 m²。施工过程中，精心组织，成功克服了施工过程中的各种难题，圆满完成了本项目施工任务，取得了良好的经济效益和社会效益，受到业主及监理单位的一致好评。

河北医科大学图书实验综合楼

工程地点： 河北省石家庄市

项目规模： 总建筑面积 67781 m²

勘察 / 竣工： 2013 年 /2017 年

勘察单位： 河北建筑设计研究院有限责任公司

所获奖项： 2019 年河北省优秀工程勘察设计一等奖

参与人员： 许翠霞、蔡鸿洁、关鹏、王占永、孙飞飞、张淑聪、邓玉龙、王海周、贾彦龙、张家川、张宗会、王立辉、郭堃、蔡蕾、王尧松

河北医科大学是一所具有百年历史和优良医学教育传统的省属骨干大学，是中西部高校基础能力建设工程高校，是"卓越医生教育培养计划"试点高校。河北医科大学图书实验综合楼，建筑面积 67781 m²，地上 18 层，地下 2 层，其中地上 1 层为档案中心及综合展厅，2 ～ 4 层为图书馆，5 层为网络中心及图书馆办公室，6 ～ 18 层为医学专家基础实验室，地下 1 层为档案库及书库，地下 2 层为人防地库。设计使用年限 50 年，建筑高度 74.9 m，耐火等级一级，结构形式为框架剪力墙，建筑物重要性等级为二级，场地为中等复杂场地，地基为中等复杂地基，岩土工程勘察等级为乙级。勘察报告内容详尽、分析建议合理。勘察查明了建筑范围内地下岩土的类别、结构、厚度、坡度及工程特性；提供了满足设计、施工所需的岩土技术参数，评价了场地的稳定性、地基均匀性及湿陷性；对建筑地基做出了岩土工程分析及评价；确定了地基承载力，提供了地基变形计算参数；判定了场地土对建筑材料的腐蚀性；提供了场地土的标准冻结深度；查明了场地无不良地质作用；划分了建筑场地类别，判定了场地土层无液化性；对基础形式、地基类型、地基处理、基坑支护方案等提出了建议，提供了相关的设计施工参数。

本项目勘察采用钻探、探井、深层平板载荷试验、标准贯入试验、剪切波速测试等多种勘察手段，勘察技术先进、合理，试验手段齐全，为设计、施工单位提供了重要的依据。勘察报告内容重点突出，观点明确，措施具体，报告除文字部分外，还包括插图、附图、附表及照片等，形象直观地反映了勘察场地的工程地质条件、技术指标及设计参数等，勘察技术成果达到了同期河北省内领先水平，创造了良好的经济效益和社会效益。

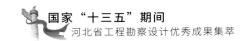
西柏坡 500 kV 变电站新建工程岩土工程勘察

工程地点： 河北省石家庄市平山县

项目规模： 500 kV

勘察 / 竣工： 2012 年 /2016 年

勘察单位： 中国电建集团河北省电力勘测设计研究院有限公司

所获奖项： 2019 年河北省优秀工程勘察设计一等奖

参与人员： 白景、李小雪、盖尧周、陆威、习建军、刘珍岩、王中荣、尚晓、侯迎彬、李忠平、柯雄、师岩哲、韩国强、张文双

西柏坡 500 kV 变电站新建工程是国家重点项目，是河北 1000 kV 特高压配套重点工程之一。工程场址位于石家庄市平山县西大吾乡尤家庄村南侧，S241 省道以东，站址距平山县城约 12.5 km。本项目共建设 750 MV · A 主变压器 4 组，配套 500 kV 出线 8 回、220 kV 出线 12 回；配套线路总长 71.7 km，涉及平山、井陉、鹿泉、元氏、藁城、正定等 6 个县（市）区。该站实现了西柏坡—石北—辛集—廉州—石西—西柏坡 500 kV 双环网结构，为 220 kV 电网的分区供电奠定了坚实基础，极大地提高了石家庄市电网运行的可靠性与灵活性，并为节能减排、治理雾霾和承接特高压电网电力配出提供了有效支持，为地区经济快速平稳增长提供了强有力的电力支撑。

本项目勘察、设计均由中国电建集团河北省电力勘测设计研究院有限公司完成，其中可研勘测于 2012 年 11 月完成，初步设计勘测于 2014 年 6 月完成，施工图设计勘测于 2014 年 9 月完成。2016 年 1 月工程顺利建成投产。

本项目地处太行山麓与华北平原交接地段，地貌类型为低山丘陵区，总体地势南高北低，沟谷深切，呈 "V" 字形展露，高差大于 10 m；谷底为山间洼地，山坡和谷底发育有厚度不等的坡残积物和黄土状粉土，地质条件差，地层不均匀，上部地层主要为第四系全新统黄土状粉土和粉土，下伏基岩主要为全风化至强风化状态黑云斜长花岗片麻岩，基岩面起伏不定，对建（构）筑物变形和地基承载能力提出了极高要求。

本项目勘察工作历时 3 年，分阶段、分区域进行了大量现场勘探工作，针对具体情况采取了钻探、原位测试（标准贯入试验、重型圆锥动力触探试验）、物探测试（视电阻率测试、剪切波速测试、高密度电法测试）、土工试验（常规物性试验、固结、直剪、击实、黄土湿陷、易溶盐含量分析）和岩石强度试验（点荷载试验）工作等，为设计专业提供了海量数据，满足了各阶段设计工作需求。工程建设和运行期间连续进行了建（构）筑物沉降变形观测，实测沉降和变形量均满足规范和设计要求。

西柏坡 500 kV 变电站新建工程岩土工程勘察方案合理，勘测成果准确，为地基方案优化提供了有力依据，平面布置图优化方案效果明显。通过试验验证了黄土经处理后作为回填土使用的可行性，极大减少了土方外运和余土回填工作量，节约地基处理费用超过 100 万元。勘测工作对工程投资优化起到重要作用，取得了良好的经济效益和社会效益。

邢衡高速公路衡水段二期工程

工程地点： 河北省衡水市

项目规模： 路线全长 53.532 km，工程概算总投资 52.68 亿元

勘察 / 竣工： 2011 年 /2016 年

勘察单位： 河北省交通规划设计院

所获奖项： 2019 年河北省优秀工程勘察设计一等奖

参与人员： 何勇海、高岭、曹正波、马壮、李炜、高辉、张举智、冯明月、刘坡、张红强、李军、霍君英、李建朋、张志建、王文生

本项目采用双向四车道高速公路建设标准，设计速度 120 km/h，路基宽度 28.5 m。桥涵设计的汽车荷载等级为公路－Ⅰ级，特大桥设计洪水频率为 300 年一遇，大中小桥涵及路基设计洪水频率为 100 年一遇。全线设特大桥 3 座（6021 m），大桥 5 座（882 m），互通式立交 5 处，分离式立交 17 处（2230.7 m），服务区 1 处，停车区 1 处，养护工区 2 处。

本项目全线勘察共进行工程地质调绘 55 km²，钻探 62 孔（26622.24 m），静探 109 孔（1560.5 m），取土样 13716 件，原位测试 15228 次，取水样进行水质分析试验 11 组。

为进一步提高勘察精度和效率，还采用了全球定位系统、航空测量技术以及卫星遥感技术等新技术辅助勘察。在地基处理设计过程中，采用曾获河北省科技进步二等奖的"高地震烈度区预应力混凝土管桩（PHC）抗震风险评定关键技术"，对 CFG 桩处理设计方案进行了类比分析；开展了"湖相沉积高速公路软土地基强夯加固应用研究"，通过湖相沉积软土地基强夯加固工程现场试验，提出了强夯加固施工参数优化方法以及强夯加固效果检测与评价技术，确保了邢衡高速公路软基路基的安全稳定。

在工程施工过程中，地质条件与所提交的工程地质勘察成果相符，无因勘察设计原因而产生重大工程变更和投资变化。本项目通车以来，使用情况良好，没有因勘察原因造成公路安全隐患。

云南彝良驰宏矿业有限公司毛坪铅锌矿区"9·7"地震后水文地质补充勘探

工程地点： 云南省昭通市

勘探调查范围 129.73 km²

勘察/竣工： 2014 年/2015 年

勘察单位： 华北有色工程勘察院有限公司

所获奖项： 2020 年度河北省工程勘察设计项目一等成果

参与人员： 刘大金、袁胜超、折书群、赵珍、李贵仁、章爱卫、杨圣安、邬立、张晶、孙晓栋、赵斌、崔世新、赵晓明、徐海洋、邬坤

云南彝良毛坪铅锌矿地处西南高山峡谷碳酸盐岩地区，为投产多年的井下矿山，矿区构造及岩溶极发育，井下涌水量 $2.0×10^4$ ～ $4.5×10^4$ m³/d，围岩水头压力达到 2.5 MPa，矿区水文地质条件复杂。多年来，多个队伍没能查清矿区水文地质条件，矿山防治推进缓慢，治水效果不理想。2012 年 9 月 7 日，矿山一带发生 5.6 级地震，矿山断电淹井，矿区水文地质条件进一步恶化，水患已成为制约矿山开采的重要因素。

2014—2015 年，华北有色工程勘察院有限公司在认识论、系统论、信息论的指导下，灵活应用水文地质理论和方法，通过地表调查与测绘、巷道水文地质编录、水文地质钻探、钻孔抽水试验、巷道放水试验、示踪试验等手段，获得了大量的水文地质基础资料。最终刻画的水文地质模型为平面上呈"Y"形，整体呈"π"形岩溶地下水系统。矿区北部二迭系栖霞茅口岩溶裂隙水是矿床充水主要水源，分布于西北、东北部二迭系梁山组砂页岩中的断层破碎带是矿床充水主要通道，勘察后工程人员提出了"截、堵、排"系统防治水工程，即从西北部、东北部、西南部三个方向截堵浅部地下水，预留排水能力，对深部地下水排水降压。

该项成果通过了武强院士、许广明教授等知名专家的评审。以此理论为基础，成功解决了毛坪铅锌矿多年的水患问题，提出的浅部帷幕注浆、深部排水降压的防治水措施正在实施当中，治水效果已初见成效。

山东黄金矿业（莱州）有限公司三山岛金矿西山浅部第四系地下水治理工程

工程地点： 山东省烟台市莱州市

项目规模： 治理范围边长约 300 m，桩长 35 ～ 40 m，桩径 1.2 m，桩数 340 根，治理后涌水量小于 15 m³/h

勘察 / 竣工： 2018 年 /2019 年

勘察计单位： 华北有色工程勘察院有限公司、中冀建勘集团有限公司

所获奖项： 2020 年度河北省工程勘察设计项目一等成果

参与人员： 韩贵雷、孙运青、贾伟杰、杨海朋、高学通、宋鹏波、蒋兵辉、李胜利、李海礁、郑云峰、宋军涛、夏文超、刘大鹏、冯彦华、赵晋

山东黄金矿业（莱州）有限公司三山岛金矿西山浅部第四系地下水治理工程场区位于莱州市三山岛街道，南距 S304 约 800.0 m，北距莱州港约 600.0 m，需治理范围边长约 300 m。按国家现行质量验收标准及相关专业验收规范、标准验收，防治水后要求涌水量控制在 15 m³/h 以下，基坑开挖时所有边坡与建（构）筑物基础稳固。

本项目是利用矿山帷幕注浆优势承接的具有传统岩土工程施工性质的综合性、新型矿山防治水工程，采坑开挖深度 33 m。

由于开挖区域的第四系地下水与海水潮汐关联，此处地下水能否

妥善处理、基坑边坡的稳固程度直接影响到开挖工程施工安全；施工场地紧临充填站砂仓、食堂等建（构）筑物，地基稳固是开挖顺利施工的关键问题；同时地下采空区和基坑内采矿爆破也是影响边坡安全的重要因素。本项目采用一侧放坡、三侧直立的开挖形式。根据地层情况及周边环境特点设计采用三侧直立支护、止水结构为吊脚（部分）咬合桩，并加以锚索组成支护结构。

广西环江县板坝屯岩溶塌陷勘察

工程地点： 广西壮族自治区河池市环江县

勘察调查范围 48 km²

勘察／竣工： 2018 年 /2019 年

勘察单位： 华北有色工程勘察院有限公司

所获奖项： 2020 年度河北省工程勘察设计项目一等成果

参与人员： 折书群、王建国、郭玉喜、杨闪、王聪颖、赵珍、赵斌、崔世新、李贵仁、张晶、孙建光、刘大金、唐英杰、郝海强、张雪丽

板坝铅锌矿位于板坝屯南部，与村庄紧邻。板坝矿区自 20 世纪 90 年代末开始开采，2014 年，在对斜井进行排水时，矿区西部板坝屯一带再次出现了地面塌陷、水井干涸等环境地质问题。

勘察工作查明了复杂的塌陷机理：板坝屯塌陷形成的主要机制是潜蚀作用，区内基岩与第四系接触带溶洞发育，地下水位波动频繁，反复侵蚀溶洞内土层，从而形成大量空洞；其次为失托作用，塌陷区第四系厚度小，地下水位突降时，空洞处易发生塌陷；另外，还受到水击作用和震动作用影响。勘察查明了板坝屯一带岩溶塌陷的原因并分析了岩溶塌陷的机理，提出了治理和监测手段，为此类地区岩溶塌陷的预防提供了科学依据，并为各类塌陷类型提供了技术借鉴。同时，为当地落实国土资源部"在保护中开发，开发中保护"和抗灾工作"预防为主、避让和治理相结合"的方针提供了技术支持。

西气东输三线天然气管道东段干线（吉安—福州）工程勘察

工程地点： 江西省、福建省
项目规模： 线路 832.4 km，山岭隧道 52 条，河流大中型穿越 39 处，站场阀室 52 座
勘察 / 竣工： 2012 年 /2018 年
勘察单位： 中国石油天然气管道工程有限公司
所获奖项： 2020 年度河北省工程勘察设计项目一等成果

参与人员： 陈光联、邓勇、张灵芳、高剑锋、周劲松、徐华文、蒋小勇、赵鑫、李靖、邵晖、邓乐翔、程少华、石磊彬、孟建、毕娜

1. 勘察难点和重点

①管道全长 832.4 km，横跨江西、福建两省，地质条件复杂、自然灾害和隐患较多，工程勘察评价难度和风险大。

②全线 52 条山岭隧道，隧道围岩质量分级、涌水量估算的准确性将直接影响设计方案及施工措施和建设成本。

③全线穿越大中型河流 39 处，涉及钻爆隧道、水平定向钻、顶管、大深竖井、斜井等方式，勘察准确性及穿越方式的分析评价将影响管道穿越设计方案、施工成本和管道的成功穿越。

2. 勘察先进性

①本项目运用了 GIS 及遥感地质解译等辅助勘察技术、高精度油气管道地质灾害三维扫描分析评价及数值模拟技术，解决全线管道线路地质灾害评价，达到国内行业先进水平。

②本项目攻克各项技术难关，总结福建沿海地区山岭隧道围岩分级、涌水量计算方法，创新出适合本项目的"福建地区管道工程隧道围岩分级及涌水量计算方法"，经后期隧道施工验证，围岩分级特别是涌水量与实际符合性极高。

③本项目采用了钻孔超声波成像、先进的钻探工艺（双管单动＋植物胶取芯）、综合物探方法（高密度电法、水域浅层地震映像和瞬变电磁法）等多种勘察手段，获得了准确、翔实的工程地质和水文地质资料，保证了全线大中型河流的成功穿越。

3. 综合效益与获奖情况

本项目建成后，有效地缓解了福建省天然气供需紧张格局，优化了东南沿海地区能源供应结构，改善了福建工业产业布局。每年节约天然气排放 1200 Nm³，自项目投产以来累计输气 10×10^8 m³ 以上，若按江西门站价格每立方米 1.86 元计算，可为企业带来约 18.6×10^8 元收入。本项目曾获中国石油天然气管道局优秀勘察工程一等奖。

肃宁北乘务员公寓楼 A、B 座补充勘察、变形观测、地基基础加固设计与施工项目

工程地点： 河北省沧州市肃宁县

项目规模： 地基基础设计等级甲级，加固程度复杂，共补桩 1056 根

勘察 / 竣工： 2011 年 /2014 年

勘察单位： 建研地基基础工程有限责任公司

所获奖项： 2020 年度河北省工程勘察设计项目一等成果

参与人员： 姚智全、吴渤昕、曹光栩、高文生、杨生贵、徐新利、王也宜、李阳、李俊中、秋仁东、王立冬

朔黄铁路肃宁北乘务员公寓位于肃宁县城北，共分为独立的 A、B 两栋，单栋占地面积 76.85 m×27.60 m，公寓楼为 17 层，建筑高度 57.6 m，一层地库，剪力墙结构，采用 0.7 m 厚筏板基础，基底埋深 4.5 m，南侧局部埋深 6.3 m，筏板基础比上部结构每边外扩 1.8 m，地基部分换填，承载力 140 kPa；楼南侧为地库，基底埋深 6.3 m，独立基础，基底采用 CFG 桩复合地基。

本项目于 2009 年 9 月开工，2010 年 6 月一层主体完成后在 A、B 栋设置观测点进行观测。2011 年 2 月，沉降观测发现 A、B 栋公寓均发生了不均匀沉降。截至 2011 年 9 月 5 日，B 栋北面门厅沉降最大值为 113.8 mm，而南面沉降为 40.9 mm；A 栋北面门厅处沉降最大值为 98.9 mm，而南面沉降为 36.3 mm，两栋楼整体向北倾斜，且沉降速率或沉降差速率达 1 mm/d。根据监测曲线，两栋楼绝对沉降和沉降差均较大且无收敛趋势，部分观测点已超规范 3.0‰ 的倾斜允许值。基于以上情况，建设单位委托建研地基基础工程有限责任公司对公寓楼不均匀沉降原因进行分析，制定处置方案，并进行止倾加固。

该加固工程任务紧急，综合性强，同时承担了补充勘察、沉降监测、分析原因、制定方案、现场施工等多项任务，特别是在地下室有限空间内分区域、分阶段组织钢管桩和后压浆施工，难度很大，每个环节稍有不慎均可能导致严重后果。经过一年的加固施工，不仅控制了楼体的进一步倾斜，将后续的沉降控制在较小的范围内，而且通过科学合理的调整施工部署，使建筑物倾斜值有所减小，建筑物已能满足正常使用要求。2014 年 5 月 8 日，建设单位组织相关单位对公寓楼进行了竣工验收，根据长期观测结果，当时建筑物沉降速率小于 0.01 mm/d，已达到规范允许的稳定要求。

本加固工程规模和技术难度均较大，风险较高，在公司各位专家的悉心指导和各专业人员的协同努力下，本项目的止倾加固工作得以较好完成，取得了很好的经济效益、社会效益和环境效益。

连云港石化有限公司 320×10⁴ t/a 轻烃综合利用及配套低温罐区工程项目

工程地点： 江苏省连云港市

项目规模： 大型

竣工： 2018 年

勘察单位： 中冀建勘集团有限公司

所获奖项： 2020 年度河北省工程勘察设计项目一等成果

参与人员： 李友东、王国辉、陈军红、刘双辰、李亮、吕小龙、于朋超、李五一、朱凯云、陈玉国、王庆军、张良、刘帅、王志强、王新涛

连云港石化有限公司 320×10⁴ t/a 轻烃综合利用及配套低温罐区工程项目位于连云港石化产业园内，距连云港市约 60 km，勘察完成的主要工作如下。

①连云港石化有限公司 320×10⁴ t/a 轻烃综合利用项目地基处理设计与施工，地基处理面积 2039 亩（1360000 m²），地基处理采用真空预压法进行处理。

② 3 台 16×10⁴ m³ 低温乙烷储罐桩基工程的咨询及施工，工程内容为测量定位、成孔、钢筋笼制作安装、混凝土灌注、地面短柱施工及桩端后压浆。1#、3# 及 4# 低温乙烷储罐混凝土灌注桩桩径 1200 mm，桩长 66.5 ～ 67 m，混凝土强度等级为 C40P10，共 1311 根，混凝土设计方量约 110000 m³。

③工程桩检测咨询服务：检测项目包括单桩竖向及水平承载力、桩身完整性、桩身应力等。

本项目合同总造价 2.59 亿元。

巴基斯坦卡拉奇深水港（SAPT）二期 地基处理项目

工程地点： 巴基斯坦卡拉奇市

项目规模： 大型

竣工： 2019 年

勘察单位： 中冀建勘集团有限公司

所获奖项： 2020 年度河北省工程勘察设计项目一等成果

参与人员： 聂庆科、李友东、王国辉、陈军红、王鑫磊、梁亮、王玉波、刘双辰、彭帅、王庆军、王冰冰、胡耀广、袁丽君、段东东、马青坡

巴基斯坦卡拉奇市深水港码头为新建深水集装箱码头，码头岸线全长约 1500 m，港区面积约 80.5 ha，建成后年吞吐量预计达 310 万个标准箱。二期项目是继深水港码头软基处理一期项目、集装箱堆场的后续项目，通过对码头 1 号和 2 号泊位后方吹填区域进行土体密实处理，提高地基承载力，为后续集装箱堆场二期建设提供施工场地。

深水港软基处理二期项目总施工面积 293900 ㎡，分为 Priority Area -C1、C2、C3 共 3 个区域。软基处理主要是对地表平整面以下约 6 m 深度范围内（+4.7mPD 至 −1.3mPD）的土体进行密实处理。

盛虹炼化一体化项目原油、成品油罐区地基加固工程（三标段）

工程地点： 江苏省连云港市

项目规模： 大型

竣工： 2018 年

勘察单位： 中冀建勘集团有限公司

所获奖项： 2020 年度河北省工程勘察设计项目一等成果

参与人员： 李友东、商卫东、王国辉、吕小龙、于朋超、陈军红、刘双辰、陈玉国、王庆军、李晓东、刘帅、林明赫、韩京博、刘云、王新涛

盛虹炼化一体化项目原油、成品油罐区地基加固工程位于连云港市徐圩新区石化功能区，地貌类型为冲积、海积平原区，场区原为鱼塘，内部沟河纵横，表层为吹填原港池内粉土，其下为流塑状淤泥，厚度 12.90～13.90 m，压缩性高，工程性能极差。本项目采用无砂垫层真空预压直排工艺对淤泥进行排水固结处理，处理面积共 23.05×10⁴ m²。从 2018 年 3 月 31 日开始到 2018 年 10 月 8 日结束，满载真空时间达 120 天，共投入 18 台插板机、231 台射流真空泵，实际施工时间 403 天，工程造价 4771.35 万元。

山东信发华源贸易有限公司二期翻车机基坑勘察、设计、施工、监测一体化项目

工程地点： 山东省聊城市茌平区

项目规模： 大型

勘察 / 竣工： 2017 年 /2017 年

勘察单位： 中冀建勘集团有限公司

所获奖项： 2020 年度河北省工程勘察设计项目一等成果

参与人员： 聂庆科、王英辉、梁书奇、贾向新、李晓丹、茆玉超、李永强、牛坤、张健、郭亚光、王俊明、纪迎超、王瑶、刘乐乐、牛云凯

本项目位于茌平县城西北，309 国道北侧、105 国道东侧，聊城信源铝业有限公司厂区内。本项目共包括两个翻车机，一期翻车机于 2016 年建成并投入使用，本次拟建为二期翻车机及附属设施。

二期北侧 4.3 m 为一期翻车机，二期翻车机基础底标高 -25.3 m ～ -19.3；其西侧 1.9 m 为既有控制室，基础为桩基础；西北侧 23.0 m 为在运行铁路；南侧为河流，距基坑边 25 ～ 37 m；东北侧为一期翻车机变电所。本项目基坑长度 58.0 m，宽度 19.5 m，基坑西侧槽底标高为 -25.3 m，支护深度 20.3 m；基坑东侧槽底标高 -19.3 m，支护深度 14.3 m。

本项目勘察针对性地进行了土体卸荷强度、现场抽水和室内渗透试验，提供了与实际条件一致的土体强度、确定了双层含水层的水力联系弱、黏性土自然隔水的特性，建立了三维可视化地质及水文模型，解决了岩土层应力变化条件下的力学性质和含水层特征及联系问题。

结合场地工程地质条件，建立了基坑周边存在非对称荷载条件下的基坑支护技术，按基坑空间效应与支护构件协同作用原理，建立了桩锚撑相结合的复合支护体系设计方法。利用黏土隔水特性，提出了分段帷幕相隔水、控制水位降深、外侧回灌控制范围的综合地下水控制方法，形成了隔-抽-灌的地下水控制技术，解决了由降水引起周边环境附加沉降大的问题。采用信息化换撑技术，监控支撑内力变化，掌握换撑实施节点，在确保换撑时支护结构及主体安全的同时，使支撑换撑与主体结构施工同步进行。

本项目采用结合空间效应与协同作用的三维数值分析及 BIM 信息化管理模型，优化调整了支护构件的平面与空间布局，分析了不同工况条件下最大受力位置和薄弱点，模拟分析各阶段支护结构的变形与应力、周边建筑物的变形规律与趋势特征，动态获取支护结构监测数据，分析预测后续施工阶段对周边环境的影响及可能的发展趋势，解决了基坑空间有限、深度大、构件多样化的基坑受力与变形分析预测问题，保证了项目安全、顺利实施。

抚顺-锦州成品油管道工程勘察测量

工程地点：辽宁省

项目规模：新建线路全长约 420 km，新建储罐总容量 42.2×10⁴ m³

勘察 / 设计：2012 年 /2018 年

设计单位：中国石油工程建设有限公司华北分公司

所获奖项：2020 年度河北省工程勘察设计项目一等成果

参与人员：黄平、左勐、高慎明、魏艳平、胡树林、李冬泉、牛根良、司建国、王兵兵、郭桂仁、杨军、马严辉、胡兵、李承亮、陈煊

为响应党中央、国务院关于全面振兴东北地区老工业基地战略决策，完善辽宁地区成品油网络，中石油集团决定实施"北油南运"战略，其中抚顺-锦州成品油管道工程（简称抚锦线）为重要项目之一，是中俄原油管道的配套工程，连接东北"四大炼厂"（抚顺石化、辽阳石化、辽河石化和锦州石化），将与兰州-郑州-长沙成品油管道组成中国内陆成品油管网，是国家"北油南运"重点战略项目和重要民生工程，对支持京津冀协同发展，为雄安新区建设、北京新机场的运行提供了能源保障，也为管道沿线地方经济发展带来了更多便利。

抚锦线包含 1 条干线和 3 条支线，即辽阳-锦州干线和抚顺支线、辽阳支线、辽河支线，途经抚顺、本溪、辽阳、鞍山、盘锦、锦州 6 地区，线路总长约 431 km，设计输量 300 ～ 750×10⁴ t/a。全线设置 4 座工艺站场，26 座线路阀室。新建储罐总容量 42.2×10⁴ m³，共计储罐 22 座。

抚锦管道线路穿越大中型河流 12 条、高速公路 7 处、铁路 18 处、省级以上公路 42 处、县级公路 281 处。所经区域，因与各大炼厂连接，线路途经多市城市规划区，与大沈线、抚鲅线、铁大线、秦沈线、本溪鑫和燃气、铁秦线、炼化及地方的油气管线交叉穿越 40 余处。

管线区域跨度大，沿线地形、地貌复杂多变，岩土类型多样，地质灾害发育，勘察测量技术难度大。

在常规测量手段基础上，结合先进的无人机低空航拍摄影测量技术，利用其续航时间长、影像实时传输、高危地区探测、成本低、分辨率高、机动灵活等优点，快速获取了线路沿线中线、站场阀室、穿（跨）越的地形、地貌、地物空间三维数据；通过影像处理平台二次开发，制作了 DEM、DOM、DLG 数字产品，在三维建模平台构建了现场实时场景，获取区域范围内地表、地貌、地物三维信息，为线路优化定线、地质测绘提供了可靠依据。

针对大型河流穿越等含有卵石层的区段，常规钻探作业开展困难，零星布设的钻孔难以获取连续的地层信息。现场采用地震映像＋面波联合层析成像新技术反演获取了高分辨率地下结构信息，结合常规钻探取样验证，获取了连续的卵石层分布范围信息，为定向钻穿越建议了适宜层位。

参考 DEM 降雨径流资料，基于 MODFLOW 水文地质模拟，高效精准预测了砂卵石河流地下水动力模型，为沿线河流大开挖敷设降水方案设计提供了准确的资料。

利用 Z_soil 三维有限元分析，高效精准预测了辽阳站、辽河站储罐地基变形估算，为地基处理设计提供了有效依据。

采用无人机航测影像解译、91 位图导航测绘，详细查明了管道沿线火成岩风化壳滑坡、高度边坡及崩塌等不良地质体分布范围及地质特征，提出了"加固＋消坡＋恢复原貌"的防治措施。

管道沿线大量地段分布有季节性软土或松软土，针对其天然含水量大、压缩性高、孔隙比大、渗透性差、承载力低的特点，结合地形地貌，分别提出了采用排水、岩土（草）垫层等措施，以提高地基承载力，便于管沟开挖作业。

酒泉-湖南 ±800 kV 特高压直流输电线路工程（常家沟-吴家山东北（甘陕省界））工程勘察

工程地点： 甘肃省天水市、陇南市

项目规模： ±800 kV 特高压直流输电线路

勘察 / 竣工： 2014 年 /2017 年

勘察单位： 中国电建集团河北省电力勘测设计研究院有限公司

所获奖项： 2020 年度河北省工程勘察设计项目一等成果

参与人员：白云哲、侯迎彬、白景、陆威、赵德成、刘珍岩、张弘翊、张瑞锋、韩国强、尚晓、李小雪、孙庆雷、柯雄、郭晓晓、盖饶周

酒泉-湖南 ±800 kV 特高压直流输电线路工程，西起自酒泉换流站，止于湖南换流站，线路长度约 2361 km，额定输送功率 800 MW。本项目标段北起甘肃省天水市常家沟，止于陇南市徽县（甘陕省界），线路长度约 104.8 km。

线路穿越秦岭褶皱带的西秦岭分区，该分区逆断层兼左行走滑动断层相当发育，历史上曾有多次破坏性地震发生，而这些地段的现今构造活动依然强烈。

线路沿线地貌主要为黄土丘陵、丘陵及低中山、中山，全线海拔高程在 700 ~ 2000 m。

黄土丘陵区，地层岩性以黄土、泥岩为主；丘陵区地层岩性以粉土、粉质黏土、碎石（土）、砂砾岩、泥岩为主；低中山、中山区，地层岩性以粉土、粉质黏土、碎石、泥质板岩、泥质灰岩、灰岩、砂砾岩、泥岩、花岗岩为主。

根据本标段的工程地质条件，岩土人员分为塔基定位组、地质钻探组、工程物探组、土工试验组四个组。

沿线不良地质作用强烈发育，主要不良地质作用有滑坡、不稳定斜坡、泥石流、崩塌、岩溶、采空区。

针对滑坡，通过遥感解译、室内选线、室外踏勘以及进行专题论证，有效地避开了严重危害线路安全的滑坡，并且充分预测了施工过程中的环境工程地质问题。

徽县区域塔位岩溶发育。采用地质雷达法高密度电阻率及钻探相结合的手段，对塔位岩土体进行点、面综合勘察，合成判别灰岩区岩溶发育情况，使塔位有效地避开了岩溶的影响，保证了线路的安全。

线路沿线所经地段矿产资源比较丰富。通过现场定位、物探及逐基塔位走访调查，查明了塔位附近的矿产开采情况，为线路合理路径走向提供了依据。

根据不同地形地貌、地质特点和铁塔形式，采用全方位不等高腿或高低基础，推荐板式斜柱基础、台阶式斜柱基础、掏挖式基础、桩基以及锚杆基础等形式。

岩土专业内业整理采用理正工程地质勘察 CAD8.5PB2 版绘制柱状剖面图；采用自主研发的特高压线路塔位地质明细表生成软件（已获得中华人民共和国国家版权局计算机软件著作权登记证书）结合办公软件进行报告编制，大大缩短了报告编制的时间。

西藏藏中和昌都电网联网工程 500 kV 线路工程勘察

工程地点： 西藏自治区林芝市

项目规模： 500 kV 输电线路，设计标段线路长度为 2×31 km+87 km+87 km

勘察 / 竣工： 2016 年 /2018 年

勘察单位： 中国电建集团河北省电力勘测设计研究院有限公司

所获奖项： 2020 年度河北省工程勘察设计项目一等成果

参与人员： 孙庆雷、陆威、白景、赵德成、刘珍岩、许鹏帅、郭晓晓、柯雄、焦天佳、李晓龙、李小雪、张弘翊、白云哲、师岩哲、侯迎彬

西藏藏中和昌都电网联网 500 kV 线路工程是藏中电力联网工程的重要部分，是国家电网公司贯彻中央第六次西藏工作座谈会精神，落实西部大开发战略，优化能源资源配置，服务西藏全面建成小康社会的重要工程。建设藏中电力联网工程，实现了青藏联网工程与川藏联网工程互联，西藏电网电压等级实现了从 220 kV 升压至 500 kV 的历史跨越。藏中电网将实现与全国主网统一互联，为工程沿线 3070 个小城镇（中心村）、156 万各族群众生活提供可靠电源保障。工程建成投运，构成了西藏电网大动脉，标志着西藏电网迈入超高压时代，为实施国家整体发展战略和维护边防安全、保障川藏铁路供电、加快西藏清洁能源开发外送、推进电网向西藏阿里地区延伸打下了坚实基础。

西藏藏中和昌都电网联网 500 kV 线路工程是世界海拔最高、海拔跨度最大、自然条件最复杂的输变电工程。工程起于西藏昌都市芒康县，止于山南市桑日县，跨越西藏三地市十division县。工程地处西藏中东部横断山脉和念青唐古拉山区，是迄今为止世界上最复杂、最具建设挑战性的高原输变电工程，也是继青藏电力联网、川藏电力联网工程后又一项突破生命禁区、挑战生存极限的超高海拔、超大高差输变电工程。

中国电建集团河北省电力勘测设计研究院有限公司负责藏中和昌都电网联网 500 kV 线路工程包 13 标段的勘察设计工作。该标段起于排龙村，终于林芝 500 kV 变电站，采用两个单回路架设，局部路径紧张段按同塔双回路架设，其中同塔双回路 31 km，单回 2×87 km。

工程的重要性等级为一级，场地的复杂程度为一级，地基的复杂程度等级为一级；根据《岩土工程勘察规范 (2009 年版)》(GB 50021—2001) 综合确定本工程岩土工程勘察等级为甲级。

沿线地貌单元按其成因可分为构造侵蚀、剥蚀高山地貌，河谷侵蚀堆积地貌区和冰川侵蚀地貌。沿线地质构造复杂，河谷冲刷切割作用强烈，岩体破碎。

本工程勘测在详尽的现场地质调查的基础上，采用工程地质钻探、探井、地质雷达、瑞雷波、槽探等多种勘测方法，并辅以取样进行土工试验、标准贯入试验、动力触探等原位测试手段，对沿线塔位进行了逐基勘察，有效地探明了山区的覆盖层及风化层厚度、地下水的埋深、地基土及地下水的腐蚀性问题，为线路结构专业进行塔基的基础设计提供了翔实、准确的地质资料。

通过遥感解译、室内选线、重点区段划分、现场地质调查等方法，大大提高了后期工作效率，有效避开了严重危害线路安全的滑坡和泥石流，保证了线路运行的本质安全。

根据不同的地层条件，工程人员提出不同的基础形式建议，并针对线路工程建设可能存在的对地质环境的改变和影响，包括开挖边坡、地表植被的破坏、弃土堆放等，提出了相应的防治措施和建议。

准东-华东 ±1100 kV 特高压直流输电工程（董棚-康店南）工程测量

工程地点： 河南省信阳市、南阳市

项目规模： 线路长度 134 km

勘察／竣工： 2016 年 /2018 年

勘察单位： 中国电建集团河北省电力勘测设计研究院有限公司

所获奖项： 2020 年度河北省工程勘察设计项目一等成果

参与人员： 刘安涛、刘寅申、田朝刚、任立华、张焕杰、黄真辉、赵秋元、李超、赵志龙、邓虎、郑重、鲍伟康、李伟宾、王思鹏、王少伟

准东-华东 ±1100 kV 特高压直流输电工程是世界首条 ±1100 kV 输电线路，是世界上电压等级最高的输电线路。该段线路西起自河南省南阳市桐柏县董棚村，东终止于河南省信阳市罗山县康店南，线路长度约 134 km，地形分山地、丘陵、平原。本项目勘测设计奉行"精心设计，科学管理；求实创新，顾客满意"的质量方针，采用了全数字摄影测量新技术、网络 RTK 技术、管线探测技术、三维激光扫描技术等多种测绘新技术，并利用了"基于激光点云的圆形杆塔倾斜变形快速计算方法""GPS 基站电台天线固定装置""利用全数字摄影测量技术进行输电线路勘测设计内外业一体化的方法""特高压线路工程塔基断面处理系统软件"等多种专利技术。多种技术的应用，实现了线路设计方案最优，结构基础配置合理，

减少了线路走廊占地及基础占地，减少了树木砍伐和占用土地，提高了设计精度与质量，大大提高了工程效率，缩短项目工期，实现了绿色环保测量，建设了高效、绿色、环保、高科技的新型国家电网。

准东-华东 ±1100 kV 特高压直流输电工程的建设大大提高了煤电基地电能外送能力，推动了新疆煤电基地发展，带动了相关产业发展，促进了新疆地区经济发展，是促进新疆区域协调发展和生态文明建设的重要举措；对于缓解华东地区能源供需矛盾和满足地方经济的发展需要具有重要的战略意义。

朱庄水库库容曲线修测和水库特征值修正

工程地点： 河北省邢台市
项目规模： 大（II）型
竣工时间： 2018 年 3 月
勘察单位： 河北省水利水电勘测设计研究院
所获奖项： 2020 年度河北省工程勘察设计项目一等成果

参与人员： 王海城、赵阳、孙创、武卫国、刘晖娟、刘杰、胡立波、刘葳、李珊珊、徐宁、王雯涛、潘琳、徐婷婷、赵会会、曹玥

朱庄水库位于海河流域子牙河水系沙河干流上，坝址在邢台沙河市孔庄乡朱庄村西，距邢台市约 35 km，是一座以防洪、灌溉为主，发电为辅的综合利用的大（II）型水利枢纽工程，控制流域面积 1220 km²，总库容 4.162×10⁸ m³。水库库容曲线修测和特征值修正是科学合理实施水库调度的技术支撑，关系着水库的防洪安全和综合利用效益的充分发挥。朱庄水库在 20 世纪 90 年代初进入正常运行，库容曲线至今一直没有修正，造成水库淤积情况不明，调度管理存在较大盲目性。

河北省水利水电勘测设计研究院负责完成了朱庄水库库容曲线修测和水库特征值修正项目。本项目采用无人机摄影测量、单波束测深仪水下扫描测量等先进技术完成，制作了全库区 DEM 模型。

应用本项目测量成果，更新修测了多年来一直沿用的库容曲线，复核修正了水库特征值，为朱庄水库运行调度、防汛预警、泥沙清淤提供了重要的技术依据。

库容曲线修测，采用点云构造不规则三角网（TIN），可适用于任意复杂地形的库容计算，克服了传统等高线法和断面法推算库容误差较大，计算精度难以保证的弊端。断面测量采用基于坐标采集的断面数据处理系统，克服了传统的距离-高程采集法进行断面测量，受外业条件影响较大，从而影响作业效率和成果精度的问题。针对本项目研发的"基于坐标采集的断面测量数据处理系统"（软件著作权，登记号 2020SR0309086），实现了水库库容曲线修测和淤积测量的智能化，为"智慧水库"建设奠定了基础。

曲阳至黄骅港高速公路曲阳至肃宁段工程勘察

工程地点： 河北省保定市

项目规模： 路线全长 92.171 km，工程概算总投资 101.57 亿元

勘察 / 竣工： 2015 年 /2018 年

勘察单位： 河北省交通规划设计院

所获奖项： 2020 年度河北省工程勘察设计项目一等成果

参与人员： 高岭、曹正波、马壮、李炜、王庆凯、张举智、曹书芹、王蕾、陈源、付增辉、陈蕾、盖会林、梁敬轩、刘寒宇、韩明敏

曲港高速位于保定市南部地区，路线总体为东西走向，路线全长 92.171 km，采用双向四车道高速公路建设标准，设计速度为 120 km/h，全线设特大桥 3 座，大桥 5 座，互通式立交 8 处，分离式立交 21 处；主线下穿分离式立交 3 座，公铁立交 3 座，服务区 3 处，停车区 1 处；设匝道收费站 5 处，养护工区 2 处，监控通信分中心 1 处，工程概算总投资 101.57 亿元。

本项目勘察中采用了地质调绘结合钻探、挖探、原位测试、室内试验等综合勘探手段，查明了沿线岩土性质及分布情况。全线勘察共进行工程地质调绘 72.1 km²，钻探 1316 孔（27082.35 m），波速测试 34 孔（680.0 m），取土样 14811 件，原位测试 16208 次，取水样进行水质分析试验 14 组。

勘察工程中采用了全球定位系统、航空测量技术以及卫星遥感技术等先进技术。针对潜在不良地质、特殊性岩土等方面的问题，因地制宜、系统性、针对性地采取了相应的处治措施。此外，还结合项目实际需求开展了多项专题研究：采用曾获省科技进步三等奖的"夯实水泥土桩复合地基可靠度分析"理论，对搅拌桩及高压旋喷桩设计方案进行了可靠度分析；针对互通区匝道的建设涉及老路拼宽导致的差异沉降问题，提出了开挖台阶＋冲击碾压＋铺设土工格栅的应对方案，软土路段则增加了复合地基，细化了填筑工艺，从而保证路基拼宽后横坡变化率在 0.5% 以内；针对路线下穿朔黄铁路时设置的框架桥稳定性问题，经多方比选论证，采用了支撑桩、加固桩、四角防护桩与线间防护桩等相结合的设计方案。

本项目通车至今，不良地质及特殊性岩土路段路基处治效果显著，路基工后沉降满足要求，未出现路基病害；互通匝道处老路拓宽处衔接良好，未出现明显差异性沉降；下穿朔黄铁路框架桥支撑桩、加固桩与防护桩发挥作用显著，框架桥稳定，实现了公路、铁路安全畅通运营。

田湾核电站三、四期工程（正挖边坡）人工边坡勘察

工程地点： 江苏省连云港市
项目规模： 大型
竣工时间： 2009 年
勘察单位： 河北中核岩土工程有限责任公司
所获奖项： 2020 年度河北省工程勘察设计项目一等成果

参与人员： 孙立川、王旭宏、王先斌、张海平、杨球玉、王红贤、韩绍英、陈小峰、李玉良、王晓安、张昊、杨乾坤、黄朋、朱勇强、张乾

1. 概况

田湾核电站三、四期工程 (5～8 号机组) 位于田湾核电站一、二期工程西侧，规划建设 4 台百万千瓦级压水堆核电机组厂坪开挖后，将在厂区西侧和北侧形成核安全相关人工边坡。

人工边坡总长度约 1100 m，北边坡最大坡高约 108 m，西边坡最大坡高 96 m，北边坡为与核安全有关的人工边坡。设计拟按照总体坡度 50°、台阶高度 12 m、台阶坡角 65°、马道宽度 4～8 m 设计。

该边坡分两次进行勘察，首次勘察为三期工程所对应的边坡；第二次勘察为四期工程对应的边坡，并考虑三、四期衔接部分的边坡。

2. 勘察目的与任务

通过对人工边坡进行工程地质勘察，查明边坡工程地质情况和特殊地质体的空间展布，进行稳定性评价及提出整治方案的建议；查明人工边坡的岩土工程条件，提出人工边坡岩土设计参数建议值，提出合理的人工边坡开挖坡角，并对潜在不稳定地段提出整治和监测方案，为人工边坡施工图设计提供岩土工程方面的资料。

勘察任务的核心是研究确定边坡设计的参数、边界和地质模型，为确定边坡设计方案提供岩土工程地质依据；在查明边坡工程地质和水文地质条件的基础上，确定边坡类别和可能的破坏形式；提供验算边坡稳定性、变形和实际所需岩土层静力、动力参数值；对所勘察的边坡工程是否存在滑坡等不良地质现象，以及开挖或构筑的适宜性给出结论；提出稳定边坡坡度、边坡处理设计、施工注意事项的建议。

3. 工作方法

为了全面真实地反映场地实际工程地质条件，在充分利用已有资料的基础上，通过现场地质勘察和调查、工程地质测绘、倾斜钻孔钻探、原位测试、声波试验、钻孔 CT 以及三轴试验等试验测试手段，对边坡区岩体的力学特征进行了详细的分析，查明了人工边坡的岩土工程条件，确定了工程区岩体的相关力学特性指标。

4. 完成的工作量

两次勘察共完成钻孔 45 个，与地平线成 75°斜孔 2 个，总进尺 3126.26 m；完成 1：1000 测绘面积 0.89 km²，选取地质点 1577 个，开挖探槽 5 条；完成单孔法波速测试孔 7 个，钻孔 CT 一组，三轴抗剪强度 13 组及其他多项原位测试及室内试验等。

5. 项目难点

边坡为核安全相关边坡，坡脚距离 5～8 号反应堆厂房不足 100 m，并且地质条件复杂，破坏形式复杂多样。大部分地段岩体为中等风化或微风化状态，岩性主要为二长浅粒岩，粒状变晶结构，岩体完整程度属较完整～完整。特殊地质体及其围岩地段和边坡边缘地段，岩体为强风化～中等风化，节理裂隙发育，岩体完整程度属破碎～较破碎，特殊地质体为强风化土状或块状。岩体的强度差异很大，地质条件非常复杂，给钻探、试验、评价增加了很大的难度。

中天合创鄂尔多斯煤炭深加工项目 S-MTO、火炬、聚丙烯、空分装置等岩土工程勘察

工程地点： 内蒙古自治区鄂尔多斯市
项目规模： 总投资 600 亿元
竣工时间： 2016 年
勘察单位： 中国化学工程第一岩土工程有限公司
所获奖项： 2020 年度河北省工程勘察设计项目一等成果

参与人员： 赵文杰、李静、李进学、刘文东、陈廷旭、袁东喜、耿沙沙、黄晓伟、孙元富、孙庆堃、赵宗虎、李晓华

中天合创鄂尔多斯煤炭深加工项目位于内蒙古自治区鄂尔多斯市乌审旗图克镇工业园区。本项目的整体规模为 360×10^4 t 的甲醇装置、137×10^4 t 的聚烯烃装置、化工装置配套的空分装置、配套的锅炉装置、发电装置及辅助生产设施。本项目总投资 600 亿元，是国内已建成的最大规模煤化工装置，也是目前世界上最大规模的煤制烯烃项目。本项目全面投产后可就地转化煤炭 800×10^4 t，可实现年销售收入 145 亿元，年创利税 40 亿元以上，经济效益可观，对于带动地方经济发展，推动煤炭清洁高效利用有着重要意义。

本次勘察的主要装置为 S-MTO、空分装置区、循环水、火炬等。其中火炬及烟囱设施主体结构高耸约 80 m，荷载集中且重大，对地基变形要求较高。场地揭露地层可分为：第四系人工素填土，第四系全新统风积砂、风湖积砂、湖积粉土、冲湖积砂，第三系上新统残积土，下伏白垩系下统棕红色泥岩、砂岩泥质、泥质砂岩，与上覆地层呈不整合接触关系。

风积砂结构松散，湖积粉土层含大量腐殖质、局部为泥炭质土，呈片状分布，在钻进过程中常会发生岩层冲洗液全部漏失、孔壁异常收缩、孔壁坍塌、埋钻等现象；基岩风化程度深度变化大，岩层面起伏较大，基岩破碎严重，极易造成卡钻、塌孔、提钻困难等问题，勘探工作技术控制及施工难度大。针对这些问题，进行了深入细致的调查研究和科学严谨的分析论证，在项目勘察实施过程中，自始至终坚持国家、建设方、施工方三者利益兼顾的原则。本着对项目建设、设计和本单位技术质量负责的宗旨，工程技术人员认真分析已有的地质资料和项目的建筑特点，结合设计要求和国家现行勘察规范、规程，选择了正确的勘察方法和手段，布置了合理的勘察工作量，同时制定了详细且有效的施工方案，保证了整个项目的优质、高效运行，并及时为项目提交了高质量的勘察报告，为项目的设计和施工提供了可靠依据。

武汉穿江航煤管道工程岩土工程勘察

工程地点： 湖北省武汉市
项目规模： 大型河流穿越勘察
竣工时间： 2017 年 12 月
勘察单位： 中冀石化工程设计有限公司
所获奖项： 2020 年度河北省工程勘察设计项目一等成果

参与人员： 李冬华、熊黄洋、李丽祥、李强、张郁垒、黄继寒、蔡月琪、马杰、朱慧芬、王芳、赵东东、张文敬、张泉、赖呼和哈达、刘瑜萌

武汉石化 - 武汉天河国际机场航煤管道由厂区段、过江段、机场段三部分组成，武汉穿江航煤管道项目，输送资源由武汉石化供应，输送介质为航空煤油。本项目从青山区水务局许家村泵站东侧引出，与已建的成品油管道并行至武汉油库东侧止。途中定向钻穿越长江右汊至天兴洲，向西偏并敷设穿过天兴洲长江大桥到达洲头，通过定向钻穿越长江左汊至长江北岸顺滩地敷设。拟建输油管长约 12 km，设计输量 120×10⁴ t/a，管径 355.6 mm，设计压力 9.5 MPa。长江左汊穿越长度 1.9 km，穿越处位于武汉市江岸区和洪山区，入土点位于天兴洲上，出土点位于左汊北岸谌家矶大堤菜地内。

根据本项目规模和特征以及岩土问题造成工程破坏或影响正常使用的后果，确定本项目重要性等级为一级。

地质地貌环境处于长江漫滩向河床渐变，地形起伏大，场地为中等复杂场地；场地岩土种类多，岩石风化程度、强度不均，第四系松散沉积物种类多，性质变化大，为中等复杂地基。

依据国家标准《岩土工程勘察规范（2009 年版）》（GB 50021—2001）第 3.1 节，本项目重要性等级为一级，场地复杂程度等级为中等，地基复杂程度等级为中等，综合确定岩土工程勘察等级为甲级。

山西小回沟煤业有限公司小回沟选煤厂岩土工程详细勘察报告

工程地点：山西省太原市清徐县
项目规模：总投资 36.98 亿元，建设规模 300×10⁴ t/a
勘察 / 竣工：2012 年 /2018 年
勘察单位：中煤邯郸设计工程有限责任公司
所获奖项：2020 年度河北省工程勘察设计项目一等成果

参与人员：刘利民、赵伟、白金杰、邵付斌、孙维中、张国欢、陈凤阁、郑建齐、房德刚、路明、冯涛、马磊涛、霍志国、王家刚、郑少伟

山西小回沟煤业有限公司小回沟矿井选煤厂位于清徐县西北 15 km，区内交通较为方便，榆（次）-古（交）的省级 S316 公路横贯全区，向南 15 km 至清徐县可达大运高速公路和 307 国道，经清徐可通往全国各地。榆（次）-古（交）公路清徐-古交段实施拓宽和截弯取直工程，将大大提高区内交通运输能力，为矿区开发提供有利的交通运输条件。本项目是山西省和国家"十一五"规划的重点煤矿建设项目之一。

山西小回沟煤矿项目总投资 36.98 亿元，建设规模 300×10⁴ t/a，设计可采储量 279.25 Mt，矿井服务年限 66.49 a。井田东西长约 6.6 km，南北宽约 6.2 km，面积 33.66 km²。

本项目规模大，地质条件复杂。本场区属吕梁山脉中段的东翼，地势高峻，重峦叠嶂，沟谷纵横，为典型的黄土高原地貌，地形形态主要为侵蚀地形。

该场地位于古滑坡区，总体地势西北高、东南低，主场地北侧为高度约 10 m 的边坡，南侧紧临自然冲沟，选煤厂场平标高和自然冲沟底部高差最大约 40 m。勘察时北侧部分场地已被开挖，局部强

风化岩裸露。

针对本场地实际情况，本项目通过前期资料搜集、调查及现场采取多种勘察手段，有针对性地解决了场地稳定性、适宜性问题；针对场地重要建（构）筑物（如产品仓、原煤仓等）主要从场地稳定性等方面给出了安全、合理的基础意见和建议。

通过前期和建设单位的多次沟通，建设单位听从了建议，对场地总平面及竖向布置图进行了修改，对古滑坡前缘（场地南侧）进行了回填处理，场地北侧竖向设计进行了适当抬高，增强了场地稳定性。

本项目的顺利实施为山西小回沟煤业有限公司创造了经济效益，解决了清徐县当地部分就业压力，为地方经济发展做出了贡献。